# 「諜報の神様」と呼ばれた男

## 情報士官・小野寺信の流儀

岡部　伸

PHP文庫

○本表紙図柄＝ロゼッタ・ストーン（大英博物館蔵）
○本表紙デザイン＋紋章＝上田晃郷

# 文庫版まえがき――現代日本のインテリジェンス強化のために

主権国家ウクライナに二〇二二年、白昼堂々、軍事侵攻したロシアは二十一世紀の国際政治に弱肉強食の野生のジャングルの掟を持ち込んだ。さらに劣勢挽回に「使わない兵器」だった核を恫喝材料にし、世界はキューバ危機（一九六二年）以来、六十年ぶりに、「アルマゲドン（世界最終戦争）」の危機を迎えた。イラン、中国、北朝鮮など現状変更勢力が連動して核戦力を増強し、自由と民主主義の国際秩序が揺らいでいる。

東アジアでは、独裁体制を完成させた中国の習近平国家主席が、台湾併合の意思をむき出しにし、北朝鮮は挑発的なミサイル発射を繰り返す。中国、ロシア、北朝鮮の「新・悪の枢軸」は、「隣の土地（台湾、ウクライナ、北海道、韓国）が不当に占拠されている」と結束を強化して日本周辺の海域と空域で威嚇（いかく）の軍事行動を継続する。

三正面を核保有する専制国家の中露朝に囲まれた日本は、「戦後最も厳しく複雑な安保環境に直面」する未曾有の国難を迎えた。白村江の戦いで新羅・唐の連合軍に大敗した古代、鎌倉武士が元寇を撃退した中世、「皇国の興廃」をかけた日露戦争など富国強兵して西洋列強から独立を保った幕末から明治以来、日本の歴史上、四度目の国難である。

軍事侵攻でロシアが予期せぬ苦境に立たされたのは、情報戦、とりわけ二〇一四年のクリミア併合で成功したハイブリッド戦で不覚を取ったためだ。客観的情報を得られなかったプーチン大統領は開戦当初、戦略を誤り、戦線は長期化した。ロシア軍はウクライナの首都キーフ（キエフ）、北東部ハリコフ、南部ヘルソンからの撤退を余儀なくされた。ウクライナは、米国の起業家イーロン・マスク氏率いるスペースX社の衛星通信「スターリンク」の協力で、情報通信インフラを守り、ゼレンスキー大統領や市民がSNSで国内外に発信、国際社会を味方につけた。米英は取得したロシアの機密情報を次々と開示してロシアの「うそ」を見抜き、プーチン氏に国際秩序破壊の「侵略者」との烙印を押し、国際的認知戦に勝利した。

「川立ちは川で果てる」。人は得意分野で油断し、失敗しやすいと言われるが、ソ連国家保安委員会（KGB）出身のインテリジェンス・オフィサー（情報士官）、プーチン氏は得意なはずの情報戦で敗れ、苦杯を舐めた。

情報は一国の運命を大きく左右する。

◆

戦後、先進国で唯一対外情報機関をもたない日本は、防衛力がありながら情報機関がない不正常な状態が続いてきた。台湾有事が懸念され、反撃能力保有など防衛力を大幅に拡大させた今こそ対外情報機関を復活させ、「普通の国」となるべきだ。

本著を上梓した一四年に国家安全保障会議（NSC）とその司令塔となる事務局、国家安全保障局（NSS）が創設された。内閣情報調査室との連携により、情報収集体制は強化され、情報の集約と政策決定の両輪が回り始めた。第二次安倍政権の一四年に施行された特定秘密保護法では、他国との情報交換の前提となる情報保全体制が先進七カ国（G7）と同程度となり、米英などの情報機関と対等に交換できるようになった。一五年、外務省に対外情報機関の先駆けとなる国際テロ情報収集ユニット（CTUJ）を発足させ、日本のインテリジェンスは着実に進歩している。

しかし、それでも不十分だ。中国は国民や企業に諜報協力を義務づける国家情報法やサイバー工作で、世界から機密情報を掠め取り、経済安保が新たなテーマとなった。日本政府はNSSに経済安保の司令塔を担う「経済班」を設置し、核開発に関係する機微技術や外国人の土地購入問題などに省庁横断で取り組みを始めた。ところが、ロシアのウクライナ侵攻を受け、英情報局保安部（MI5）のマッカラム長官と米連邦捜査局（FBI）のレイ長官が会見し、「中国が台湾侵攻の際に西側が行なう経済制裁を警戒して世界の経済技術奪取を図っている」と警告するなど、国家危急の重要課題が山積している。

英国から、英語圏五カ国の機密情報共有の枠組み「ファイブ・アイズ」に日本参加を「歓迎する」（ジョンソン元首相）とのラブコールもありながら、「日本政府から提案がない」（同）状況が続いているのは誠に情けない。

テロに留まらず、本格的な対外情報機関（日本版ＣＩＡ）や、情報を集約し分析する合同情報委員会（日本版ＪＩＣ。ＪＩＣは英国の合同情報委員会：Joint Intelligence committee）創設が不可欠だ。外国の情報機関とギブ・アンド・テイクする際、情報を扱う適格性を評価するセキュリティ・クリアランス制度や、言論の自由を尊重し、機密漏洩に対する罰則強化のスパイ防止法など情報保護の環境整備も焦眉の急だ。

◆

インテリジェンス・オフィサー養成で参考にしてほしいのが、小野寺信少将である。本著で小野寺少将は、第二次大戦末期にポーランド亡命政府から、ヤルタ会談でソ連が参戦する密約情報を入手して参謀本部に打電しながら、ソ連仲介による和平工作を推進した政権中枢に抹殺され、政策に活かされなかったと記したが、その後、終戦時に北海道の第五方面軍司令官として千島列島北端の占守島や樺太でソ連軍との自衛戦闘を指揮した樋口季一郎中将のご令孫、明治学院大学名誉教授、隆一氏と参謀本部第二部（情報部）長だった有末精三中将のご令孫、元伊藤忠商事勤務、小塩一氏の知遇を得て、ドイツが降伏した一九四五年五月と同七月に参謀本部からの密使が札幌を訪れ、樋口中将と密談していたことがわかった。樋口、小塩両氏ともに、客観的証拠はないものの、密使が伝えたのはソ連が対日参戦する「小野寺情報」だったに違いない、と証言している。

「小野寺情報」で中立条約を破って対日参戦するソ連の裏切りを事前に知りえた樋口中将が、昭和天皇の終戦の詔勅後に侵攻したソ連の蛮行を占守島と樺太で迎え撃ち、スターリンの北海道占領の野望を阻んだ可能性が出てきた。ロシア国営ニュース通信社「スプートニク」（旧モスクワ放送）は、二〇二〇年二月三日配信で、「ソ連軍司令部は、北海道北部への侵攻計画を練り、一九四五年八月二十二日または二十三日に開始する予定だったが、トルーマン米大統領が拒否し、（占守島や樺太での）日本軍の激しい抵抗も、上陸予定開始時までに終わらなかった」と報じている。日本がドイツや朝鮮のような分断国家を回避できた背景に、ストックホルムから送られた珠玉の「小野寺情報」があったとすれば、小野寺夫妻の労苦も報われる。

文庫版刊行にあたり、日本陸軍情報部の大成果と捉えて現代のインテリジェンス強化の礎にしていただければ、望外の僥倖となる。

二〇二三年一月

岡部　伸

# 「諜報の神様」と呼ばれた男

## 情報士官・小野寺信の流儀

目次

文庫版まえがき——現代日本のインテリジェンス強化のために　3

序章　インテリジェンスの極意を探る

唯一、イギリス秘密情報部に徹底マークされた日本人武官　20
諜報の神様、ヒューミントの達人　25
オシントで米の原爆情報も　28
バックチャンネルとしての和平工作　30
日本版ＣＩＡ設立に向けて　32

第一章　枢軸国と連合国の秘められた友情

カサブランカに眠る日本の恩人　38
「あなたはポーランドの真の友人」　39
死後四十五年目の昇進と「英雄」の顕彰碑　41
ポーランド諜報機関の栄光と悲劇　44
「民主化から二十五年」の歴史見直し　47

「英米に背いて、日本のために働く」 50

## 第二章　インテリジェンス・マスターの誕生

ロシア語とドイツ語に堪能な陸軍武官 58
「生きた語学」を実戦で学ぶ恰好の機会 61
ハルビン留学——ホームステイで「ネイティブ」に 64
情報活動に必要な語学能力を次々と身につけて 68
英才教育を受けて「陸軍第一の赤軍通」の道へ 70

## 第三章　リガ、上海、二都物語

「ヤルタ協定は史上最大の過ち」——ブッシュ米大統領演説 76
ソ連ウォッチャー揺籃の地 78
ラトビアでソ連の「隠された真実」に肉薄 80
「赤いベール」の内側を垣間見る貴重な機会 88
命にも等しい暗号書を着物の帯に 91
一九四四年に暗号書を盗まれ、日本陸軍暗号も解読される 94

日本の「ブレッチリーパーク」は高井戸の養老院 97
日本を尊敬し、日本のために働いたエストニア 101
エストニアと共同でソ連潜入の秘密工作 104
武官仲間を魅了した人間力 107
中国共産党が謀った？ 盧溝橋事件 111
参謀本部ロシア課の危惧、そして終戦工作 115
元共産党員から台湾人まで――梁山泊の小野寺機関 118
黒幕コミンテルンの野望を見抜く 121
「軍が同意すれば」――近衛文磨の気のない返事 125
必死の巻き返しで、形勢は一カ月で逆転 128
皇道派と統制派の対立 130
陸軍中央のダブルスタンダード 132
蔣介石から贈られた「和平信義」のカフスボタン 134

## 第四章 大輪が開花したストックホルム時代

「欲しい物は欲しい。しかも絶対に失いたくない」 138

プロイセンの東方征服イデオロギー　140
ドイツの英本土侵攻はあるか、ないか？　142
「右腕」マーシングの獅子奮迅の働き　146
夢想的な「日独伊ソ四国同盟」に疑問を呈した人々　149
同盟国をも惑わすドイツの偽情報　150
イワノフ「棺桶」情報が最後の決め手　152
ヒムラーが忌み嫌った「世界で最も危険な密偵」　158
ゲシュタポから守り通すための最大の配慮　160
二人はいずれ劣らぬ愛国心と正義感の塊だった　162
インテリジェンス・サイクル機能不全　165
小野寺の独立した協力者　168
MI6より日本に忠誠をつくす　171
〝ソ連情報源〟の開示を迫ったキム・フィルビー　173
奇縁か幸運か——リガで結ばれた絆　175
親日国の情報士官が担う諜報ネットワーク　177
現代は「青天井」が業界の常識　182
ヨーロッパの情勢はまことに絶望的——無視された小野寺の警告電報　184

## 第五章　ドイツ、ハンガリーと枢軸諜報機関

七〇人の協力者の大部分と恋愛関係に　190
情報「等価交換」が奏功した枢軸インテリジェンス連合　192
聡明で語学堪能、そして強い愛国心と法学博士号を持つ弁護士　196
007のようにハンサムでスマート　198
ストックホルムにおける最も重要なニュースソース　200
クレーマーと小野寺はいかに情報を共有したか　203
最高機密、ノルマンディー上陸作戦の情報が漏洩していた　206
結果的に協力者となったドゴール派の情報士官　208
「遠すぎた橋」――マーケット・ガーデン作戦の情報を摑め　211
オノデラとフィリップからの情報は生かされていた？　215
「ハンガリーは同じアジア人として日本を尊敬してくれた」　217
ドイツの諜報機関のエージェントだった特派員　219
「一流の新聞記者は自分で事件を起こしてそれを報道する」　221
商業メディア関係者としては異色の存在　224
祖国を愛する心に欠けたがゆえに危険人物に　228

小野寺から提供を受けた二つの最有力情報 234
「ヒトラーの死亡が確認され次第、スウェーデンで和平交渉に入れ」 240
リッベントロップ外相から小野寺への和平仲介要請 242
バックチャンネル（裏ルート）の先駆け 246
フィンランドからソ連暗号資料を買い取る 248
ソ連暗号資料を米英にも引き渡した小国の知恵 252
米国にエストニア人工作員を潜入させよ 255
黙ってこの地に置く――スウェーデン当局が与えた手厚い保護 258
米軍暗号解読の成功につながった暗号機購入 261
ピアノ線とボールベアリングを調達する 263
ソ連共産主義の世界制覇への野望を警告 266
東京からの指令は「ソ連とより良好な関係を構築せよ」 270
「日本中枢が共産主義者に降伏している」 272

## 第六章 知られざる日本とポーランド秘密諜報協力

バッキンガム宮殿近くのクラシックホテルにて 276

欧州情勢は複雑怪奇なり 278
ポーランド独立の英雄・ピウスツキ将軍と明石元二郎 280
シベリア孤児、七六五人の奇跡の物語 283
「日本人の親切を忘れない」――インテリジェンス分野での協力 286
ドイツ暗号「エニグマ」解読の基礎を作ったポーランド 289
外交特権を切り札に、ポーランド課報組織を守る 291
ヒューマニズムとインテリジェンス 294
ポーランド軍将校や避難民をいかに救出するか 298
ポーランド軍が用意したゴム印と偽造ビザ 300
ドイツ保安警察に暴かれたポーランド諜報網 304
日本諜報組織「東」部門チーフの小野寺と、その配下の杉原 307
バチカンも関与した全欧規模の諜報ネットワーク 310
少年まで動員して「約束」を守り通したポーランドの心意気 312
窮地に立つ日本を救うべくもたらされた最高精度の機密情報 315
スターリンの野望が現実のものとなる日 318
届けられた世紀のスクープ 321
わが友である日本には、自分たちのような悲劇に陥らないでほしい 324

「偽情報が多かった」という発言の真意 328
終戦から三十八年目に「不明」発覚 331
「会談直後にソ連の対日参戦の約束知る」 336
「見たのはスペインの須磨電報」 339
須磨電報は観測情報だった 341


## 第七章 オシントでも大きな成果

軍事秘密を除く国家秘密の大半は、公開情報から入手できる 350
摑んだものの握りつぶされた？ アメリカの原爆情報 352
新聞が描き出す、隠しきれない重要情報 358


## 第八章 バックチャンネルとしての和平工作

スウェーデン国王グスタフ五世からの忠告 364
和平工作に乗り出す可能性があった王室ルート 366
「戦争の後始末は、我々がやろう」 368

悔やまれる岡本公使の「妨害」 370
プリンス・カールからの提案 374
ソ連参戦まで、残された時間はあと三カ月しかない 378
「オーソリティーの手に移されたから、よい結果が期待できます」 380
重光葵外相が進めたバッゲ工作の蹉跌 385
国益を毀損した岡本公使の告げ口 390
ソ連を通じての和平工作は、最も好ましからざること 394
「工作を促進せられたし」――八月十六日に届いた電報 396
ポツダムに届いた国体護持と降伏意思 398
終戦前日、英王室から親電 401

あとがき 406
主要な参考文献 412

# 序章　インテリジェンスの極意を探る

## 唯一、イギリス秘密情報部に徹底マークされた日本人武官

第二次大戦で、連合国を震撼させたインテリジェンス・オフィサーが日本にいたことをご存じだろうか――。

イギリスには、映画「００７」でよく知られる外務省管轄の通称「ＭＩ６」、秘密情報部（ＳＩＳ）のほかに、国内での外国スパイや共産主義者などの摘発、国家機密の漏洩阻止などのカウンター・インテリジェンス（防諜）を行なう内務省管轄の情報機関「ＭＩ５」、情報局保安部がある。東西冷戦時代、ＭＩ６高官にしてソ連国家保安委員会（ＫＧＢ）の二重スパイ、キム・フィルビーら長年にわたり、祖国を裏切った「ケンブリッジ５」と呼ばれるスーパー・エリートが共産主義に染まり、ソ連のスパイ活動をしていることを突き止めたのだが、第二次大戦中は、もっぱら交戦国である枢軸国ドイツ、日本などの諜報活動に厳しい監視の目を光らせ、秘密電報を傍受したり、二重スパイを送り込み、欺瞞情報を流したりして勝利に貢献した。

一九四四年六月六日のノルマンディー上陸作戦では、二重スパイのコードネーム「ガルボ」ことスペイン出身の養鶏業者、フアン・プホル・ガルシアと「トライシクル（三輪車）」ことセルビア人のプレイボーイ、ドゥシャン・ポポフが上陸地点を

カレーに偽装する欺瞞情報をドイツに流し、史上最大の上陸作戦を成功に導いている。ちなみにポポフは、「007」ジェームズ・ボンドのモデルの一人と言われている。

MI5で副長官を務めたガイ・リッデルが書き残した当時の日記が秘密解除され、ロンドンにある英国立公文書館で公開されている。日記には、イギリスの権力の中枢の考えや、連合国内のインサイド情報をはじめ、敵国ドイツや日本に対して戦力分析からピース・フィーラーズ（和平工作者）まで克明に記録され、読むうちに、イギリス版「木戸日記」あるいは「機密戦争日誌」ではないかと思えてくる。「トライシクル」らエージェントからの報告の合間に、終戦直前の一九四五年七月二日（KV4／466）にこんな記述があった。

「ストックホルムで暗躍したドイツの（カール・ハインツ・）クレーマーがようやく秘密情報の交換のために日本のオノデラと取り決めを行なっていたことを認めた。いささか不承不承に、クレーマーはオノデラが提供した情報の詳細について明らかにし始めた。オノデラからもたらされた情報は、西部最前線における連合軍とりわけイギリス軍の配備やフランス陸軍、空軍の配置、イギリスの航空機産業、極東における英米の空挺部隊の配置などの状況のほか、ソ連の暗号表、さらにはアメリカにおける原材料の所在地まで戦略的かつ戦術的だった（中略）。

オノデラの情報は、クレーマーの情報よりも、価値があると考えられていた。だからドイツ側が気前よく、その情報に報酬を支払ったのだ」

オノデラとは、大戦を通して北欧のスウェーデンの首都ストックホルム駐在、陸軍武官であった小野寺信（まこと）である。クレーマーは戦後、小野寺が「ドイツ随一の情報家」と家族に回想したドイツを代表する法学博士のインテリジェンス・オフィサー、カール・ハインツ・クレーマーだ。この年五月に独裁者ヒトラーが自殺し、第三帝国の崩壊直後から始まった尋問の末、約二カ月目にして小野寺と協力して積極的に情報交換を行ない、小野寺から価値ある情報の提供を受けていたことを認めたのである。

クレーマーは英米情報のスペシャリストだった。母国を嗅ぎまわるクレーマーをイギリスはことのほか警戒したのはいうまでもない。英国立公文書館には、マタ・ハリからチャーリー・チャップリンに至るまでＭＩ５が監視して調査した人物の個人別のファイル（ＫＶ２）があるが、クレーマーのファイルはＫＶ２／１４４からＫＶ２／１５７と一四冊もある。最後の上司だった親衛隊情報部（ＳＤ）対外局局長、ヴァルター・シェレンベルクがＫＶ２／９４からＫＶ２／９９と六冊だから、イギリスがいかに北欧で軍属として情報活動を展開したクレーマーを徹底マークしていたかが、ご理解いただけることだろう。ちなみに小野寺のファイル（KV2／243）もある。日本の武官の中で個人ファイルがあるのは、小野寺ただ一人である。そして、MI5のリッデル副長官が書いた日記に登場する日本の武官も小野寺をおいて、ほかにはいない。対ソ課報の第一人者で陸軍中野学校の初代校長を務めた秋草俊や、「命のビザ」を出して六〇〇〇人のユダヤ人を救った外交官であり、情報士官であった杉原千畝（ちうね）のファイルはない。英国立公文書館に残された機密文書は、小野寺が欧州で孤軍奮闘して連合国の脅威となるインテリジェンスを行なっていたことを物語っているのである。

大戦後十四年経った一九五九年にクレーマーの情報活動をMI5が最終的にまとめた秘密文書「マッカラン報告書」（KV2／157）でも、「クレーマーの主要な情報源は、日本の小野寺であった。彼らは相互に情報を交換するシステムを作っていた」と結論付けている。

インテリジェンスの世界では互いの情報を交換することが基本である。現代においても二〇一三年一月にアルジェリアで発生したイスラム過激派による人質事件などのように他国の情報機関との情報交換は重要で、世界各国の情報機関は常に情報のキャッチボールを行なっている。とりわけ国際テロや組織犯罪などは国境を越えて世界を移動するため、一国だけで情報を収集することは不可能で、世界中の情報機関が協力しないとその動きが捕捉できないためだ。その意味では、小野寺がクレーマーと行なっていた高度な情報交換は、先駆的ともいえる。

ここで重要なのは、小野寺が質の高い情報を自前で得ていたからこそ、クレーマーと対等以上の交換ができたことだ。イギリスが最大級で警戒したクレーマーと秘密情報の交換を行ない、彼に提供する情報が戦略的かつ戦術的で、ドイツ側が報酬を支払うほど価値が高かった日本の小野寺を連合国側がクレーマーと同様、いやそれ以上に脅威に感じていたことはいうまでもない。

ＭＩ５のリッデル副長官は、ストックホルムでのクレーマーと小野寺の課報協力のレベルの高さに舌を巻いたのだろう。一九四五年七月二日の日記（ＫＶ４／４６６）は、中立国スウェーデンでは、伝えた機密情報がすべてドイツと日本に漏洩しているとの疑念さえ抱いたと締めくくっている。

「我々（ＭＩ５）は、（連合国側から）スウェーデン参謀本部に伝えた、いかなる情報も、おそらくベルリンと東京に流れていたのだろう、と考えている」

詳しくは、後述するが、小野寺は、様々な機密情報を赴任していたスウェーデン当局から直接得てはいない。スウェーデン参謀本部がニュースソースであっても、いずれもポーランドやエストニアなどの小国の情報士官を通じて入手していた。しかし、ブレッチリーパーク（政府暗号学校、現在の政府通信本部）で日独の秘密電報を傍受、解読していたイギリスは、小野寺とクレーマーが北欧の中立国スウェーデンの当局者を味方につけ、ことごとく機密情報を得ていたと邪推したのだった。裏を返せば、戦いの勝利をほぼ掌中に収めながら、インテリジェンスでは一敗地にまみれたと脅威に感じていたとも解釈できるだろう。

## 諜報の神様、ヒューミントの達人

「枢軸国側諜報網の機関長」と連合国側から恐れられた「インテリジェンス・ジェネラル」小野寺信は、なぜ、欧州の地で価値ある情報を入手できたのだろうか。

それは、小野寺が人種や国籍、年齢、宗教などを越えて、あらゆる人たちと誠実な人間関係を結んでいたことと無縁ではない。とりわけソ連の侵略で祖国を奪われたポーランドやバルト三国の情報士官たちと信念と友情で結んだ「情のつながり」はまことに強固だった。祖国を失い、途方に暮れた彼らを小野寺は「友人」として精神的、経済的にサポートした。恩義を感じた彼らが小野寺を信頼し、「諜報の神様」と慕ったのは、当然のことだった。

小野寺の「情」に報いるように、心を許した小国の情報士官たちから貴重な機密情報が届けられたのであった。とりわけ祖国を占領され、ロンドンに亡命したポーランドは全欧州に広がる諜報ネットワークを駆使して、組織をあげて日本の小野寺に機密情報を提供した。人種や宗教、言語が異なる欧州で、小野寺がドイツやイギリスが驚愕する自前の独自情報を得られた背景には、ポーランドやバルト三国など小国の情報士官の献身的な協力があった。

インテリジェンスの王道は、人間的信頼関係を構築して協力者から秘密情報を得るヒューミント（ヒューマン・インテリジェンス）であるが、小野寺はヒューミントを駆使してヤルタ会談でソ連が対日参戦を密約した情報など、日本の命運を左右する重要情報を入手していた。小野寺が戦後、巣鴨プリズンでの米戦略諜報部隊（SSU）の尋問などを経て、「ヒューミントの達人」といわれるようになったのは、戦火の欧州で、小国の情報士官ら数多くの協力者や仲間と誠実な信頼関係を結び、「情のつながり」を築いていたからだ。

戦後、小野寺は家族に、小国の情報士官たちについて、「小野寺個人、そして日本を大変尊敬してくれ、日本のためによく働いてくれた」と感謝の意をこめて回想している。日本人として、この言葉を誇らしく嬉しく思えるのは筆者だけではないだろう。

とかくインテリジェンス、諜報活動には、市民を監視して粗（あら）さがしを行なう負の

ヤルタ会談時のイギリス、アメリカ、ソ連三巨頭（英国立公文書館所蔵）

イメージがつきまとう。膨大な最高機密文書を持ち出し、監視国家アメリカの赤裸々な実態を明らかにした元米中央情報局（CIA）職員、エドワード・スノーデンの「暴露」は、その思いを新たにさせた。

しかし、小野寺の足跡を辿っていくと、本来、諜報とは国家のために尽くす愛国心から行なうもので、人と人とのつながりの産物であることがわかる。これに対して、スノーデンは「国家や民族が存在しなくても、人類は生きていくことができる」という素朴なアナーキズム（無政府主義）を信じたハッカーで、歪んだ正義感に目覚めた末の暴露だった。

サイバー空間の究極のアナーキスト（無政府主義者）であったスノーデンは、小野寺が持っていた職業的良心と対極にあったと言っていいだろう。その意味で本物のインテリジェンス・オフィサーではなかったと筆者は感じている。

## オシントで米の原爆情報も

ヒューミントだけではない。小野寺は、すでに公刊されている新聞や雑誌などの公開情報をもとに行間を読み解き、秘密情報を探り当てるオシント（オープン・ソース・インテリジェンス）も活用していた。

枢軸国、連合国が交錯する北欧の中立国の都、ストックホルムに駐在した利点もあったことだろう。現地で発行されるスウェーデンの新聞のみならず、スウェーデン参謀本部情報部に協力者を得て、特別ルートで『ニューヨーク・タイムズ』や『タイム』『ニューズウィーク』などの米英の新聞、ニュース雑誌、さらに軍事技術を記した専門雑誌も検閲なく入手できた。それをくまなく読みこなして機密情報を得ていたのであった。

一九四一年六月にナチス・ドイツが始めたモスクワ侵攻作戦（バルバロッサ作戦）は、冬将軍に妨げられたと言われているが、実際には厳冬となる前の九月に雨期が来て、戦車の機械化部隊の進軍が停止する誤算に見舞われていた。この九月が独ソ戦の分水嶺となることを小野寺は、スウェーデンの現地紙から読み解き、参謀本部に伝えている。

また日米開戦後は、ベルリンから三井物産、三菱商事などの語学に堪能で米英に駐在経験がある商社マンが現地徴用を受け、軍属の嘱託としてストックホルム陸軍武官室に配属され、連合軍の戦力情報を分析した。

この中で、ストックホルム海軍武官室に配属されたものの小野寺の陸軍武官室に出入りして小野寺の下で公刊資料より技術情報の収集を行なった三井物産の和久田弘一が、アメリカが原爆生産を実施しているらしいヒントをつかんだことが特筆される。和久田は、理化学研究所で原子力研究をしていた仁科芳雄博士の依頼でサイクロトロン（核粒子加速装置）の輸入業務を担当した経験があり、アメリカの新聞からアメリカが三〇〇〇トンもの大型サイクロトロンを輸入したとの情報を見つけたからだった。和久田は原子力爆弾とは断定できないが、恐るべき強力な殺戮兵器をアメリカが生産していることを推測して小野寺に報告している。小野寺は、ドイツから得た情報と重ね合わせ、アメリカが原爆を開発、製造していたことをほぼ摑んでいたようだ。

戦後、小野寺を尋問した米戦略諜報部隊（ＳＳＵ）の秘密文書には、小野寺が取得した機密情報の一つとして「アメリカの原爆情報」も記されている。小野寺は、米英の実情に詳しい商社マンたちが、公開情報から導き出した情報を選別、分析し、連合軍の本当の「実力」を把握していたのである。

今日、世界各国の情報機関が集める情報の約九割は、新聞やインターネットなどから得られる公開情報と言われている。ヒューミントや衛星による撮影や通信傍受により取得する情報もあるが、基本は公開情報を選別、分析して質の高い情報に昇華させている。その意味からすると、オシントも活用したストックホルムでの小野寺のインテリジェンスは先駆的だったと言っていいだろう。

## バックチャンネルとしての和平工作

小野寺が行なったのは、情報収集に留まらなかった。北欧の地で、祖国滅亡の危機に立ち向かうべく、スウェーデン王室を通じた終戦工作に取り組んでいる。外交は本来、専門的職業訓練を受けた外交官が行なうべきである。陸軍武官の小野寺が行なった終戦工作が戦後、行き過ぎた陸軍の出先によるスタンドプレーで、「二重外交」と非難されてきた。

しかし、敗戦という究極の国難に、王室に築いていた人脈を生かして裏ルートを作って祖国を救おうとしたのである。小野寺自身、「そもそも、和平工作のような国の重大政策に関わる問題は、軍人がなすべきことではなく、路線の準備をするところまでは任務としても、その先は中央に委ねるべきである」（「小野寺信回想録」）と考えていた。

考えてみると、終戦工作は表に出ない極秘の裏交渉が大前提だ。ところが、ヴェルサイユ条約（一九一九年）以降、外交機関が秘密外交を行なうことは困難となった。そこで裏の「汚れ仕事」を情報組織が担うようになった。

さらに冷戦時代以降、近年では、表の外交交渉で行なえない事案をインテリジェンス機関が極秘に裏で調整することが一般的である。表の外交で解決できない場合に備えて主要国はバックチャンネル（裏ルート）を用意している。インテリジェンス・オフィサーによるネットワークは、外交関係が機能しない場合の安全弁として、また外交関係がない国とのパイプとして活用されている。情報士官がバックチャンネルを確保しておくことの重要性は歴史が示している。小野寺が第二次大戦末期にスウェーデン王室に確かな人脈を構築し、和平を打診する工作を行なったことは、その先駆けだったとも解釈できる。

ヤルタでのソ連参戦情報など小国の情報士官から機密情報を得た小野寺は参謀本部に、これらの情報を伝えたが、参謀本部では「情報」の重要性を十分に理解せず、効果的に活用することはなかった。中枢の情報の分析能力が欠如していたからだ。

主観的にまず仮説を立て、そこから外れた情報はすべて「謀略」と決めつけて抹殺した。ソ連参戦のヤルタ情報もソ連仲介で和平工作を進める中枢には「不都合な真実」であった。スペインの須磨公使がスペインのスパイ組織を使って入手した「ネバダ州の砂漠で原爆実験が成功した」情報や、小野寺のスウェーデン王室を通じての和平工作の情報、スイスからの「アメリカとの直接和平交渉」に関する情報も、すべて「謀略」として、一顧だにされず、握り潰された。その結果、日本は、アメリカに原爆二発を投下され、満洲の荒野を赤軍に侵攻され、八月十五日の終戦を迎えるのである。

小野寺の情報がなぜ、政策に生かされなかったのか。その理由を探ることは、情報をいかに分析するべきかの答えを導き出すことにもつながるだろう。

## 日本版CIA設立に向けて

二〇一三年一月のアルジェリア人質事件を契機に日本政府は、現地での情報収集の不備を認め、情報収集強化に乗り出した。

戦後、米中央情報局(CIA)や英秘密情報局情報部(SIS)、イスラエルのモサド、ソ連国家保安委員会(KGB)=ソ連崩壊後、ロシア連邦保安庁(FSB)、ドイツ連邦情報局(BND)など多くの国で対外情報機関が設立され、世界中でヒューミントなどの情報活動を行なっている。日本は、先進八カ国の中で唯一、対外情報機関を持っていない。

冷戦期を通じてアメリカはドイツのゲーレン機関とそれを引き継いだBNDと情報協力体制を敷いて、ソ連と東欧の情報を得た。また中東情勢では、イスラエルのモサドと長年協力関係を維持してきた。そしてアングロサクソン諸国（アメリカ、イギリス、カナダ、オーストラリア、ニュージーランド）は「ファイブ・アイズ」と呼ばれる情報クラブの連合体を作って情報を共有している。ファイブ・アイズは「エシュロン」と呼ばれる地球規模で運営される通信や電磁波などを媒介とした諜報であるシギント網を持ち、日本にも提供されることがある。

しかし、自前の情報機関を持たない日本は各国が欲しがる独自情報を持ち合わせず、「ギブ・アンド・テイク」が原則の情報の世界では、国際的な情報協力の枠組みに主体的に参加できなかった。国際社会では、「ロシアや中国などのスパイが暗躍する日本では、情報が漏洩しやすい」との評価が定着して、それが西側の主要国から最新の機密情報を得られにくい要因とされてきた。その結果の一つとして、アルジェリアの事件で日本人が巻き込まれ、一〇人が犠牲になったとも言える。

しかし、現行の法制度の中で、自前の情報を得るために外交官や防衛駐在官が海外でヒューミントを行なうのは大変な困難を要する。テロや組織犯罪などが国境を越えて多様化する現代では、一国だけで情報を収集することは不可能である。各国の情報機関と情報交換できるようなインテリジェンス協力が求められている。日本も対外情報機関の創設が焦眉の急となったのも当然だろう。

残念ながら、戦前、特高警察が国民を監視、弾圧した記憶が生々しく残る日本では、人材を養成して対外情報機関を創立するには、十年単位の年月が必要だと言われている。

そこで政府は二〇一三年十二月、情報分析能力を向上させ、究極の有事に対応する日本版ＮＳＣ、国家安全保障会議を内閣に発足させたのである。いきなり国外で、法律ギリギリのヒューミントで自前の情報収集をするよりも、外務省、防衛省、警察庁など各省庁や研究機関が知恵を出し合って公開情報を地道に分析して有益な情報を生み出すことを目指したのである。政府は、「秘密が守られなければ、米国などから重要軍事情報の提供は受けられない」との理由を強調して、特定秘密保護法を成立させた。

当然ながら日本版ＮＳＣの先には対外情報機関、日本版ＣＩＡの設立を見据えている。

第二次大戦中にストックホルムで小野寺が行なったインテリジェンスの極意を本書で探ることは、かつて国際基準でも高い水準にあった陸軍のインテリジェンスの

ＤＮＡを呼び覚ますことにもつながるだろう。本書が、小野寺のような語学力、学識、人間力を併せ持った世界で通用するインテリジェンス・オフィサーを養成して日本版ＣＩＡを創設するうえで、示唆となることを願ってやまない。

# 第一章

# 枢軸国と連合国の秘められた友情

## カサブランカに眠る日本の恩人

日本の恩人とも言える人物が、カサブランカで長い眠りについていることをご存じだろうか――。

カサブランカといえば、ハンフリー・ボガートとイングリッド・バーグマン主演のハリウッド映画の不朽の名作を想い出す人も少なくないだろう。ポルトガル語とスペイン語で「白い家」(Casa Blanca)を意味するカサブランカは、サハラ砂漠の北に位置する北アフリカにあって、どことなく西欧の香り漂う、とても上品な雰囲気の白い街並みがあるモロッコ最大の都市で、商業と金融の中心地だ。

第二次大戦末期、敗戦という国家破滅の危機に立たされた日本を救うべき一つの情報が、ロンドンに亡命していたポーランド政府からもたらされた。一九四五年二月のことだ。

「中立だったソ連が米英の依頼を受け入れ、ついに日本と干戈(かんか)を交えることをクリミア半島ヤルタで正式に決めた。しかもドイツ降伏三カ月後に参戦する」

残念ながら日本は、その情報を生かせず、約半年後にソ連の参戦を許し、シベリア抑留や北方領土問題など幾多の惨劇を招くことになるのだが、ソ連による北海道など本土の占領は寸前に回避して分断国家となる悲劇だけは防いだ。このヤルタでソ連のスターリンがアメリカのルーズベルト、イギリスのチャーチルと交わした密約を北欧に駐在していた帝国陸軍のストックホルム陸軍武官、小野寺信に秘かに知らせたのがポーランド軍参謀本部第二部（情報部）部長、スタニスロー・ガノであった。

## 「あなたはポーランドの真の友人」

ポーランド軍参謀本部情報部長
スタニスロー・ガノ

「ナポリを見てから死ね」と言われるほど景観が美しいナポリは、イタリア南部最大の港湾都市である。敗戦から五カ月経った四六年一月二十九日、風光明媚なナポリ港に、ヨーロッパに残っていた日本人三百数十人が集まった。大戦後日本を占領した連合国軍最高司令官であるマッカーサーから、ようやく帰国命令が出たのだ。

スウェーデンで終戦を迎えた在留邦人約七〇人もナポリ港から出航する引き揚げ船「プラスウルトラ」で帰国することになり、ストックホルムからバス二台に分乗して九日間かけてヨーロッパを陸路で縦断した。その一人だった小野寺は引き揚げ船に乗り込む際、フランスの参謀本部第二部（情報部）部長、ゴットフロイ大佐から最後の尋問を受けた。そこで意外な手紙を受け取った。差出人は、ヤルタの情報を提供してくれたポーランドのガノだった。そこには生涯忘れ得ぬ言葉が書かれていた。

「あなた（小野寺）は真のポーランドの友人です。長い間の協力と信頼に感謝し、もし帰国して新生日本の体制が（共産主義体制になって）あなたと合わなければ、どうか家族とともに全員で、ポーランド亡命政府に身を寄せてください。ポーランドは経済的保障のみならず身体保護を喜んで行ないます」

枢軸国側の日本と連合国側のポーランドは交戦関係にあった。しかし、小野寺はストックホルムでガノの部下であるペーター・イワノフことミハール・リビコフスキーらポーランドの情報士官たちと比類なき厚い友情と強固な協力関係を築いたのである（そのリビコフスキーも自動車に食料品を満載して小野寺に届けようとナポリ港に急行したが、到着すると、引き揚げ船は数時間の差ですでに出航した後だった）。

ガノは、その返礼としてポーランド政府参謀本部を代表してソ連参戦情報を日本に伝えた。そこには「祖国を赤い帝国に奪われた自分たちのようになってほしくない。中立を装いながら終戦直前に日本を裏切り、侵攻して共産化させ影響下に置く、火事場泥棒のようなソ連の陰謀を見抜き、ソ連を警戒してほしい。戦後の新生日本がボルシェビキたちによって共産主義国に変わるかもしれない」そんな警告のメッセージが込められていた。

## 死後四十五年目の昇進と「英雄」の顕彰碑

カサブランカはもともとジブラルタル海峡を挟むポルトガル人が作った街をフランスが占領し保護領として植民地支配していた。アフリカにあって西欧の香りが漂うのはそのためだ。第二次大戦でドイツ軍によってフランスが占領されたため、戦争当初は親独のヴィシー政権の支配下にあった。その頃に製作された映画『カサブランカ』は、「君の瞳に乾杯」の名セリフが印象的な、悲惨な戦争と悲恋が絡まる哀愁漂うラブロマンスである。同時に第三帝国とヴィシー政権を批判する反枢軸国のプロパガンダでもあった。その後、カサブランカは連合国軍の北アフリカ侵攻によって自由フランスに復帰。一九四三年一月にはアメリカのルーズベルト大統領とイギリスのチャーチル首相が首脳会談を開き、枢軸国側に無条件降伏を求めることを確認するなど第

死後45年目の2013年にカサブランカで開かれたガノを顕彰する記念式典

二次大戦を通して北アフリカの中で、連合国側には特別の街であった。

モロッコの国教はイスラム教だが、憲法により信仰の自由は保障され、数世紀にわたりキリスト教会やユダヤ教会がある。当然ながら、それぞれの宗教の墓地もあってカサブランカ西地区にあるキリスト教墓地には、一九六八年に当地で逝去したガノの墓もある。ところが長い間朽ち果てていたため、ポーランド政府によって墓が改装され、偉業を讃える顕彰碑も建てられた。永眠して四十五年目にあたる二〇一三年一月二十七日のことだった。

モロッコ駐在ポーランド大使らが出席した記念式典では、ポーランド政府がガノを「第二次大戦を情報で勝利に導いた英雄」と盛大に追悼した。そして死後四十五年目にして大佐から少将に昇進させたのである。ガノはロンドンに亡命したポーランド軍参謀本部第二部（情報部）部長として、シコルスキ首相やアンデルス将軍の良き協力者として世界に広がる諜報ネットワークを率いた伝説のインテリジェンス・マスターだった。

ドイツ、ロシア、オーストリアなど周囲を強力な大国に囲まれたポーランドでは、侵略の機会をうかがう大国の脅威に対処するためにインテリジェンス機関が発達した。とりわけ戦間期は、東に共産主義の膨張を画策するスターリン、西に第一次大戦で失った領土回復を狙うヒトラーと、二人の独裁者が率いるソ連とナチス・ドイツの両大国に挟まれ、生き残りをかけたインテリジェンス活動が活発に行なわれた。第二次大戦前からソ連とドイツの隅々まで諜報員を送り込み、難攻不落といわれたドイツの暗号「エニグマ」解読の糸口を掴んでいる。

「エニグマ」暗号は、コンピュータの父といわれるイギリスの天才数学者、アラン・チューリングがブレッチリーパーク（政府暗号学校）で解読して、第二次大戦の連合国の勝利に貢献したことがよく知られている。しかし、その下地を作ったのがポーランドだった。ポーランドは大戦前の一九三二年頃に初期型コンピュータの原型である機械式の暗号解読機ボンバを作製、初期型「エニグマ」暗号の解読に成功する。そのボンバの複製品と解読方法をイギリスとフランスに提供。イギリスは、これをもとにチューリングらが改良強化された「エニグマ」を解読するに至ったのだった。世界を震撼させたナチス・ドイツのV1、V2ロケットも、開発段階から発射場所まで正確に摑み、イギリスのMI6に提供している。

こうしたインテリジェンス活動が盛んなポーランドにあって、ガノは陸軍参謀本部情報部の東（対ソ連インテリジェンス）部門でロシア情報の専門家として頭角を現し、一九三九年九月、ドイツの侵攻で第二次大戦が勃発すると、収容されたルーマニアの捕虜収容所を脱出してパリ経由でロンドンに逃れた。そして一九四一年十一月から亡命政府参謀本部第二部長に就任して欧州内や祖国に残って抵抗する部下のインテリジェンスと防諜を指揮し、ポーランド情報網の再建と整備に情熱を傾けた。

## ポーランド諜報機関の栄光と悲劇

ポーランド外務省はホームページで説明している。

「この頃、ポーランドのインテリジェンス・オフィサーたちは他国のインテリジェンス機関との協力関係を刷新、強化した。中でも同じ連合国に属したイギリス、フランス、ベルギー、アメリカ、また枢軸国側のフィンランドの諜報機関との結びつきが強かった。とりわけ北アフリカのオラン（アルジェリア）、チュニス（チュニジア）、カサブランカ（モロッコ）、ダカール（セネガル）に設置した諜報ネットワークは、多くの重要情報を得て、連合国軍が一九四〇年から一九四二年十一月八日に実施したトーチ作戦（モロッコおよびアルジェリアへの上陸作戦のコードネーム。トーチとは「たいまつ」の意味）に大きく貢献した」

なぜ英米の連合国軍の作戦に、ポーランドの情報士官が貢献したのだろうか。当時の欧州の複雑な国際関係をご理解いただきたい。ナチス・ドイツ軍のフランス侵攻により一九四〇年六月二十二日に独仏休戦協定が結ばれると、フランスにはドイツの傀儡であるヴィシー政権が誕生した。そこでイギリスのチャーチル首相は降伏したフランスの海軍力がイギリスのシーレーンを脅かすことを恐れ、フランス艦隊がドイツ側へ参加することを防ぐためにメルセルケビール海戦を引き起こした。戦闘は、イギリスが戦術的に勝利を得たものの、戦略的には連合国軍に対する不信感を与え、ヴィシー政権との関係が悪化。イギリスはヴィシー政権と、フランスおよびその植民地からすべてのイギリス政府高官および諜報員を退去させる協定を結ばされ、諜報員を派遣できなくなった。つまりイギリス情報部はフランス領北アフリカで諜報活動を展開できなくなったのである。

そこで白羽の矢が立ったのが、ロンドンに亡命していたポーランドのインテリジェンス・オフィサーだった。一九四一年七月、イギリスはアルジェリアを拠点とする北アフリカにおける秘密諜報ネットワーク確立のために、ポーランド参謀本部情報部所属のW・Z・リガー・スロヴィコフスキーを派遣する。スロヴィコフスキーの回想録『In the Secret Service : The Lighting of the Torch』によると、この時、彼につけられたコードネームが「リガー」（Rygor）であり、彼の機関につけられたコードネームが「アフリカ」であった。リガーと同僚のポーランド情報士官がフランス領北アフリカで構築したイギリスのインテリジェンス・ネットワークのメンバーは、フランス人が大半だったが、アラブ人も含まれていた。職業もフランス軍将軍から港湾や鉱山労働者まで、あらゆる階層が含まれていた。リガー率いる「アフリカ機関」は上陸作戦実施前に敵地奥深くに潜入し、一年四カ月間にわたりアメリカ戦略情報局（ＯＳＳ）とともに、情報収集や破壊工作などを実行するアドバンス・フォース・オペレーションズ（Advance force operations：ＡＦＯ）を実現させたのだった。

ガノらポーランドの情報士官たちは、表立って活動できないイギリスの情報機関に代わってミッションを果たしたのである。ＯＳＳにとって最初のＡＦＯの成功例で、後のイタリアやノルマンディーなどの上陸作戦に結びつく契機となったため、アメリカにも感慨深かった。ポーランド外務省が「ルーズベルト大統領はポーランドのシコルスキ首相とガノらインテリジェンス部門のメンバー全員に深く感謝の意を表した」と自賛するのも頷けるだろう。

ところが亡命ポーランド政府に悲劇が起きる。終戦後、祖国に実質的にスターリンの傀儡である共産主義のルブリン政権が誕生したため、連合国としてともに戦ったアメリカやイギリスから国家承認を失う。その契機となったのが第二次大戦末期の一九四五年二月に米英ソの三首脳が戦後の世界秩序について協議したヤルタ会談だった。米英の意向に反して、ソ連の代弁者である共産政権側が亡命政府の大臣や政治家を逮捕したり、国外追放したりしたため、亡命政府の要人は、帰国できず戦後もロンドンで活動を続けることとなった。さらに一九四六年九月、共産政権側は、亡命政府の軍人のポーランド市民権を剝奪する暴挙に出た。軍人らは完全に祖国に帰りたくても帰れなくなり、イギリスやアメリカなどに移住を余儀なくされたのだった。ガノも、インテリジェンスの仲間の紹介でかつて部下が活躍した思い出のカサブランカに移住、祖国への望郷の念を抱きながら、鉱山採鉱会社の管理職として余生を送った。彼の地で生涯を終えたのは一九六八年だった。

## 「民主化から二十五年」の歴史見直し

それにしても戦後六十八年を経て、なぜポーランド政府がガノを顕彰したのだろうか。それはガノがポーランドにおける対ソ（ロシア）諜報の第一人者であったことと無縁ではないだろう。

ガノは、ポーランドが一九二一年に独立を果たすまでロシア軍兵士として戦い、ソ連に残ったかつての同僚や部下らから情報も入手して、ボルシェビキの思想と行動を皮膚感覚で熟知していた。窮地に立たされた日本を救うべく小野寺にもたらされた「ソ連が対日参戦する」という、あのヤルタ密約情報も、ポーランドきってのロシアウォッチャーゆえのインテリジェンスだったのかもしれない。いうなればソ連にとってガノは、不倶戴天の敵だった。そのガノを顕彰すれば、ロシアから反発を招きかねない。だから一九八九年の民主化まで五十年近くにわたりソ連の衛星国に組み込まれたポーランド第三共和国政府は、冷戦終結後も影響力と圧力を受け続けてきたロシアを恐れて、顕彰したくてもできなかったのである。

考えてみれば、ロシアとドイツという大国に地続きで隣接するポーランドは、二度にわたり世界地図から消えた苦難の歴史がある。第一次大戦後、ポーランドは独立を回復したが、第二次大戦では再びナチス・ドイツとソ連に分割される。戦後、再度独立を果たすもののソ連の強い影響下に置かれ、ガリツィア地方をソ連（ウクライナ領）に割譲し、社会主義国となった。東西冷戦時代にはソ連主導の軍事同盟・ワルシャワ条約機構と、国際間経済組織・経済相互援助会議（コメコン）に加盟させられ、衛星国としてソ連の勢力圏に置かれた。

民主共和制国家に戻るのは、共産主義政権が崩壊して共産党による一党独裁国家が終焉する一九九〇年まで待たねばならなかった。一九九九年には北大西洋条約機構（ＮＡＴＯ）に加盟し、欧州に戻った。社会主義経済から市場主義経済への移行も順調に進み、急成長する。とりわけ二〇〇四年に欧州連合（ＥＵ）加盟後の発展は目覚ましく、今や国内総生産（ＧＤＰ）成長率が二〇一四年まで二十一年連続のプラスを記録して成長の真っ只中にある。

ＥＵ加盟を渋って経済が低迷する旧ソ連の隣国ウクライナの首都キエフで、二〇一三年十二月、ＥＵとの連合協定調印の見送りを決めたヤヌコビッチ大統領の退陣を求める大規模な反政府デモが相次ぎ、二〇一四年二月にはヤヌコビッチ氏がロシアに逃れ、親ロシア政権が崩壊。その後、ロシア軍が軍事侵攻し、南部クリミアを併合して、国際社会から大きな批判を浴びた。この政変が起きた背景に、隣接するポーランドの急成長があったことは想像に難くない。

世界銀行の統計を見ると、一目瞭然だ。一九九一年に八三〇億ドルで、ウクライナの七七〇億ドルと大差なかったポーランドのGDPが、二〇一二年には四九〇〇億ドルとウクライナ（一八〇〇億ドル）の二・七倍に達した。わずか十一年で隣のポーランド市民は約三倍も豊かになったのだから、ウクライナ市民がポーランドのように豊かさを求めて欧州の仲間入りを目指すのも理解できる。「ドイツやイギリス、フランスには追いつけなくても、隣のポーランド並みに繁栄できるはずだ」。ポーランドの急成長ぶりを見たガリツィア地方を中心とするウクライナ市民が不満を爆発させて、西側寄りの政権誕生につながったのだ。

世界の注目を集めたウクライナの市民が羨むほどポーランド経済は成長を続けている。急進的な市場経済導入に伴う「移行ショック」で九〇年代初めこそマイナス成長となったものの、ビジネスブームとなった九〇年代半ばには経済成長率は五～七パーセント前後に上昇。二〇〇四年のEU加盟後はEU域内向けの輸出の急拡大で、さらに安定した経済成長が続き、リーマンショック後の二〇〇九年にもEUで唯一プラス成長率を達成した。今や「東欧の奇跡」と評されるほど国力が向上したのだ。

こうして自信をつけたポーランドがロシアのくびきを脱却して、かつて対ソ諜報で国に尽くしたガノを「英雄」として顕彰したとしても不思議ではない。この辺りの事情についてツィリル・コザチェフスキ駐日ポーランド大使は解説した。

「これまで長く共産党政権の時代が続いて、ロンドン亡命政権時代の人々の業績を評価したくてもできなかった。今年（二〇一四年）は民主化されて二十五年。経済自由化も成功し安定成長を遂げている今、過去の歴史を振り返り、亡命政府で国に尽くした人を讃えようという狙いです」

## 「英米に背いて、日本のために働く」

日本がポーランド情報部と、インテリジェンスで強くて深い密接な協力関係があったことはあまり知られていない。今回、ガノの顕彰にあたってポーランド外務省は、ポーランド情報部が協力関係を築いた国として日本の名前をあげなかった。それは同じ連合国だったイギリスやアメリカ、そしてロシアに配慮したためだろう。大戦中に交戦国だった枢軸側の日本と通じていたことは連合国の間では背信行為とも受け止められかねないからだ。だから現在も、公然とは日本と諜報で協力があったことを認められないのだろう。いうなれば「秘められた友情の協力関係だった」（ツィリル・コザチェフスキ駐日ポーランド大使）のかもしれない。それはEUの新興国として生きる小国の知恵でもある。

しかし、協力の中身を見てみると、日露戦争以来、連綿と続く信頼関係をバックボーンにした日本との関係が、最も濃密であったように思える。リガー・スロヴィコフスキーらが北アフリカで英米のために身を挺したように、スウェーデンやリトアニアなど欧州でミハール・リビコフスキーらが日本のために粉骨砕身して、独ソ開戦やヤルタ密約などの最高機密情報を日本にもたらしたのである。

ここに一つのエピソードがある。ドイツとソ連が電撃侵攻してポーランド全域を制圧した一九三九年十月のことだ。占領下に置かれたポーランドから軍幹部らが国外に脱出する際、事実上、参謀本部情報部を主導していたガノ（後に情報部長に昇進）が情報部の対ドイツ、対ソ連諜報組織の接収を最も信頼する外国の諜報機関に提案した。それはイギリスでもフランスでもアメリカでもなかった。当時、ワルシャワに駐在していた日本の上田昌雄陸軍武官だった。情報士官である上田が駐在武官としてガノらポーランドのインテリジェンス・オフィサーらと深く交流していたとはいえ、独ソによる占領で壊滅状態になる自国の諜報組織の受け入れを申し入れるのだから、ポーランドの日本に対する信頼と期待は相当のものだったのだろう。上田は戦後、当時を回想して、「ポーランドの参謀本部というのは、対ソ情報について、世界で一番だったです。そのころ日本のソ連情報の大部分は、ポーランドのをもらっていたのです。私は（彼らと）仲良くつきあって、どんどん情報をもらいました」（『歴史と人物』「特集・日本の秘密戦と陸軍中野学校」「陸軍中野学校幹事の回想　諜報に生きる」昭和五十五年十月号、中央公論社）と語っている。

上田武官は東京の参謀本部に問い合わせると、ドイツとの同盟（この当時は日独伊防共協定）が障害となり、申し出は拒否される。しかし、独ソ不可侵条約を結び、宿敵ソ連に電撃接近したドイツに不信感を抱いていた日本は、同盟国ドイツの本音を探り、複雑怪奇な欧州情勢を読み解くため、ポーランドとの秘かな諜報協力を非公式に継続し、武官や外交官がポーランド情報将校と極秘に接触を続けるのである。日本が真珠湾を攻撃し、両国が枢軸国と連合国の交戦状態となっても、友情と協力は終戦まで続けられたのである。

実際に両国の諜報協力を研究するイギリスの歴史学者、J・W・チャップマンは、著書『The Polish Connection：Japan, Poland and the Axis Alliance』（ポーランドの対日連携：ポーランドと枢軸国＝筆者注）で、現在の日米関係に匹敵するほど密接だったと主張している。

「スパイ活動が唯一、合法化されていたポーランドの秘密情報機関は有能で、情報における日本とポーランドの関係は、同盟を結んでいたドイツよりもはるかに深い。このような親密な関係は現在の日米関係に匹敵する」

そのことを裏付ける興味深い秘密文書がロンドンの英国立公文書館にあった。ストックホルムで小野寺の行動を監視していたドイツのアプヴェール（国防軍情報部）のノッツニー大佐が、敗戦後の一九四五年六月十日の尋問で、ドイツの防諜機関には、亡命ポーランド政府が連合国の一員であるにもかかわらず、イギリスとアメリカを裏切って日本に肩入れしているとさえ思えたと証言しているのだ。

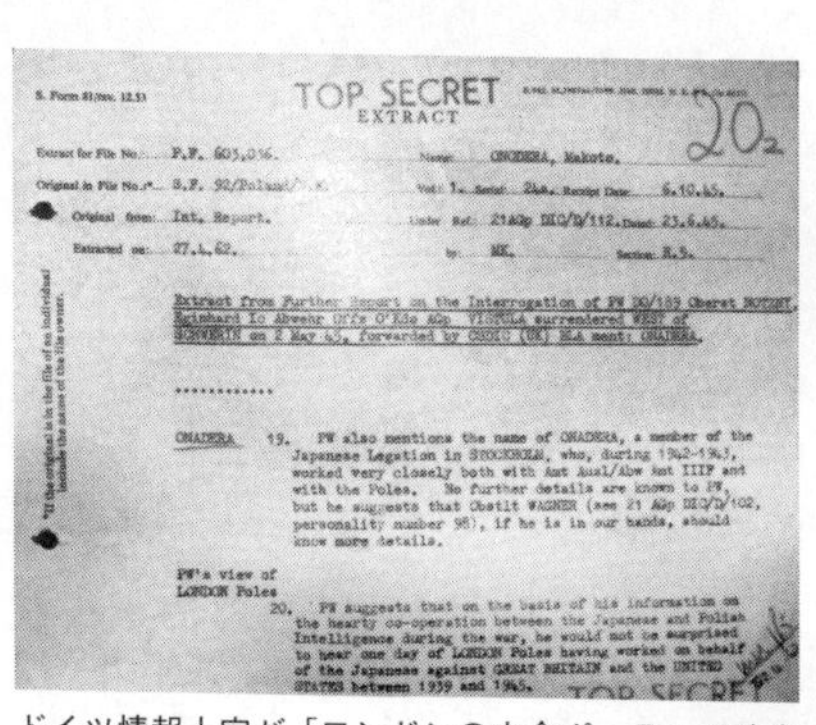
TOP SECRET
EXTRACT

Extract for File No.: P.F. 603,036.　Name: ONODERA, Makoto.
Original in File No.: S.F. 92/Poland/...　Vol: 1.　Serial: 244.　Receipt Date: 6.10.45.
Original from: Int. Report.　Under Ref: 21AGp DIC/D/112.　Dated: 23.6.45.
Extracted on: 27.1.62.　by: MK.　Section: R.5.

Extract from Further Report on the Interrogation of PW DO/189 Oberst ... Reinhard ... Abwehr ... VISTULA surrendered WEST of SCHWERIN on 2 May 45, forwarded by ... (UK) ...: ONADERA.

************

ONADERA　19.　PW also mentions the name of ONADERA, a member of the Japanese Legation in STOCKHOLM, who, during 1942-1943, worked very closely both with Amt Ausl/Abw Amt IIIF and with the Poles. No further details are known to PW, but he suggests that Obstlt WAGNER (see 21 AGp DIC/D/102, personality number 98), if he is in our hands, should know more details.

PW's view of LONDON Poles
20.　PW suggests that on the basis of his information on the hearty co-operation between the Japanese and Polish Intelligence during the war, he would not be surprised to hear one day of LONDON Poles having worked on behalf of the Japanese against GREAT BRITAIN and the UNITED STATES between 1939 and 1945.

TOP SECRET

ドイツ情報士官が「ロンドンの亡命ポーランド政府は、英米を裏切って日本のために働いていたとしても驚かない」と証言した供述調書
（英国立公文書館所蔵）

「大戦中を通じた小野寺の日本とポーランドとの心温まる関係を知っていたので、いつの日かロンドンの亡命ポーランド政府が同盟国のイギリスとアメリカに背いて日本のために働いていたことを聞かされても驚かないだろう」

その協力関係の中心にいたのが第二次大

戦を通して、陸軍のストックホルム駐在武官だった小野寺であった。

戦後三十五年経過した一九八〇（昭和五十五）年、小野寺は大戦中の活動記録を「小野寺信回想録」として手稿でまとめ、防衛省（当時は防衛庁）に寄贈した。その中でインテリジェンスの極意について次のように記している。

「情報活動に最も重要な要素の一つは、誠実な人間関係で結ばれた仲間と助力者を得ることである。その点で小野寺は、ラトビア（駐在陸軍武官）時代、上海（蔣介石和平工作）時代、スウェーデン（駐在陸軍武官）時代を通じて、内外人（日本人、外国人）ともまことに幸運に恵まれた。その人たちの多くは、すでに亡き者となり、または消息不明のものもあり、今日まで交流の続いている人はごくわずかしかいない。年齢を越え、国境を越え、人種を越えて信念で固く結ばれた人間関係は、この上もなく尊いものと思う」

ポーランドの情報士官だけではない。エストニア、ハンガリー、フィンランドなどソ連の膨張で祖国を失い傷心した彼らと「人種、国籍、年齢、思想、信条」を越えて小野寺は「情（なさけ）」のつながりをつくったのである。

「真の友人」とポーランドの情報士官たちを魅了した小野寺は、一体どんな人物で、どのようにして異国の地で人とのつながりを得たのだろうか。外国人と密に付き合うには、高度な外国語を習得していたのだろう。ロシアの隠された真実を摑みとるにはロシアに対する相当な学識も身につけていたことだろう。もちろん多くの人の信頼を得る人間的魅力も備えていたことだろう。

大戦前から知己を得たポーランドやバルト三国の情報士官から「諜報の神様」と慕われ、連合国側から「枢軸国側諜報網の機関長」と恐れられた「インテリジェンス・ジェネラル」小野寺信。その足跡を辿ってみたい――。

# 第二章　インテリジェンス・マスターの誕生

## ロシア語とドイツ語に堪能な陸軍武官

日本から出て海外でインテリジェンス活動を行なううえで、最も必要な能力は何だろう。それは外国人とコミュニケーションが取れる語学力ではなかろうか。「ヒューミント」と呼ばれる人的情報収集（特定の人物に接して情報を得る）には高度な語学力が必須であり、そもそも外国人と胸襟を開いて付き合い、信頼し合うには外国人が話す外国語を理解し、使いこなせなければならない。

ところが、インテリジェンスの実戦で使う高度な語学力を修得することは容易ではない。元外務省主任分析官で作家の佐藤優氏によると、「外務省の入省試験に合格し、一生懸命に研修を行なった外交官で、情報収集任務に堪えうる語学力を身につけることができる人は二割前後だ」という。海外でのヒューミント専門家を養成することは大きな困難を伴うのだ。

時計の針を戦前の日本に戻すと、諸外国、とりわけ中立国に駐在した陸軍武官は優れた語学力を身につけ、欧米のインテリジェンス・オフィサーを凌駕する活動をしていた。第二次大戦を通してストックホルムに駐在した小野寺信もその一人である。

ヨーロッパにおいてポーランドやバルト三国などの小国は、共産革命を起こした大国ソ連の膨張にいつも怯えていた。小野寺がこうした小さな国々のインテリジェンス・オフィサーと気脈を通じ、信頼関係を築いて、ヤルタ密約や独ソ開戦などの最高機密情報を得ることができたのは、彼らと高度なコミュニケーションが恒常的に取れるほどロシア語とドイツ語が堪能だったからにほかならない。ヨーロッパでの諜報において小野寺の語学力が大きな武器になったことは間違いないだろう。

当時の連合国は、小野寺の語学力をどう見ていたのだろうか。アメリカの首都ワシントンにある米国立公文書館には、米中央情報局（ＣＩＡ）が公開した小野寺に関わる文書が所蔵されている。その中に大戦中の一九四五年五月二十八日にＣＩＡと米戦略諜報部隊（ＳＳＵ）の前身だった米戦略情報局（ＯＳＳ）ストックホルム支局が作成した小野寺のプロフィールがあった。

語学は、「ロシア語は、流暢に読み書きができる。あまりうまくはないが、ドイツ語も話せる。英語は少し理解ができる」とやや辛口の評価ながら、ロシア語とドイツ語を使いこなしていたことを認めている。

では、小野寺はどのようにして語学を学んだのだろうか――。

岩手県南部の胆沢（いさわ）郡前沢町（現・奥州市）の町役場の助役を務める小野寺熊彦の長男として一八九七（明治三十）年九月十九日に生まれた小野寺は、前沢小学校から成績優秀で、遠野にある遠野中学に進む。十二歳の時、父親の熊彦が病死したため、小野寺家の本家だった小野寺三治の養子となり、十三歳の一九一二（大正元）年に仙台幼年学校に入学する。その時に専攻した語学がドイツ語だった。軍人の道を選んだ小野寺はドイツに憧れを抱き、それは、若くして逝った父親（熊彦）の希望でもあった。

「ドイツは第一次世界大戦で敗れたけれども、ドイツ陸軍崇拝の念は日本陸軍に強く残っていた。ドイツ語は幼年学校でも士官学校でも優等生であったので、ゆくゆくは陸大を卒業してからドイツへ行って勉強したいと心に期していたし、また自信もあった」（「小野寺信回想録」）

後年、日本を代表するロシア専門家として頭角を現す小野寺がドイツに憧れ、ドイツ語を早くから学んでいたことに驚かれるかもしれない。だが、当時の日本陸軍はドイツを手本にしていたため、ドイツ語を選択する生徒が多かったのも事実である。

プロイセンの貴族の子弟を軍人にするための学校をモデルにして設立された陸軍幼年学校では、語学のカリキュラムにあったのがドイツ語、フランス語、ロシア語だった。普通の中学校で必修だった英語は一九三八（昭和十三）年までカリキュラムに存在せず、意外にも小野寺は英語を基礎から学んでいない。それでもＯＳＳが「少しは理解できる」と評したのは、ストックホルムなどに駐在してから独学で学んだからだろう。

日本の語学教育は文法が中心である。小野寺が長く学んだドイツ語も同様で、そうしたドイツ語学習に小野寺は前向きに取り組み、一九二五（大正十四）年に、大部隊の指揮官となるために学ぶエリート将校養成機関である陸軍大学校に進む際、また一九二八（昭和三）年に受験した外国駐在試験もドイツ語で受験している。入学試験では文法が重視されるため、「幼年学校以来、文法を念入りに学んでいたドイツ語の方が有利で自信があった。そしてドイツへ行きたかったからだった」（「小野寺信回想録」）。

## 「生きた語学」を実戦で学ぶ恰好の機会

ドイツ語を目指した小野寺はどこで、ロシア語を身につけたのだろうか――。

仙台幼年学校から中央幼年学校を経て一九一七（大正六）年に陸軍士官学校に進んだ小野寺は、士官学校を一九一九（大正八）年に三十一期生として卒業する。歩兵少尉として復帰した歩兵第二十九連隊が一九二一（大正十）年、ロシア極東サガレン（サハリン）州派遣軍としてニコライエフスクに出兵し、小野寺も小隊長としてアムール河口地帯の守備にあたった。前年一九二〇（大正九）年、シベリア出兵中に、ニコライエフスクで共産ゲリラに日本人居留民を含む住民が虐殺される事件、いわゆる「尼港の惨劇」が起きたため、第二十九連隊は、事件後の保障占領として約一年間、派遣されたのである。

そこで将校たちが現地でロシア人からロシア語を学んだ。小隊長として時間の余裕があった小野寺もその一人だった。旧陸軍士官学校出身の将校たちがつくる親睦、学術研究の財団法人「偕行社」が発行する機関誌『偕行』一九八六年三月号「第二次大戦と在外武官　将軍は語る（上）」で明かしている。

「実は、それが私がずるずると情報関係に引っ張られた元になったんです。なにも知らない田舎っぺの少尉がシベリアへ行きましてね。頭が若いから覚えやすいし、だんだん興味を持って。一年間、暇があるごとにロシア人の家庭で、きれいな女の子のいるところを選んでね（笑）。勤務後に出かけて行ってロシア人からじかにロシア語を習った」

ロシア語の教師は、旅団司令部のタイピストの姉妹だった。

「姓は忘れたが、姉はタチアーナ、妹はクラーラといった。一年間の勉強で新聞が読め、文章が書けるようになった」（『小野寺信回想録』）

何よりも耳から口へのオーラルのロシア語だったため、上達は速かった。文法はともかく、わずか一年で、とりあえずロシア語を話せるまで修得した小野寺の語学のセンスは天性のものだったのだろう。

当時の日本にとって、ロシア革命で誕生したソ連が最大の仮想敵国で、ロシアとロシア語の研究こそ最も重要だった。小野寺がドイツ語に加えてロシア語を学び始めたのは将来、増幅するであろう「北の脅威」に対して、ロシア語は必須であるとの読みがあったからだ。

またニコライエフスクには、ドイツの商事会社があり、小野寺は駐在していたドイツ人二人とドイツ語で会話する機会に恵まれた。小野寺にとって二十四歳で出兵したニコライエフスクでの一年間は、語学を実戦で学ぶ恰好の機会となった。

小野寺は一九二五（大正十四）年に陸軍大学校にドイツ語で受験して合格すると、ニコライエフスクで学んだ学歴を隠して初歩のロシア語を第一語学として学ぶ乙班（五人）に応募して合格する。

このことが「後で情報勤務にずるずると入ることになった、そもそものきっかけ」

（「小野寺信回想録」）となった。

ロシア語の授業は、ロシア文学の碩学、米川正夫のほかユーゴスラビア人や日本に亡命した白系ロシア人の教官からマンツーマンで教わる英才教育で、出兵したニコライエフスクで生きたロシア語をロシア人から学んでいただけに、初歩から文法、基本語彙を学ぶ乙班での成績は三年間、常に最高を取り、教官から「ロシア語を既習した乙班の生徒に劣らない」といつも褒められた。とりわけシベリア仕込みの流暢な会話ができたため、「会話の時間は独占した」と回想している。ロシア語の基礎クラスで頭角を現したことで、陸軍随一の対ロシア・インテリジェンス・オフィサーに飛躍する契機となるのである。

幼年学校以来、学んできたドイツ語は陸軍大学校では、第二語学として修得に努めた。ロシア語ほどではないが、基本的な会話に事欠かないほど上達したことはいうまでもない。

## ハルビン留学――ホームステイで「ネイティブ」に

陸軍大学校を一九二八（昭和三）年十二月に卒業した小野寺は、歩兵学校や陸軍大学校、参謀本部に所属してロシア軍の研究を行なった後、一九三三（昭和八）年五月から一年間、ロシア語研修のため、当時日本で使われていた言葉で北満（現在

軍刀とともにスウェーデンに寄贈された小野寺の軍服。スウェーデン軍事博物館に保管されている（小野寺家提供）

の中国東北部）ハルビン駐在となる。一九二九年の世界恐慌の波が国内にも広がり、社会的危機を帝国主義で乗り切ろうと、一九三一（昭和六）年、満洲事変を起こし、翌一九三二（昭和七）年に満洲全域を占領し、清朝最後の皇帝であった愛新覚羅溥儀（あいしんかくらふぎ）を元首（執政のち皇帝）とした満洲国を建国する。その結果、日本は一九三三年三月には国際連盟を脱退して、国際社会から孤立することになるのだが、「満蒙は日本の生命線」のスローガンの下、満洲が事実上の植民地として注目を集め始めた頃だった。

「ロシア語に少しブラッシュをかけてこいといわれて、身分は参謀本部員のまま、北満駐在員となった」（『偕行』一九八六年三月号「将軍は語る〈上〉」）のだが、「軍刀組」の海外留学と同じで、通常の任務から完全に隔離され、外国語の習得に専心したのだった。

余談であるが、陸軍士官学校三十一期の小野寺は、卒業する際の成績が、五〇〇名中、六番で、わずか一番の差で恩賜を逃した。恩賜とは上位成績五番以内の卒業生に天皇陛下から軍刀が授与されるため、「軍刀組」と呼ばれ、海外留学、海外派遣、戦略レベルの作戦立案など陸軍将校の中でもエリートコースを歩んだ。小野寺がわずかの差で恩賜を逃したのは「卒業試験はトップだったが、その前の成績が一〇番以内に入っていなかったからだった」(「小野寺信回想録」)。

天皇陛下からの軍刀授与は逃したが、小野寺は、故郷の南部藩主から日本刀を贈られる。陸軍武官としてストックホルムに駐在した際も帯同していたが、第二次大戦が終結し、勤務を終えて日本に帰国する時、藩主から贈られた刀をスウェーデン政府に寄贈している。

二十四歳の時、シベリア出兵したロシア極東ニコライエフスクで過ごした一年間に続き、三十六歳で単身、満洲国(当時)ハルビンで過ごした二回目の海外生活はまことに実り多いものだった。

現在の中国東北部黒竜江省の省都であるハルビンは帝政ロシアが造った街である。ハルビンはロシアの勢力圏とみなされ、ロシア革命後、ボルシェビキのソ連政権を嫌うロシア人、いわゆる白系ロシア人が多く移り住んでいた。革命の赤に対して、革命に反対する白という意味だ。「ロシア人の家に住んで朝から晩までロシア語をやって、ロシア人の飯を食って、日本人と話をするなというのが駐在の訓令だった」（『偕行』一九八六年三月号「将軍は語る〈上〉」）。

革命後、ハルビンに亡命した白系ロシア人の一般家庭にホームステイ（寄宿し生活を体験）したことで、ロシア語がネイティブスピーカーのようにブラッシュアップできたことはいうまでもない。さらにロシア人の生活様式や文化が皮膚感覚でわかるようになった。これはロシアという国、ロシア人という人種を理解するうえで大変重要である。

終戦後の一九四六年三月、日本に引き揚げた小野寺は、帰国と同時に戦犯として巣鴨プリズンに収容される。夫の身を案じる妻の百合子夫人が寄寓していた東京・世田谷の親類宅にアメリカ軍服を着たソロフスコイという少佐が訪れた。何とソロフスコイ少佐は、小野寺がハルビンでホームステイしていた白系ロシア人の家族の息子だった。一家は満洲からアメリカに移住していた。

「小野寺は戦犯ではない。協力してもらうために一時拘束されているだけだから、心配しないように」

ソロフスコイ少佐の言葉に百合子夫人は安堵する。人の「縁」には予期せぬ偶然性がある。そこに人生の妙味があるのかもしれない。

収穫は語学だけではなかった。白系ロシア人が多くいることは、ロシア語のみならず生のロシア情報を得るには最適だった。「ソ満国境の作戦について調査をして報告をよこせという特別の任務があった」（『偕行』一九八六年三月号「将軍は語る〈上〉」）ため、「赤軍（ソ連軍）の極東作戦兵力の研究とソ満国境の用兵的地形判断をも併せて行なった」（「小野寺信回想録」）のだった。

満洲の北端だったボグラニチナヤから虎頭要塞のあった虎林、アムール川を挟んでブラゴベチェンスクと対峙する黒河、ソ連の傀儡だったモンゴルと接する満洲里など各地まで足を伸ばし、ソ満国境の全てを回り、自分の目で確認して、国境を越えて侵略するとすればソ連軍がどのような作戦をするかという膨大なレポートを作成した。ドイツの専門雑誌や論文を参考にしてドイツの視点でソ連軍を分析したものだったが、「出来上がりがよいと褒められた」（「小野寺信回想録」）という。

習得したロシア語の仕上げを行なうとともに国境地帯の現場を踏み、仮想敵国ソ連を多方面から研究したのである。

## 情報活動に必要な語学能力を次々と身につけて

インテリジェンス・オフィサーとして高度な情報収集、分析を行なうには、任務に堪えうるハイレベルの外国語の訓練が必要である。

元外務省主任分析官の佐藤優氏は、「ヒューミント専門家を育成するならば、外務省専門職員レベルの語学研修が必要になる」と指摘。「外務本省で約一年間の文法、基本語彙の特訓を受け、その後、語学の難易度に応じて二〜三年の海外研修を実施。研修の際は、一般業務から完全に隔離され、外国語の習得に専心する」と語る。

小野寺がロシア語を学んだ経歴を振り返っていただきたい。陸軍大学校で三年間、第一語学として基礎から学び、ニコライエフスクとハルビンで「海外研修」を行ない、生きたロシア語を身につけている。まさに佐藤氏が指摘した外務省専門職員レベルの語学研修を昭和の初めに行なっていたことは間違いないだろう。

ドイツ語とロシア語を習得した訓練経験は、ヨーロッパでの現地言語をマスターするうえで役立った。一九四一年一月にスウェーデン公使館付陸軍武官としてストックホルムに赴任すると、最初の仕事はスウェーデン語の習得に努力することだった。スウェーデン語で書かれたスウェーデンの新聞を読むことから始め、およそ半年後には、記事の大部分が理解できる読解力をつけた。記事内容の詳細が判明できなくても、少なくとも見出しの内容はわかるようになり、見出しで見つけた興味深い記事をスウェーデン人の秘書にドイツ語に翻訳させて記事の大意を理解できるようになり、また簡単な会話もできるようになった。

特殊言語の現地紙が理解できることはインテリジェンスの世界では大きい。オシント（オープン・ソース・インテリジェンス）は、新聞、雑誌記事など公開情報を丹念に収集・分析して機密情報を探る情報活動だが、軍事情報を除いた機密情報の九割以上はオシントで得られるといわれる。

詳しくは後で記すが、中立国の首都だったストックホルムで小野寺は、スウェーデンの新聞はじめ中立国ゆえ入手できた連合国の米英の新聞、雑誌を毎日丹念にチェック。独ソ戦で意外にもドイツが苦戦している状況などをオシントでいち早く入手している。

## 英才教育を受けて「陸軍第一の赤軍通」の道へ

一方、インテリジェンス・オフィサーがヒューミントする場合、語学とともに要求されるのが対象となる国や地域の事情や文化、歴史に関する知識、学識である。佐藤優氏は、「ロシアならば、現地の義務教育で使われている国語、文学、数学、外国語、歴史の教科書を熟読し、基礎教育のレベルで対象国の人々と同じ知識を身につける必要がある」と説く。さらに地域専門家として、最低限、M.A.（修士）学位、できれば、Ph.D.（博士）学位を取得し、対象国のシンクタンクの客員研究員や難関大学の客員教授などの地位を持っていないと、高官とのアクセスは難しく、レベルの高い情報を得ることはできない、と断言する。

陸大を首席で卒業した小野寺は、参謀本部が「ロシア研究」の有望株として英才教育を施し、早くからロシア専門家としての道を歩む。一九三〇（昭和五）年三月に千葉にあった歩兵学校へ研究部主事兼教官として転任すると、学問好きな上司の指示で小野寺はロシア（ソ連）軍の戦術・戦略・戦法・編制を研究し、毎月その報告を雑誌でまとめた。またドイツ語の専門書を読むことも上司から下命された。軍人でありながら学究生活を送ったことが人生のターニングポイントになった。

「これも私の一生を決したと思いますね。（中略）（上司から）『君はロシア語ができるというじゃないか』と（言われ）、それから次から次へとロシア軍の勉強をさせられた」（『偕行』一九八六年三月号「将軍は語る〈上〉」）

陸大在籍中の一九二七（昭和二）年、結婚した百合子夫人は、帰宅後も夫が深夜まで原書に目を通すほど研究に打ち込んでいたことをよく覚えている。ちなみに百合子夫人は旅団長として日露戦争の旅順要塞攻撃で勇名を馳せた一戸兵衛大将の孫である。

上司の中で、最も影響を受けたのが小畑敏四郎大佐（当時）だった。一九三一（昭和六）年に、小畑大佐が企画して歩兵学校の教官たちで、満洲事変が勃発した北満（現在の中国東北地区）の現場を視察した。「平坦地における赤軍（ソ連軍）の予想会戦」がテーマだった。仮想敵国ソ連とやがて干戈を交えるだろう戦場を、自分の目で観て、ソ連軍がどのように戦ってくるかシミュレーションした。

「そんなことをしているうちに、陸軍第一の赤軍（ソ連軍）通にまつり上げられていた」（「小野寺信回想録」）。近衛師団の幹部演習に講師として招かれ、対赤軍（ソ連軍）戦術を現地で講義したこともあった。小野寺は、佐藤優氏が指摘するソ連の地域事情や文化などの専門的な学識、知識を次第に身につけたのだった。

小畑は小野寺の人生に大きな転機をもたらした。小畑が陸大の教官となって転進すると、一九三二（昭和七）年三月、小野寺は小畑の引きで陸大教官に推された。

陸大では、大尉教官は化学戦を担当するのが決まりだったが、小野寺はそれに加えて赤軍（ソ連軍）戦術の研究をすることになった。そして教育総監の依頼で、帰宅後や休日も自宅にこもって対赤軍戦術の参考書（赤本）を書いた。富士の裾野で第一師団と第二師団が参加して実施された研究演習の計画主任を務めたこともあった。

赤軍を研究するうち小野寺は、「（革命後、機械化を進めた）ソ連軍に比べて日本軍は、編制、装備、戦術が劣っている。ロシアを侮ってはいけない」と気づいた。当時の日本軍は、日露戦争とシベリア出兵の経験とスターリン大粛清で、ロシア軍を過小評価していた。案の定、その後に発生した張鼓峰（ちょうこほう）とノモンハン事件で、ソ連は日本を上回る死傷者を出しながら、機械化された戦車と大砲の物量で日本の関東軍を圧倒し、小野寺の危惧は現実となった。

小野寺が書いた赤本は大きな注目を集め、ロシア専門家として脚光を浴びた。そこで陸大教官となって半年で参謀本部第二部ロシア班に引き抜かれ、陸大教官と参謀本部員を兼任となる。すると今度はロシア班でソ連軍の戦術を研究する赤本（参考本）を書いた。さらに、中国、アメリカも加えた『隣邦軍事研究』を「偕行社」から出版すると、青年将校の間でベストセラーになる。「戦術家」として著述の才もあった。収益を上げて、ロシア班ではタイピストを二人雇った。直属の上司（第二部長）永田鉄山大佐から「もうけ過ぎだ」と叱責されるほどの活躍であった。

1927年に結婚した小野寺信と百合子夫人（小野寺家提供）

永田はその後、軍務局長に就任し、国家総力戦の構築を目指すが、一九三五（昭和十）年、「皇道派」の相沢三郎中佐に惨殺される。この事件が導火線となり、半年後に二・二六事件が勃発する。

本職のロシアのみならず中国、アメリカの戦術、戦略、編制を研究して参考書を出版するのだから、小野寺は研究者としても相当な学識を身につけていたといってもいいだろう。これは現代のアカデミズムの世界では、Ph. D.（博士）学位に匹敵する学識だったのではなかろうか。だとすれば、佐藤優氏が指摘するように小野寺は現代、ロシアを相手にヒューミント活動を行なっても十分通用するだろう。

こうして後年ヨーロッパで「枢軸国側のスパイマスター」と連合国側から恐れられるインテリジェンス・オフィサー小野寺信が誕生したのである。

# 第三章　リガ、上海、二都物語

## 「ヤルタ協定は史上最大の過ち」――ブッシュ米大統領演説

二〇一四年二月、冬季五輪の熱戦が繰り広げられたロシア南部のソチは、黒海沿岸にある温暖な保養地である。そして五輪閉幕直後に親ロシア政権が崩壊した隣国ウクライナでロシアが軍事介入を決めたのが、同じ黒海に突き出た半島のクリミアだった。ロシア人にとって南の「楽園」であるこのクリミア半島の保養地が、一九四五年二月、歴史に刻まれる会談（サミット）の舞台になったことをご存知だろうか――。

アメリカのルーズベルト大統領、イギリスのチャーチル首相、ソ連のスターリン首相の三巨頭が一堂に会し、「戦後世界の分割」を行なったヤルタ会談である。

この「戦後世界のかたち」を決めたヤルタ会談での合意をアメリカのブッシュ前大統領が批判したのは、戦後六十年の節目となる二〇〇五年五月七日のことである。それはバルト三国の一つ、ラトビアの首都リガで行なわれた演説だった。

「（第二次大戦後、ソ連によるバルト併合や東欧支配を生んだ）ヤルタ合意は史上最大の過ちの一つだった。安定の名のもとに自由を犠牲にし、欧州大陸を分断し不安定にしたからだ」

ブッシュ前大統領がリガでヤルタ協定を批判したのは、理由があった。ヤルタ協定こそ冷戦時代、ソ連の圧政でラトビアなどバルト三国やポーランドなど東欧の人々から自由を奪う諸悪の根源となったためだ。ヤルタ協定は、日本との北方領土問題や、共産主義化された北朝鮮、中国をも生んだ。ブッシュ前大統領はラトビアはじめバルト三国の人たちから自由と民主主義を奪った贖罪の意識もあって、当地で戦勝国大統領として異例の先人（ルーズベルト大統領）の歴史上の誤りを認めたのである。

なぜスターリンは東欧やバルト三国など周辺諸国を併合したり、傀儡の政権を作らせて支配したりしたのだろうか。

ヤルタ会談では、「ドイツの欧州支配地域を解放後、選挙で民主的な政府を設ける。ソ連の対日参戦を認める。国際連合を創設する」ことなどが議論され、対日参戦については極東密約が交わされた。大戦後、アメリカとイギリスなどはヨーロッパで選挙を実施した。しかし、ソ連は約束を守らず、ソ連に密接する東欧の周辺国を次々と社会主義国家の衛星国にしていった。

国内のあらゆる政敵を粛清して権力を掌握したスターリンは異常に猜疑心が強かった。「大祖国戦争」と呼ぶドイツとの戦いで、およそ二〇〇〇万人が犠牲になり、国土は荒廃した。この悪夢にスターリンは怯えていたのである。再び大戦となった場合、西欧からソ連への攻撃のバッファゾーン（緩衝地帯）となるように国境を接していたバルト三国やポーランドなどの東欧諸国に親ソ政権を樹立し、クレムリンから支配したのだった。

## ソ連ウォッチャー揺籃の地

リガは欧米のソ連専門家を数多く輩出した特別の地でもあった。ソ連と国境を接するバルト三国は地政学上、ソ連情報を集めるには、絶好の位置にあるためだ。とりわけ「バルトの真珠」と讃えられる港町リガは、古代から交通の要衝にあたり、ハンザ同盟時代の中世以来、バルト海の拠点として繁栄したため、ソ連の情報が最も多く集まった。

リベラル左派色の強いニューディール政策を進めたアメリカのルーズベルト政権は一九三三年に初めてロシア革命で誕生したソ連を承認して外交関係を樹立する。それまではソ連領内で外交活動ができないため、リガを前哨拠点にして外交官やインテリジェンス・オフィサーがソ連情勢を見守っていた。アジアで香港が共産中国ウォッチャーの拠点だったように、リガはソ連ウォッチャー揺籃（ようらん）の地だった。この地に在勤した外交官からは有数の専門家が誕生している。ヤルタ会談当時、ベルリンからモスクワの大使館に代理大使として転勤していたジョージ・ケナン、ヤルタで通訳を務めたチャールス・ボーレン、戦後の初期対ソ外交に関わったロイ・ヘンダーソンが育った。同じ頃、イギリスの著名なロシア専門の歴史家、E・H・カーも外交官としてリガに駐在している。

リガ時代についてケナンは、「国境一つ越えたソビエト・ロシアでは、そのころトロッキーが追放され、スターリンが右翼反対派と闘争しており、さらには集団農場運動が進められ、第一次五カ年計画がスタートしている時代であったが、その影はバルト三国にも濃く覆いかかり、私たちの思想や議論にも強い影響を与えていた」（『ジョージ・F・ケナン回顧録〈上〉』）と記している。

国務省の中で「リガ派」と呼ばれた彼らが目撃したのは、レーニン死後に権力を握った赤い独裁者スターリンが強行した農民の大虐殺と大飢饉につながる農業集団化であり、一〇〇〇万人を超える大粛清だった。電撃的な独ソ不可侵条約締結によりバルト三国を強引に併合する過程も間近で観察した。いわば秘密警察の支配を背景にした恐怖政治や大規模粛清を特徴とする全体主義、スターリニズムを直視した「リガ派」は、ルーズベルト大統領の親ソ容共の理念と大きく異なっていた。ソ連に対して徹底したリアリズムで強い姿勢で臨むべしとの考えだった。ケナンは、ボーレンに送った覚え書で、「米英側がソ連の前進を防止するために、（中略）唯一つのこされた方策とは、ドイツを分割し、ヨーロッパ大陸を勢力圏に分け、ロシアがはばかるところなく実力を行使したり、一方的行動に訴えることを、これ以上は許さないという一線を明らかに確定することである」（藤村信『ヤルター戦後史の起点』）と提言している。

ところが、ヤルタ会談当時の国務省の東欧部門は、ニューディール左派が主導権を握っていて、「リガ派」の専門家は海外へ移される傾向にあった。この傾向について「リガ派」の人びとは、ルーズベルト夫人のエレノアと大統領最側近ハリー・ホプキンズによる「陰謀」と感じたという。

戦後、銃弾や爆弾による戦争ではなく、東西陣営がいつ戦争に突入するかわからない緊張した「冷たい戦争」が始まり、ルーズベルト側近が立ち去ると、不遇だった「リガ派」の専門家がアメリカの世界政策立案の要職についた。一九四六年に、ケナンが「ソ連が勢力を世界中に広めるのを抑え込まなければいけない」と「封じ込め（コンテイメント）」政策を提言すると、トルーマン大統領は四七年にアメリカの対ソ政策の基幹として採用して「世界は自由主義と共産主義の戦いである」とのトルーマン・ドクトリンを発表、アジアやアフリカ諸国がソ連の社会主義陣営に入らないように経済的、軍事的に影響力を強めた。この結果、米ソの対立が決定的になり、世界では東西冷戦が激化する新たな緊張が生まれた。

## ラトビアでソ連の「隠された真実」に肉薄

小野寺が最初に赴任したのが、アメリカのリガ派外交官はじめ欧米のソ連ウォッチャーが集うリガだったことは大変幸運だった。日本にとっても、リガはソ連の動向、情報を収集するうえで重要だった。リガはポーランドのワルシャワとともに、欧州での「対ソ・インテリジェンス」の前線拠点であった。日本の公使館とは別に陸軍武官室があり（当時は公使館から独立していた）、小野寺は三代目となった。二・二六事件が起きる一カ月前の一九三六年一月、小野寺はシベリア鉄道でモスクワを経由してバルト海のほとりに赴いた。ロシア情報専門家として参謀本部から派遣された小野寺は、リガでの駆け出し武官生活を後年語っている。

「ラトビア公使館付武官というのは、おそらく一番小さい国の武官で、なにもかもない、補佐官もいない。オフィスを〝村の駐在所〟と呼んでいた」（『偕行』一九八六年四月号「将軍は語る〈下〉」）

バルト海東南岸に住むラトビア人は、隣のリトアニア人とともに、最古のインド・ヨーロッパ民族で、スラブ民族にもゲルマニア民族にも属さず、自国の言語ラトビア語を守り通した。ラトビア語は、ソ連の崩壊により悲願の独立を果たした一九九一年以降、現在も唯一の公用語である。歴史を繙（ひもと）くと、一二〇一年にドイツのブレーメン司教、アルベルトらドイツ人が来てキリスト教を布教し、リガ港を建設して以来、ドイツの貴族が移り住み、五五パーセントの土地を領有してドイツ人の植民の拠点となった。

中世になると、ドイツのハンザ同盟の拠点都市として栄え、ドイツ人によって都市の基礎が形作られたリガの街は溜息が出るほどに美しい。

その後、ロシア、ポーランド、スウェーデンなどの侵入を受け支配者が変わるが、一七九五年から日露戦争を経て第一次大戦終了までは帝政ロシアに併合され、その一部に編入されていた。一九一七年のロシア革命を受けて第一次大戦が終わった一九一八年、ラトビアは隣国のエストニアとリトアニアとともにソ連から念願の独立を果たす。国民ははじめて自分の民族の言葉で国を成立させ、文化は向上し、三国ともに独立国として国際連盟に加盟した。まさに自由と繁栄の絶頂にあった。小野寺が赴任したのは、まさにこの頃であった。ほとんどの市民がラトビア語のみならず、ロシア語、ドイツ語を流暢に話すのは、こうした歴史が背景にある。ロシア語とドイツ語をネイティブスピーカーのように話せた小野寺がリガで水を得た魚のように活躍したのもご理解いただけることだろう。

しかし、一九三九年にスターリンとヒトラーが野合した「モロトフ・リッベントロップ秘密議定書」の密約に基づいて四〇年に再びソ連に併合され、戦後もヤルタ協定で、そのまま連邦を構成する共和国の一つとしてソ連に組み込まれた。九一年のソ連崩壊で再び独立を回復したが、ソ連時代に赤い独裁者スターリンの専制で多くの市民が犠牲になった。

十三世紀のハンザ同盟以来、七百年にわたり三国に住み、経済的にも文化的にも主導権を持っていたバルチックドイツ人が先祖伝来の財産を捨て、ドイツ本国に引き揚げさせられた。次に大統領や外相、参謀総長ら建国に貢献した政府の要人を皮切りに軍人、政治家ら指導的立場の人たちが次々と逮捕され、全てソ連に連行された。拉致された彼らは処刑されるかシベリアの強制収容所に送られた。一九四一年に独ソ戦が勃発すると、三国はいったんナチス・ドイツに占領されるが、スターリングラード攻防戦を制したソ連軍が盛り返し、リガでは四四年十月にドイツ軍を追い払い、再び占領する。今度は理由もなく無差別に一般市民を襲撃し、子供を含む家族をシベリアに送った。ラトビアだけで全体の三分の一にあたる三四万人以上がシベリアに強制連行され、そのほとんどが死亡している。その代わりに三国に入植して来たのがロシア人だった。

インテリジェンス・オフィサーとして小野寺は、ラトビアの首都リガでどのようにして類まれな人脈を切り開いたのだろうか。その謎を解くカギはリガが「欧州における対ソ情報の最前線拠点」だった点にある。「対ソ」で欧米各国の武官と気脈を通じたのである。

まず小野寺は、赴任地であるラトビア軍部と密接な関係を作り、参謀本部の第二部長（情報部長）キックルス大佐や、ロシア課長ペーターセン大佐とソ連情報を交換した。クーリエ（伝書使）が日本から持参する日本の参謀本部の資料を基礎にした情報を提供し、ラトビア側からはヨーロッパにおけるソ連の最新情報を得た。

交流したのはラトビア軍部とだけではなかった。各国は対ソ諜報専門の情報士官を「最前線」のリガに派遣していた。蛇の道は蛇である。ソ連の脅威を背景にリガに駐在する各国の武官と目的は同じだった。ベールに包まれたクレムリンの赤い独裁者、スターリンの胸の内を探ることにあった。その頃、ソ連では権力を掌握したスターリンが「マルクス・レーニン主義」のイデオロギーを背景に、異常な猜疑心から独裁体制を固めるため、有力政治家から赤軍幹部、一般市民まで大粛清を行なっていた。一九三四年の第十七回党大会の一九六六人の代議員中、一一〇八人が逮捕され、その大半が銃殺された。さらに中央委員会メンバー（候補含む）一三九人中、一一〇人が処刑されるか、自殺に追い込まれた。犠牲者の数は七〇〇万人から一〇〇〇万人を超えるともいわれている。一九四〇年に赤軍の創始者で革命の功労者、レフ・トロッキーがメキシコでソ連国家保安委員会（ＫＧＢ）の前身である内務人民委員部（ＮＫＶＤ）の刺客に殺された後、革命の父、ウラジミール・レーニン時代の指導部で生き残ったのはスターリンだけとなった。また領土併合や集団強制移住による強圧的な民族政策も行なわれ、ソ連国民の不満や恐怖は根深く浸透していた。

スターリンが目指したものは世界の共産主義化であった。ロシア革命の勝利後、レーニンらボルシェビキが実権を握ったソ連共産党によって、「世界共産革命の実現を目指し、ボルシェビキが各国の革命運動を支援する」国際組織コミンテルンが設立される。ちなみに一九二二年に非合法に組織された日本共産党は「コミンテルン日本支部」と位置づけられる。コミンテルンは一九三二年に開いた世界大会のテーゼで、日本の「天皇制の廃止」を明確に打ち出す。そして一九三五年の最後の世界大会で、共産主義化の攻撃目標としてドイツ、ポーランドとともに日本を選び、これらの国の打倒にはイギリス、フランス、アメリカの資本主義国とも連携することを決議した。また日本を中心とする共産主義化のために中国を重用することも決まっている。

「ソ連が東西において資本主義国同士を戦わせて、その疲労消耗に乗じて赤い地域をひろげることを欲していたことは疑えないし、そういう事態に導くべく手を尽したことも疑えないし、また事実その思う壺の結果にもなった」（竹山道雄『昭和の精神史』）

ところが、こうしたスターリニズムと呼ばれる強権統治と世界共産化の野望は共産主義国家ソ連の厚い秘密のベールに覆われて、外部からは窺い知ることは簡単ではなかった。

小野寺が公私にわたり武官仲間と円満に親交を深め、情報交換を重ねたのは、このソ連の隠された「真実」に肉薄するためだった。駐在していたのは、アメリカ、ポーランド、チェコスロバキア、スウェーデン、エストニア、リトアニア、イギリスとソ連の武官だった。

欧米の白人たちは、宗教や文化が近く、言葉の差異があっても片言で通じ合えるが、アジアの黄色人種である日本人が肝胆相照らして白人の仲間に入ることは容易ではなかった。しかし、ロシア語とドイツ語を徹底的に鍛えた小野寺は、臆することなく自由に付き合い、彼らと友人となれたという。武官仲間では上背が最も低かったが、いつも堂々として交流の中心になった。やはり海外でのコミュニケーションにおいて語学は基本である。言葉ができると、相手との相互理解も深まる。

小野寺は、百合子夫人とともに各国の武官と家族ぐるみのプライベートな付き合いを行ない、彼らとの距離を縮めていった。人間的信頼関係を構築して協力者から秘密情報を得るヒューミント（ヒューマン・インテリジェンス）はインテリジェンスの王道といわれ、小野寺は後に「ヒューミントの達人」と言われたが、リガでの

リガ駐在武官時代の武官仲間。前列右端が小野寺（小野寺家提供）

武官仲間との交流で、その片鱗を見せたのだった。ただし唯一の例外はソ連だった。百合子夫人は、当時の交流の様子を『バルト海のほとりにて』で回顧している。

「ソ連だけは武官夫人と称する婦人は実は武官の行動を監視する人物で、真の夫人はモスクワで人質のように残されているという噂であったが、公式の場で挨拶を交わす以外雑談さえ一切したことはなかった。アメリカ武官夫妻はマージャンが好きで、両方の家で食事をはさんでよく遊んだ。フランス武官夫人は何かと不慣れな私を人の中でも親切にかばって助けてくれた。なかでも一番好意をよせてくれたのがポーランド武官ブルジェスクウィンスキー夫妻で、貴族の礼儀正しさの中にも溢れるばかりの愛情を表現してくれたが、日本式に慎ましく育った私はそれに対してどう返してよいものかとまどうばかりであった。しかしこの夫妻の好意が、数年後に、信じ難いほどの厚い信義にまで発展しようとは、当時は思いもよらないことであった」

ポーランド武官、フェリックス・ブルジェスクウィンスキーは、この後、ストックホルム駐在武官に転進して、そこで小野寺と再会する。二人の友情と信頼は大戦終了後まで続くのだが、夫妻の好意から発展した「信じ難いほどの厚い信義」については、後で詳しく記したい。リガに駐在した各国武官の中で最も親しくなったのがポーランドの武官だったことは強調しておきたい。またソ連の武官だけは、例外で各国武官と親しく交じわることがなかったことは、世界最初の社会主義国家として誕生したソ連の異質性を示していて興味深い。

## 「赤いベール」の内側を垣間見る貴重な機会

こうして小野寺が武官仲間と親密になった背景には、プライベートでも彼らと親しい交流を重ねたことがあったことは見逃せない。例えば、当時のリガでは武官の子供同士の誕生日パーティーがよく開かれていた。子供を通じて武官が家族ぐるみで交流を深めたのである。

生後半年だった二男の竜二とともに三歳でリガに帯同した二女の節子は、誕生日パーティーで各国の武官の子供たちと遊んだことをよく覚えている。とりわけ両親が親しく交際していたエストニアのウィルヘルム・サルセン武官の娘の姉妹と、ポーランドのブルジェスクウィンスキー武官の息子の兄弟と仲が良かった。「人生で初めて彼からプロポーズされた」というブルジェスクウィンスキーの長男が同い年で親しかったことを記憶している。子供たちの誕生日パーティーも活用して家族ぐるみで武官仲間と交流したのだった。

アメリカの武官とも思いがけず〝協力〟した想い出がある。

ロシア革命後の内戦期に赤軍を指揮して戦功をあげ、参謀総長・国防人民委員代理、ソ連最初の元帥の一人となった「赤いナポレオン」といえば、ミハイル・トハチェフスキーである。この伝説の赤軍の至宝を小野寺は、モスクワまで出張して間近で観察することがあった。赴任した直後の一九三六年五月のメーデーで、ソ連恒例の軍事パレードがクレムリンで繰り広げられた。モスクワの武官室には、「当局の警備チェックが厳しいので無理だ」と断られたが、後年、参謀本部ロシア課長を務める後輩の甲谷(こうたに)悦雄モスクワ武官に報道用の新聞記者パスを入手してもらい、特別に雛段に設けられた記者席からパレードを見物したのだった。レーニン廟の上で最前列に並んだ最高首脳の中で独裁者スターリンら党幹部とは異なり、一際目立ったのが貴族的な気品のある顔立ちのトハチェフスキーだった。パレードにはかつて併合された顔見知りのバルト三国の参謀本部第二部長（情報部長）たちがめいめいの軍服で列を成して入場したが、このトハチェフスキーの高貴な顔立ちが最も印象に残った。

このパレードの最中だった。雛段から行進を見学しながら、ふと下を見ると、旧知のリガ駐在アメリカ武官と眼があった。「君も来ていたのか」と大声で声を掛けられたため、肝を冷やし、慌てて声を押しとどめた。リガに戻って数日後、同じ赤軍ウォッチャーとして「軍事パレードに見るクレムリンの序列」などについて愉快に意見交換を行なった。トハチェフスキーは翌一九三七年に「ドイツ軍参謀本部と内通した」との疑惑から死刑判決を下され、銃殺される。以降、三八年まで旅団長以上の四五パーセントが殺される悪名高き「赤軍大粛清」が吹き荒れ、赤軍は壊滅状態となり、「迷走するソ連共産党の内紛」に驚かされる。小野寺がアメリカ武官と目撃した軍事パレードの観察は赤いベールの内側を探る貴重な経験となった。リガでは、「対ソ」で小野寺は国境を越えて各国インテリジェンス・オフィサーと密接な関係を築いたのだった。

## 命にも等しい暗号書を着物の帯に

駐在武官の業務の中で最も重要なものが暗号書（乱数表）の保管だった。日本陸軍の暗号書が世界中のどこかで盗まれると、陸軍の暗号書は世界中で使用できなくなる恐れがあった。だから暗号書の取り扱いには格別の注意を払った。ラトビアという小国の小さな武官室は、モスクワやベルリンのような大規模な武官室と異なり、補佐官や暗号を扱う電信官はいなかった。そこで小野寺は、帯同した百合子夫人とともに夫妻で暗号書の保管から暗号電報作業までを行なった。とりわけ百合子夫人が、夫が書いた報告書を暗号で組み、電報で東京の参謀本部に報告し、受信した電報を解読する作業を担った。〝村の駐在所〟ゆえに、内助の功を発揮した「家内制手工業」だった。当時の様子を百合子夫人は戦後、長男の駿一や二女の節子ら家族に回想している。

暗号電報作業は機械を使わず完全な手作業のため、大変多くの時間を要した。単純作業であるが、一字の誤りも許されないため、極度の緊張を強いられたという。暗号書といわれた乱数表は二冊あって金庫に保管して使用する度に開閉して取り出していた。暗号電報作成は、最初に原文を「換字表」により、アルファベットの略号に換え、それに「乱字表」をかけて一字一字新たなアルファベットに置き換え、最後に五文字ごとに区切って電文としてタイプ打ちする。冒頭に「乱字表」のどこの個所を使用したかを知らせる記号を暗号で示す。受信電報にも同じ暗号書(乱数表)を使って解読するのだが、組み立てと逆に最初に「乱字表」次に「換字表」を使用して解いたという。

「私の暗号電報作業は日を追ってめきめきと上達し、速度も早くなるし少しぐらいの崩れや乱れは解読できるようになり、女房役は結構つとまった。寝室を女中が掃除するのを待ちかねて部屋のドアに鍵をかけて金庫を開き作業にかかるのである。そうなると夫は暗号電報は私に任せ切りで金庫の開閉さえ私だけがするようになってしまった。それで夫の仕事の全貌は、私がいやでも知るようになったのである」
(『バルト海のほとりにて』)

後にストックホルムに赴任した小野寺は、ロンドンに本拠を置くポーランドの亡命政府と緊密な関係を築き、大戦末期最大級のインテリジェンスだったソ連が対日参戦を決めた「ヤルタ密約」情報をつかむのだが、夫の意を受けてひそかに、この機密情報を特別暗号に組み上げて大本営に打電したのは百合子夫人だった。百合子夫人もリガでの経験がストックホルムで開花するのである。

百合子夫人にとって、リガでの武官生活で暗号電報を組む暗号書は命にも等しいものだった。

「現地雇いの使用人たちは買収されているスパイかもしれないと疑ってかかるのも常識であって、暗号書の護持は武官の責任と肝に銘じていた」（『バルト海のほとりにて』）

社交パーティーなどで外出する際は、暗号書を着物の帯の内側に収めて肌身から離さず持ち歩いた。このためイブニングドレスをつくらず、社交生活は着物で通したという。暗号書を入れた金庫は夫妻の寝室に置いて、開錠する文字盤の数桁の数字の組み合わせはメモなど記録に残さず、夫妻が数字を暗記していた。さらに、その上に二重の鍵がかかるようにしていたというから厳重な保管だった。

第二次大戦中にストックホルムでも百合子夫人が暗号を組んで大本営に報告したが、特別重要と思われる情報には、「ワンタイムパッド」と呼ばれる使い捨ての乱数鍵（表）を一回だけ使う特別の暗号を使った。「一回限り暗号」または「めくり暗号」ともいわれる。理論上解読不可能な唯一の暗号とされていて、ソ連が使用していたことはよく知られているが、日本陸軍も無限式乱数と称して採用していたのだ。あのヤルタ密約情報などロンドンにあった亡命ポーランド政府から提供された連合軍に関する重要な情報はすべて、この特別暗号を使って東京に送っていた。

誠に残念ながら、こうして厳重に取り扱った陸軍暗号電報が、大戦後半から英米にほぼ全て傍受解読されている。ストックホルムから小野寺が打った電報のうち、あのヤルタ密約を知らせるスクープ電報をのぞいてほぼ全てがロンドンの英国立公文書館にあった。日本の外交の暗号電報は大戦前から、海軍のそれは開戦直後から連合国に傍受され、解読されていた。第二次大戦を制した連合国の勝因の一つが、通信を傍受し暗号解読から機密情報を得るシギントといわれる諜報活動にあった。

## 一九四四年に暗号書を盗まれ、日本陸軍暗号も解読される

余談になるが、イギリスのロンドン郊外ミルトンキーンズにあるブレッチリーパークを訪ね、イギリスに盗まれた日本陸軍の暗号書が展示されているのを見て衝撃を受けたことがある。第二次大戦期に政府通信本部の前身である政府暗号学校が置かれ、天才数学者、アラン・チューリングらが難攻不落といわれたナチス・ドイツの暗号「エニグマ」を解読したことで有名なブレッチリーパークは、イギリスがシギントを行なった本拠地だったが、現在、第二次大戦の暗号解読をテーマとした博物館となっている。

筆者が訪問した二〇一三年五月は、館内の一角でイギリスのＭＩ６が秘かに入手した日本陸軍の日本語とアルファベットで書かれた暗号書（乱数表）を誇らしげに展示していた。学芸員から「少なくとも一九四四年初め頃から太平洋諸島や欧州などで日本陸軍武官の電報を傍受して解読していた」との説明を受けた。イギリスが日本からシギントで秘密情報を得ていたという。

日本の暗号のうち、最も早く解読されたのは外交暗号だった。一九四〇年と真珠湾攻撃の一年以上前から終戦まで外交暗号電報が解読され、それに気がつかなかった。ベルリンの大島浩大使の暗号電報を解読して連合国側がナチス・ドイツの独裁者ヒトラーの「本音」を読みとっていたことはあまりにも有名である。

大戦中に米国側に暗号を解読されるなど情報戦で後れを取った反省から、外務省電信課長などを務めた亀山一二はソ連大使館に参事官として勤務していた一九四五（昭和二十）年十二月、戦時中に外務省と在外公館などの間で情報伝達に用いた暗号は「理論、技術がすこぶる幼稚だった」と指摘。「敵国が解読している事実の把握や新しい暗号の普及も遅れ、劣勢を挽回できなかった。終戦後も各国の暗号技術と理論は日進月歩。日本がさらに後れを取れば、国際舞台で絶大な不利を招く」と警鐘を鳴らし、「過去における辛き失敗の経験を将来に活かす方策を緊急に確立すべきだ」と書いている。外交暗号は幼稚なものだった。

海軍の暗号も日米開戦時から解読され、真珠湾攻撃は察知されることはなかったが、ミッドウェー海戦で敗北し、山本五十六連合艦隊長官機が撃墜された。

しかし、連合国は陸軍の暗号だけは手こずり、開戦当初、解読することができなかった。その理由としては、日本陸軍が一〇文字以内の短文でモールス信号を発信していたことから、あたかも「ワンタイムパッド」のような暗号文となっていて、暗号パターンを抽出することが容易でなかったためともいわれている。そこで、ブレッチリーパークは米陸軍通信部と協力して、欧州における陸軍武官の暗号解読に挑み、一九四三年八月から遅くとも四四年初めには解読に成功したとされる。

ブレイクスルーを生んだのは、ニューギニアの村落で連合国が四四年一月、玉砕した日本軍が残していた暗号表を入手したことだった。ブレッチリーパークに展示していた暗号表はそれとは別であるが、戦地で手に入れた暗号表によって、ドイツのエニグマ同様に大変な労力を要して日本陸軍の暗号解読に成功するのである。

東京と在外駐在武官との間の暗号電報も、四三年六月頃から解読されている。ブレッチリーパークは、ひとたび暗号解読に成功するや、四四年から四一年十二月の日米開戦前まで遡って、傍受していた日本陸軍の暗号電報のすべてを解読する。それが英国立公文書館に残され、二十一世紀になって秘密解除された。小野寺のストックホルム発の電報も、四四年九月七日から解読され秘密文書として残されていた（H

W40／236）。その中には特別の暗号といわれた「ワンタイムパッド」も含まれていた。さらにそれより以前に傍受した電報も解読しているから、連合国側は、ほぼ全てを把握していたと言っていいだろう。

しかし、重要なことはニューギニアで暗号書が「盗まれる」まで日本陸軍の暗号は解読されなかったことである。ということは世界最強を誇ったドイツのエニグマと同様に日本陸軍の暗号も難解だったことになる。陸軍が、ポーランドの協力の下、軍部をはじめ、数学者、言語学者など優れた知性を集めて考案した暗号を「世界一難解だ」と自賛していたが、それもある意味では的を射ていた。

ただし連合国がブレッチリーパークの存在を明かさず、シギントで暗号が解読され機密情報が筒抜けになっていることを全く知らなかったため、外務省、陸軍、海軍ともに暗号の抜本的な改良をしなかった。海軍では、山本長官機撃墜後、「暗号が解読されていたのではないか」との疑問が浮上したが、「解読されるはずない」と独りよがりの希望的観測を結論とした。官僚組織が硬直して情報戦に対する感性を欠落していたのである。

## 日本の「ブレッチリーパーク」は高井戸の養老院

シギントにおいて日本は完敗していたわけではなかった。陸軍参謀本部には、「特種（殊）情報（特情）」と呼ばれる特殊情報部があり、通信を傍受、解読するシギントを行なっていた。堀栄三『大本営参謀の情報戦記』によると、陸軍特殊情報部は大正十（二一）年、外務省電信課分室に、陸軍、海軍、外務省、逓信省の合同暗号研究会として生まれ、参謀本部十八班として活動していたが、昭和十八（四三）年八月、陸軍中央特殊情報部と名称を変更し、暗号解読、暗号作成を任務としていたという。

一九三六年頃から開戦直後の四二年頃までアメリカ国務省の外交暗号、武官暗号を傍受して解読している。しかし、それを察したアメリカは暗号を変え、その後、解読は進まなかった。四三年、東大数学科の名誉教授・高木貞治（ていじ）という世界的権威の数学者の協力を仰ぎ、天才学者らを集め、小野寺がスウェーデンで入手したクリプト社の暗号機「クリプトテクニク」を改良して四四年にアメリカの暗号の一部を解き始めた。『暗号を盗んだ男たち』（檜山良昭）によると、「昭和十九（四四）年八月末までに、南太平洋のアメリカ軍の暗号のZ構造を解明」とある。小野寺が後のストックホルム武官として勤務する際、前任者だった西村敏雄が部長となった四五年四月からは解読が進み、「二十（四五）年五月二十一日は、初めてZ暗号が完全解読できた記念すべき日」となり、「七月なかば、アメリカ国務省が、重慶の在中国大使館に打電した電文が解読された」という。

また四五年五月頃から、通信傍受により暗号文の先頭にくるコールサインによって、テニアン経由で特殊な目的でB29が日本に向かって訓練していることを摑む。それは広島、長崎に原爆を投下した爆撃機だった。堀栄三『大本営参謀の情報戦記』によると、重松正彦少佐を主任とする特情部研究班は、東京・田無でサイパン方面のB29が発信する電波を傍受し、そのコールサインから部隊の割り出しを行なっていた。

中央特殊情報部の本部はもともと三宅坂の参謀本部にあったが、太平洋戦争開始と同時に市ヶ谷台に移り、さらに赤坂に移転した後、昭和十九（四四）年春に、イギリス、アメリカの暗号を解読する研究部が東京都杉並区高井戸の「浴風園」という日本最古の養老院に移った。数学や英語を専攻する学徒動員兵や勤労動員学生、女子挺身隊、旧制中学生を加えると総人数五一二人がアメリカ軍の各種暗号の解読作業を行なった。いわばイギリスのMI6がロンドン郊外ミルトンキーンズにあった庭園とマナーハウス（邸宅）で女性や若いオックスフォードやケンブリッジの学生を動員して各国の傍受電報を解読したステーションX（通称ブレッチリーパーク）と同じである。ならば、特情の「浴風園」は日本の「ブレッチリーパーク」だったともいえるだろう。

陸軍特情部は、事前に原爆投下訓練を繰り返す不審な米軍機の存在を摑みながら、暗号解読で「ヌクレア（核の）」という文字を突き止めるのは原爆投下後の八月十一日だった。陸軍特情部は地団駄踏んで悔しがったのはいうまでもない。

「あと二年早く、開戦の昭和十六（一九四一）年から数学者を使い始めていたらあんなに簡単には負けなかっただろう」

暗号少佐だった釜賀（かまが）一夫は戦後、後悔の念が消えなかった。

また日本軍のシギント能力について、「アメリカの強度の高いストリップ暗号を解読していた」（森山優「戦前期における日本の暗号能力に関する基礎研究」『国際関係・比較文化研究』）との見方や、「米英仏中の外交暗号と中ソの軍事暗号の一部を解読することができた」（小谷賢「日本軍とインテリジェンス――成功と失敗の事例から」『防衛研究所紀要』）との研究もあり、日本のシギント能力は低いものではなかった。

ただし、解読して情報を得たものの精査して局面を打開するようなインテリジェンスまで高めていない。シギントで貴重なリアルな情報を得ても、縦割りの秘密主義により政府内で共有されず、宝の持ち腐れで実際の政策に生かすまでには至らなかった。

これができたのが、ブレッチリーパークで大規模なシギント活動を行なったイギリスと、そのノウハウの教示を受けたアメリカだった。シギントの重要性に着目した米英両国は戦後も協力を続け、ソ連との対立を見越して一九四八年に当時英連邦の一部であったカナダ、オーストラリア、ニュージーランドを含むアングロサクソン五カ国の諜報機関が世界中に張り巡らしたシギントの設備や盗聴情報を相互に共同利用するUKUSA協定を結んだ。現在、この通信傍受ネットワークは「エシュロン」と呼ばれ、アメリカの国家安全保障局（NSA）が中心となって世界中の電話・電子メールなどを違法に傍受し、情報を収集、分析しているが、その活動実態は二〇一三年八月にロシアに一時亡命した米中央情報局（CIA）の元技術職員、エドワード・スノーデンの内部告発により、判明している。

## 日本を尊敬し、日本のために働いたエストニア

ポーランドのブルジェスクウィンスキー武官とともに親友となった武官がもう一人いた。ラトビアの隣国であるエストニアの武官、ウィルヘルム・サルセンだった。ラトビアはじめ各国武官とソ連情報を交換する中で、エストニアの情報が質量ともに最も優れていた。そこで小野寺は「守備範囲」をラトビアだけでなく、南のリトアニアと北のエストニアとバルト三国全体まで広げて公使館付武官を兼任する希望を参謀本部に上申すると、許可された。一九三六年十二月二十三日のことだった。

エストニアの情報が抜きん出て素晴らしかったのは、理由があった。エストニアが極めて親日的だったからだ。その辺りの事情を小野寺は『偕行』一九八六年四月

号「将軍は語る（下）」で語っている。

「フィン族という日本と同じアジア民族のエストニアは日本に非常に親近感を持っていた。フィンランドと同様の態度。大変な収穫があり、情報の宝庫。これを探し当てたのは儲けものです」

バルト三国は、歴史、文化など大きく異なる。宗教では、同じキリスト教ながら、ドイツの影響が大きかったラトビアとエストニアはプロテスタント。ポーランドと国境を接する南のリトアニアはカトリックだ。民族は、エストニア人だけがフィンランド人やハンガリー人のように日本と同じアジア系である。先祖が遥か昔に中央アジアから、バルト海のほとりに移り住んだのである。言語もヨーロッパ語とは似つかないフィン・ウゴル語を話す。これはフィンランド語に近くハンガリー語とも系統が同じだ。ただし、他の二国同様に一般市民は支配されていたドイツ語、ロシア語を澱（よど）みなく話した。

南にラトビア、東にロシアと国境を接し、バルト三国の最北にあるエストニアは、九州ほどの国土に人口一三五万人の小さな国である。エストニアもロシア、ソ連に支配された苦難の過去がある。世界遺産に登録された首都タリンの旧市街を歩くと、中世のヨーロッパの面影を色濃く残し、ここがドイツのハンザ同盟で栄えたヨーロッパだったことがうかがえる。モスクワ特派員を務めていた一九九八年一月、フィンランドの首都ヘルシンキから訪問した際、旧ソ連の共和国ではなく「モダンなヨーロッパ」の印象を持った。そして英語がよく通用したことを覚えている。

歴史を繙く(ひもと)と、紀元前五〇〇〇年頃からアジアから来たエストニア族（ウラル語族）とスラブ人、ノルマン人との混血が進み、十世紀までにエストニア民族が形成される。そこにドイツ騎士団が進出したのは十三世紀のことだった。タリンもハンザ同盟に加盟し、海上交易で大いに栄えた。

その後一七一二年からロシア帝国が支配すると、「ロシア化」が進められた。ロシア革命後の一九一八年、独立を果たすも、一九四〇年に再びソ連に占領される。一九四一年から四四年まで一時はナチス・ドイツの支配下となるが、第二次大戦末期の一九四四年には再びソ連に占領され、戦後は共和国として併合されるのはバルト三国に共通する悲劇である。

再び独立し、国際連合に加わるのはソ連崩壊直前の一九九一年まで待たねばならなかった。スターリン独裁による圧政で、何十万人ものエストニア市民が収容所に送られ、尊い命を落とした。

ソ連の脅威を共有できるエストニアとの出会いが小野寺の運命を大きく変えるこ

とになった。

一九三一年の満洲事変が国際社会で批判を招き、常任理事国だったにもかかわらず、一九三三年に国際連盟から脱退を余儀なくされた。世界から孤立する中で、日本はパートナーを求めていた。そこで「対ソ」で協力関係を築ける国としてバルト三国、とりわけエストニアの重要性が高まった。

## エストニアと共同でソ連潜入の秘密工作

サルセン武官と懇意になったのが契機となり、サルセン武官の紹介でエストニアの首都タリンにある陸軍参謀本部を頻繁に訪問して、直接、インテリジェンス交換を行なうようになった。ラトビアと同様にエストニアに情報提供の見返りに諜報費として支払ったのは、それぞれ年額五〇〇〇ドル（当時の為替は一ドル四円なので二万円相当。現在の貨幣価値を一五〇〇倍とすれば、三〇〇〇万円程度）だった。エストニアからもたらされる情報は正鵠（せいこく）を射た有用なものが多かった。そこで、「日本はもっと広い範囲の情報を必要とする。可能性があるならば広げてくれ。費用は日本がカバーする」と要請すると、エストニアの軍部は快諾して、極東ソ連地域までスパイ（エージェント）を配置して情報を提供してくれた。その責任者がエストニア陸軍参謀本部第二部長（情報部長）のリカルト・マーシングだった。

例えば、マーシングの紹介で一九三七年六月、ドイツのベルリンを訪問し、アプヴェール（ドイツ国防軍情報部）長官のヴィルヘルム・カナリス提督と面会している。カナリスの知遇を得たことが後の情報活動に大きく活きている。

エストニアと情報収集での協力が成功すると、今度は共同で「対ソ」謀略工作を行なうことに発展する。両国の信頼関係が増したためだ。当時の日本陸軍は、ドイツの首都ベルリンに馬奈木敬信（まなきたかのぶ）大佐（当時）を長とする参謀本部直轄の謀略組織「馬奈木機関」を設け、仮想敵国ソ連を搦手（からめて）から攻める工作を模索していた。小野寺と陸軍士官学校、陸軍大学校で同期だった臼井茂樹が次席を務め、「小野寺信回想録」によるとドイツと共同で対ソ諜報、謀略活動を任務としていた。対ソ工作員や諜者を養成し、秘かにソ連に潜入させ、情報収集や暴動を起こし扇動する計画を立て、実行していた。あのスターリン暗殺計画もその一つである。

小野寺はマーシングとの間で、日本とエストニアが合同でエストニア情報部の工作員を日本側で養成してソ連に潜入させ、入手した情報を両国で共有することで合意する。この合意に基づき、一九三八年、工作員がソ連と往復するため国境にあるペイウス湖の高速船購入代金一万六〇〇〇マルクをエストニア軍に提供した。工作員の一人はソ連参謀本部に潜入し、三九年まで貴重な情報を提供した。潜入したのは、当初はモスクワだったが、後に極東のハバロフスクや満洲まで広がり、情報は日本に報告された。ロシア内（レニングラード、モスクワ、ボルガ、東シベリア）にいるエストニア人にスパイネットワークができたという。

また日本の「馬奈木機関」とエストニア情報部が協力して共同で対ソ謀略を行なうことが決まり、①ウクライナで革命家に反体制運動を起こさせる、②グルジアなどコーカサス地方で民族独立運動を支援して体制転覆工作を行なう――ことになった。そこで「馬奈木機関」ではソ連から亡命したウクライナ人やグルジア人を工作員に養成して、国境警備が弱いペイウス湖からモスクワに工作員を潜入させた。日本が資金提供した高速船は第二次大戦終戦までエストニアに残されていたという。小野寺自身もテロ用爆弾をベルリンからエストニアまで鉄道で運んでいる。ソ連への謀略工作が幅広く、活発に行なわれていたのだ。

二〇一四年二月、ウクライナでは欧州連合（EU）入りを求める反政権デモと治安部隊の衝突が続き、ヤヌコビッチ大統領が議会から解任され、政権が事実上崩壊、東西に分裂する危機となった。ソ連崩壊の震源地となったのがバルト三国であり、グルジアはバルト三国に続き、北大西洋条約機構（NATO）と欧州連合（EU）加盟を目指す国づくりを進めている。

小野寺らが仕掛けた工作はソ連の体制を大きく揺さぶるまでには至らなかったが、七十年以上も時代を先取りして日本がエストニアと協力してウクライナとコーカサス（グルジア）という多民族国家・ソ連の弱い脇腹を探りあてていたことは注目に値する。日本の対ソ・インテリジェンスは当時から正鵠を射ていたといえる。

## 武官仲間を魅了した人間力

エストニアとここまでインテリジェンス協力ができたことは、小野寺には大きな財産になった。マーシングはその後、エストニア陸軍参謀本部の参謀次長となるものの、数年後の一九四〇年にソ連の併合で国を追われる。亡命したスウェーデンでドイツ軍情報部に入るが、小野寺の右腕となり、日本のために働く。金銭的、精神的に小野寺を頼って、生涯にわたり、小野寺と日本に対して信頼と尊敬を持ち続けるのである。小野寺がヒューミントで成功した原点は、マーシングらエストニアの情報士官との極めて良好な人間関係を構築した点にあった。こうした友好関係が後年、第二次大戦で発展し、彼らから小野寺は「諜報の神様」と慕われることになるのである。

なぜ欧州で、人種も文化も違う外国人と友人になれたのだろうか。疑問に思う方もいることだろう。

まずロシア語、ドイツ語、母国語を流暢に操る彼らと友情を育めるツールとして小野寺がロシア語、ドイツ語の能力に長けていたことは見逃せない。そして語学を武器に、様々なタイプの人間と仲良く友人として上手く付き合うコミュニケーション能力が備わっていたことも大きい。もちろん「小野寺に協力しよう」と思わせる、優れた人間的魅力を小野寺が持っていたことはいうまでもない。

しかし、異国の地で外国人と親交を深めるため、彼らの国の文化や歴史を理解する努力も重ねたに違いない。参謀本部でロシア専門の情報将校として養成された小野寺の探究心が奏功したといってもいいだろう。さらに日本とエストニアには国家同士の組織的結びつきがあったことも加えなければならない。その背景には、エストニアが日本に対して抱く特別の親近感と尊敬の念があった。

モロトフとリッベントロップの秘密協定（秘密議定書）に基づき、一九四〇年から始まったソ連軍による進駐で祖国が世界地図から消えたバルト三国の多くの人たちが、国外に逃れた。方法は二つあった。陸路をポーランド経由でドイツに逃げ込むか、リュックサックを背負いバルト海を小舟を漕いでスウェーデンまで渡るかであった。ラトビアでは、およそ三〇万人が国外に逃亡したが、このうち約五〇〇〇人が小舟で中立国スウェーデンまで辿り着いている。

バルト海をボートで逃げ出した中に、小野寺が知遇を得た武官仲間がいたのである。スウェーデンやドイツに亡命した彼らはその後、四一年にストックホルムに駐在武官として赴任した小野寺と再会する。エストニアのリガ駐在武官だったサルセンもその一人だが、二人の関係は、格別で親友ともいえるものだった。
ソ連に併合される四〇年六月当時、参謀本部第二部長（情報部長）で首都タリンにいたサルセンは小野寺の写真を入れたリュックサックを背負い、漁船を漕ぎ、スウェーデンに逃れた。ドイツに渡ったが、大戦中、ベルリンの仮住まいの自宅が空襲を受け、サルセンが失意にあった時に小野寺の訪問を受け、感謝の念を抱いた。リガで出会ってからおよそ半世紀にわたって続けた二人の人間的な交流について、小野寺は「小野寺信回想録」で懐かしく書いている。

「サルセン氏は、エストニア陸軍参謀本部第二部長だったが、四〇年、ソ連に併合されると、リュックサックを背中に漁船を漕いでスウェーデンに辿り着いた。そのリュックサックの中に祖国のライドネル元帥の写真とともに小野寺の写真を入れていた。多くのエストニア軍人とともにドイツ軍の情報部員として第二次大戦を戦い、戦後はストックホルムに暮らしながら、頑としてスウェーデン国籍を取得せず、エストニア民族の団結のために費やし、収入の大部分で本を買い、宿敵ロシアの研究を続けた。八二年一月、その多難な生涯を閉じたが、灰をバルト海のエストニア海岸に近い海域に撒く遺言があった。ベルリン大空襲の直後、ストックホルムから衣類と食料品を詰めたカバンを持ってサルセン氏のベルリンの寓居を訪れたことがあったが、それがよほどうれしかったとみえて、（戦後、スウェーデンを訪問して）会う度に、繰り返しその話をするのだった」

生涯にわたり宿敵ソ連の研究を続けたサルセンの祖国再興の夢が実現するのは、サルセンが八二年に永眠してから九年後の九一年のことである。ナチス・ドイツのヒトラーと、共産主義国家ソ連のスターリン。二つの大国の二人の独裁者に侵略され、国の運命を翻弄され続けたバルトの人々にとって、「生き残る」ことがどれほど切実な問題であるか、リガでの二年間で小野寺は皮膚感覚で学んだに違いない。リガで武官仲間を魅了した人間力は、その後の情報活動の大きなバックボーンとなるのである。

小野寺に参謀本部部員兼大本営参謀の辞令が下りた。一九三八（昭和十三）年三月のことである。赴任の時と同様にシベリア鉄道で帰国しようとしたところ、ソ連から「シベリアを通る査証（ビザ）が出なかった」。このためイタリア・ナポリ港から航路となった。ソ連は、リガで情報収集から謀略工作まで活発な対ソ・インテリジェンスを行なった小野寺を要注意人物として警戒し、通過ビザの発給を渋ったのだ。裏を返せば、ラトビアで任務を忠実に果たした証しでもあった。

## 中国共産党が謀った？　盧溝橋事件

世界第二位の経済大国にふさわしく超高層ビルの建設ラッシュが続く中国最大の近代都市、上海に西洋文化が入り混じり、ノスタルジックな街がある。かつて外国人たちが作り、栄華を極めた租界（外国人居留地）だ。二十一世紀の超大国を目指す中国人には、欧米列強の支配を受けた屈辱の歴史を想起させる「負の遺産」であるが、どことなく醸し出すレトロでモダンな雰囲気は訪れる観光客を魅了する。とりわけ租界時代の西洋建築が華やかに並ぶ外灘（バンド。「外国人の河岸」という意味）は、上海随一の観光スポットである。

租界があった時代、モダンな都市文化の陰で列強の陰謀が渦巻く上海は混迷の度を深める国際情勢の縮図ともいわれた。この「魔都」に東洋一といわれた伝説のホテルがあるのをご存知だろうか——。

外灘から、蘇州河に架かる「外白渡橋（ガーデンブリッジ）」を渡ると、袂に佇む古色蒼然とした建物「アスターハウスホテル」（浦江飯店）である。

英国租界ができる原因となった南京条約締結から四年後の一八四六年、イギリス人のリチャードが創業したホテルは重厚なヴィクトリア朝バロック様式だ。喜劇王チャップリンや二十世紀最大の物理学者のアルベルト・アインシュタインらも定宿にするほど、当時はモダンな都市文化が花開いた上海で最も格式が高かった。大戦後、一時は証券取引所になるなど廃れていたが、二十一世紀になって改装され、最近は「アインシュタインの部屋」を売り出して、往時を偲ぶクラシックホテルとして人気を集めている。

リガから帰国したばかりの小野寺が陸軍参謀本部ロシア課から上海に派遣され、居を構えたのが、この伝説の「アスターハウスホテル」だった。ナポリから乗った帰国船が日本に着いてわずか四カ月後の一九三八（昭和十三）年十月だった。

その一年三カ月前の一九三七年七月七日夜。北京郊外の盧溝橋近くで夜間演習をしていた日本軍が銃撃を受けた。銃撃が中国（国民党）軍によるものと思い込んだ日本軍は翌朝、中国軍を攻撃。いわゆる「盧溝橋事件」が起こった。その後、天津、上海など戦闘地域が拡大、事件を一つの契機として、日本は広大な大陸を舞台に、終戦まで八年続いた「日中戦争」と呼ばれる終わりのない泥沼の戦争へと引きずり込まれていった。

武力衝突となった背景には多くの謎が残されている。日本軍は演習のため、実弾を携行していなかった。つまり戦う意思はなかったのだ。駐屯軍参謀長だった橋本群（ぐん）陸軍中将は「実弾を持たずに発砲された為、応戦できず、非常に危険な状況に置かれた」と証言している。日本側は何者かに仕掛けられたのだ。一方、中国（国民党）

軍も銃撃を受けている。

日本軍は中国（国民党）軍による発砲と思い込み、反対に中国（国民党）軍は日本軍によって銃撃を受けたと思い込んだ。結果的にこの事件が発端となり、日本軍と中国（国民党）軍は交戦状態に入るのだが、双方ともに腑に落ちない点があり、事件発生から五日目に両軍は停戦協定を結ぶ。日本軍は全面戦争を、最初から欲してはいなかったのである。

となれば、第三者が意図的に、日本軍と中国（国民党）軍の双方に発砲したと考えられる。一体誰が謀ったのだろうか――。

中国共産党ではないだろうか。竹山道雄は『昭和の精神史』で、「蘆溝橋事件は日中両軍を戦わせるために中国共産党が暗夜に射撃してはじまったのだとか、日中の和平工作はその都度見えぬ手によって妨げられて立ち消えたとかいうことは、可能性としてはずいぶんありそうなことに思われる。ソ連や中国共産党が何の工作もしないでいたとは考えられない」と記している。

「小野寺機関」のオフィスがあった上海アスターハウスホテル（同ホテルHPより）

事件翌日の七月八日に中国共産党軍は兵士向けパンフレットに「盧溝橋事件は我が優秀なる劉少奇同志（後の国家主席）の指示によって行なわれた」と記述し、「対日全面抗争」を呼びかけている。

休戦協定を結んだにもかかわらず、争いが拡大した背景には共産党の策動があった。

『中国共産党史』（大久保泰）によると、中国共産党は七月八日、全国に通電して、局地解決反対を呼びかけ、九日、宣伝工作を積極化し、各種抗日団体を組織し、必要あれば抗日義勇軍を組織し、場合によっては直接日本と衝突することを各級党部に指令した。同十一日の周恩来・蔣介石会談で、周恩来は抗日全面戦争の必要を強調。国民政府が抗日を決意し、民主政府の組織、統一綱領を決定すれば、共産党は抗日の第一線に進出することを約束した。同十三日、毛沢東・朱徳の名で国民党政府に即時開戦を迫り、同十五日朱徳は「対日抗戦を実行せよ」と題する論文を発表し、日本の戦力は恐るるに足らず、抗戦は持久戦となるが、最後の勝利は中国側にあることを説いた。

国民党に劣勢だった中国共産党が起死回生の策として日本軍と国民党軍を戦わせ、中国全土の支配権を手中に収める「漁夫の利」を得たとしたら、「盧溝橋事件」は、日本軍が共産党軍に「嵌（は）められた」格好だ。まさに「日中戦争」は、日本が中国共産党に「仕掛けられた」戦争だったといえる。

こうした深謀遠慮を見抜けず盧溝橋事件後、日本軍は大陸での戦いに深入りしていくのである。一九三七年八月には中国（国民党）側が大軍を擁して、上海に駐留していた日本海軍特別陸戦隊を攻撃。陸戦隊が苦戦に陥ったため、日本は陸軍を派遣して反攻に転じ、同年十二月には国民党政府の首都だった南京を陥落させたが、蔣介石は徹底抗戦の構えを崩さなかった。漢口から重慶へと中央政府を移し、戦線は華中、華南まで拡がる。南京陥落で降伏すると考えていた日本軍の思惑は外れた。引き込まれるように追撃したものの、長期戦を戦う余力はなかった。

## 参謀本部ロシア課の危惧、そして終戦工作

終わりの見えない戦火を危惧したのは参謀本部ロシア課だった。一刻も早く収拾しなければ、準備してきた北方の対ソ防衛作戦に支障を来しかねなかったからだ。支那課が主導する日中戦争にロシア課が懸念していたことを小野寺は、「回想録」で振り返っている。

「参謀本部は、部内で圧倒的に強い支那課の大陸侵攻作戦に引きずられていた。しかし、日本の経済力には限りがある。ロシア課では、早く戦争を終わらせなければ、

『重大な局面を迎える』と危機感を持っていた。なぜなら大陸で中国を相手に戦っているが、その背後には英米がいて中国を援助していることを支那課が気付いていないようだったからだ」

背後に、英米の大国が控えていた中国国民党政府は、一局面で敗退しても、全面降伏するはずがなかった。そこで白羽の矢が立ったのがロシア課の俊英・小野寺である。終戦のきっかけとなるチャンスを探るという重大使命を与えられたのだった。日本軍は南京を占領すると、中支那方面軍司令部という総司令部を置いた。したがって小野寺は中支那方面軍司令部付参謀として派遣された。表向きは「支那情勢を分析してその結果を報告せよ」との指令だったが、本当の任務は、独自に国民党の蔣介石主席と「直接和平の可能性を探る」ことにあった。

同じ頃、膠着状態打開のための工作は陸軍中央でも進められていた。支那課を中心として国民党ナンバー2だった汪精衛（汪兆銘）を担ぎ出して傀儡の親日政権を作り、戦争を終わらせる秘策である。主導したのは参謀本部支那課長から謀略課課長を務めた影佐禎昭（かげささだあき）である。

ところが、この動きに疑念を抱いたロシア課は汪兆銘工作がヤマ場に来ていることを察知し、その前に重慶（国民党政府）との直接和平工作を図ろうと、小野寺を急遽、上海に派遣したのだった。そして小野寺はこの工作について、ロシア課のほかに謀略課からも命令を受けていた。となると、謀略課は、汪兆銘工作と直接和平工作の二つを同時に模索していたことになる。まさにダブルスタンダードである。このことが後に、上海での小野寺の運命に暗い影を落とすことになる。

また、リガからロシア課に復帰した直後の一九三八年七月二十九日、ソ満国境でソ連軍と大規模軍事衝突、張鼓峰事件が発生した際、小野寺はロシア課課員として板垣征四郎陸相の知遇を得たこともあった。だから中央にパイプを持った小野寺が行なった蔣介石への和平打診工作は、決してスタンドプレーでなかったことは明記したい。

インテリジェンスの世界ではバックチャンネルという言葉がある。国家間の外交や軍事関係が良好になる前に、外交官とは別にインテリジェンス・オフィサーがインテリジェンスという裏口を通じて政府間の意思調整を行なうことだ。リビアのカダフィ政権が米英との九カ月にわたる秘密交渉の末、二〇〇三年十二月、核兵器を含む大量破壊兵器開発の事実を認め、即時かつ無条件の廃棄を表明したが、カダフィ政権が最初に接触したのはイギリス情報局秘密情報部（MI6）だった、とロイター通信は伝えている。現代において、内密に物事を進められる情報機関は、外交関係がなく敵対する国や国交のない国に対してもアプローチできるため、バックチャンネルとして好都合である。また一般的に情報機関は国家を率いる指導者とパイプを持っているため、裏の交渉役としても適している。

まさに小野寺は、日中戦争でバックチャンネルとして蔣介石との直接和平工作というミッションを与えられたのだった。上海を占領した日本軍は、上海一の名門「アスターハウスホテル」を接収してさまざまな機関のオフィスと高級参謀の住居に使用した。参謀本部は小野寺に上海での活動拠点として、このホテルに事務所を構え、「小野寺機関」として活動させたのだから、陸軍中央が寄せる期待は決して小さくなかった。

## 元共産党員から台湾人まで——梁山泊の小野寺機関

では、どのような人間が「小野寺機関」に集まったのだろうか。

協力した二〇人ほどの中に、軍人は一人もいなかったのが最大の特徴である。意外にも多かったのが共産党転向者だ。ロシア課は、中国共産党ひいてはコミンテルンが背景に控える中国(国民党)の実情を把握するには、共産主義、コミンテルンの視点が必要と考え、ソ連や中国共産党事情に詳しい転向者を起用したのだった。「回想録」によると、「小野寺機関」のメンバーは次の通りとなる。

「軍中央から付けられた要員」

吉田東祐（商大卒、巣鴨高商教授）、橋本五郎次（ユダヤ問題専門家）、高屋覚蔵（大阪高工卒、モスクワ大卒、ソ連通、共産党転向者）、與田某（仮名磯田与助、モスクワ大卒、ソ連通、共産党転向者）、再故白（ソ連通）――連絡者として

「現地で雇った人」

木村重（生物学者、重慶情報提供者）、林某（台湾人）――連絡者として、加藤昇（政治浪人）、諸生来（高師卒）――連絡者として、呉逸――連絡者として

「事務所に出入りして協力してくれた人」

近衛文隆（東亜同文書院理事、支那問題研究者）、武田信近（慶應大卒）、早見親重（九州大卒）

「魔都上海」は、毒々しいほどの妖しい魅力を持っていた。その魔都ナンバーワンのアスターハウスホテルにある事務所に出入りした人物は元共産党員からユダヤ問題専門家、重慶の国民党政府に通じた者、さらには台湾人まで多士多彩、まさに人種、国籍、信条、思想を越えた梁山泊だった。

小野寺が協力した人物に、「蔣介石を対手とせず」と発言した近衛文麿首相の長男、近衛文隆の名を挙げていることに注目していただきたい。プリンス近衛は東亜同文書院理事の肩書で近衛文麿が秘密裏に上海に送り込んだ（中支那派遣軍特務部総

務部第一班勤務の）密偵の早見親重と友人の武田信近と、小野寺とともに日中和平に傾注していたのだ。『木戸幸一日記』に、近衛文隆の行動記録として、「小野寺さんの手先となり、重慶工作に深入りしつつ」との記載もある。さらに、ここに記載されていないが、早見と中支那派遣軍の同僚である三木亮孝がいた。そして早見や三木、近衛文隆らを介して、鄭蘋如（テンピンルー）も出入りしていた。

日中混血の美貌の女スパイ、鄭蘋如は、重慶政府の特務機関「国民党中央執行委員会調査統計局」（CC団）に属しながら、直接和平を進める構想に賛同して小野寺機関に協力していたのだった。翻訳係として働いていたともいわれる。

「汪兆銘擁立工作」は「梅工作」と呼ばれ、通称「梅機関」（影佐機関）には晴気慶胤（はるけよしたね）中佐、塚本誠少佐という当時、上海を牛耳る日本の錚々たるメンバーが名を連ね、海軍や外務省の役人のほか、数多くの民間人も加わっていた。その民間人は日本の対中国政策で主流派の人物ばかりだった。

対照的に小野寺機関に馳せ参じたのは、共産党転向者など、社会から排除されたアナーキーな反体制派が少なくなかった。しかし彼らは、直接交渉によって急速に事態を解決しなければ、日本も中国も大変なことになるという考えを持っていた。小野寺のもとに集まって、気勢をあげる彼らに小野寺は、分け隔てなく接して友人となり、上手くまとめあげる。これも器の大きい人間力のなせる結果だった。

## 黒幕コミンテルンの野望を見抜く

影佐が汪兆銘をみこしに担ぎ、言いなりになる傀儡政権を作って和平の道を見出そうとしたのに対し、小野寺は、あくまで多くの中国国民の支持を集める蔣介石を相手に戦争を早く切り上げようと考えた。

「中国のナショナリズムを考えると、傀儡の汪兆銘政権では、中国の民衆の信頼を得られない。根本的に解決するには、重慶の蔣介石政権に直接和平交渉を開くしかない。そして天皇の決断を得ずして泥沼化した日中戦争の終結は無理だろう」

根本解決として小野寺が和平を求めた背景に、私淑したドイツの軍人、ハンス・フォン・ゼークトの思想があった。中国との泥沼の戦いは日本にとって「非」であると判断していたのだろう。

「将師というものは政治家に対して一つの責任がある。情勢がどうしても非だということがわかったら、率直に知らせなければならない。それを怠ると大変なことになる」（ハンス・フォン・ゼークト『一軍人の思想』）

バルト三国のラトビアの首都リガに駐在してヨーロッパで民族の興亡を垣間見た

りも広かった。小野寺は、傀儡政権では立ち行かないことを知っていた。小野寺の視野は、影佐よりも広かった。

「世界史的にもいわゆる傀儡政権というものを作る場合があるが、多くの場合は失敗だ。一番いい例は、最初のフィンランドのソ連との冬戦争のとき、ソ連が作った傀儡政権（呼びかけても国民が動かなかった）。ドイツがノルウェーに作った傀儡政権も国民が動かなかった」（『偕行』一九八六年三月号「将軍は語る〈上〉」）

もう一つ、小野寺がラトビアで学んだことは、ソ連が世界を共産主義化する野心を持っていることだった。コミンテルンがドイツとともに日本を標的にして、アジアに勢力伸長しようとしていることを察知していたのだろう。国民党の背後に、敵対関係にありながら「抗日」で合体を模索する中国共産党がいて、背後でコミンテルンが操っていることを見抜いていたのだ。

英米が背後に控える国民党政府は共産党と国共合作を進め、日本軍が侵攻を続ける限り、戦争は泥沼となる。日本軍が矛を納めない限り事態を救えない。国民党政府との戦争が長期化すれば、利するのは、中国共産党であり、ソ連である。小野寺は、早急に蔣介石国民党と和平し、ソ連、コミンテルン対策を優先すべきと考えたのだった。

考えてみると、この小野寺の分析は正鵠を射ていた。盧溝橋事件の約半年前の一九三六年十一月、視察のため西安を訪れた蒋介石は突如、部下の張学良に監禁された。中国共産党攻略の任務を与えられたものの満洲に早く帰りたい張学良は蒋介石を捕まえ、対日抗戦を先に実現すべきと要求する。国民党軍に完全に包囲されていた延安の共産党は渡りに船だった。毛沢東たちは狂喜し処刑しようとしたが、スターリンは「殺してはならぬ」と指令し、周恩来が飛来し、第二次国共合作の秘密協定を成立させ、蒋介石は日本との全面戦争を約束させられた。

コミンテルンと中国共産党は、蒋介石の国民党と日本との全面戦争の実現を望んでいた。一九三二年四月二十六日、中国共産党と中国ソビエト政府は「対日戦線布告文」を、さらに三四年には「対日作戦宣言」「対日作戦基本綱領」を発表していた。中国共産党は盧溝橋事件の五年前から、日中戦争を宣言していたのである。ここで日中両国の運命に影響を与えたのが一九二八年のコミンテルン第六回大会の決定だった。

1、自国の敗北を助成すること。

2、帝国主義戦争を自己崩壊の内乱戦たらしめること。

## 3、戦争を通じてプロレタリア革命を遂行すること。

ロシア革命の父、レーニンが唱えた世にいう「敗戦革命」であった。

この目標を達成するために多大の貢献をしたのが、ソ連のスパイだったゾルゲとその協力者の元朝日新聞記者、尾崎秀実(ほつみ)ではなかっただろうか。ソ連のエージェントだった尾崎は、近衛文麿の秘書にまでなって国家の中枢部に食い込み、愛国主義の仮面をかぶって蔣介石との和平工作に反対し、「蔣介石討つべし」と対中国強硬論で煽った。

盧溝橋事件を虚心坦懐に分析すると、日中戦争を仕掛け、長期化させたのは中国共産党であり、影の黒幕としてコミンテルンが浮かび上がる。広島、長崎の原爆投下とソ連の対日参戦直後、昭和天皇が聖断で終戦に導いたため、日本は寸前で共産化を免れたが、昭和天皇のご聖断がなければ、樺太や千島列島に加えて北海道の北半分などの国土が、ポーランドなどの東欧のように「勢力圏」として共産化していた可能性が高かった。

繰り返すが、世界共産化を目論むコミンテルンの野望を知る小野寺が唱えた「蔣介石相手の長期戦争は国力を消耗するだけで、直ちに終わらせるべきだ」との意見は陸軍や政府内で少数意見であったが、まさしく正論であったといえる。

この辺りの事情について、小野寺が上海で真っ先に連絡を取った共産党転向者の吉田東祐（本名・鹿島宗二郎）は、著書『二つの国にかける橋』で、次のように記している。

「小野寺は、陸軍大学を首席で出て、長らくラトビアのアタッシェをやっていた男で、中国についての知識はなかったが、そのかわりにドイツ民族の復興を目のあたりに見て来ただけあって民族運動には深い理解をもっていた。この人は頭がいいというだけではない、なにか本能的に、ものの本質を理解できる人らしい。（中略）小野寺は、この際、日本の行動を束縛するような中国戦争を、一日でも早くやめさせなければいけない、それまでの行きがかりにこだわらず、蔣介石と和平交渉を開くほかないという主張をもっていた。初対面のとき、彼からこの持論を聞かされ、最後に『僕は中国のことはまるでわからないが、ただ東京で、上海にいったら一切は君に頼めと言われている。いわば君が唯一の頼りなんだから、何とかしてその糸口を探してくれ』と頼まれたときは、目頭が熱くなった」

## 「軍が同意すれば」——近衛文麿の気のない返事

共産党シンパだった吉田は、戦後は帰国して本名の鹿島宗二郎に戻り、国士舘大学の教授を務めた学究派である。転向後に書いた「世界情勢」分析レポートがロシア課の注目を集め、ロシア課に協力するようになった。小野寺と吉田の二人が考えついたのは、上海地下政府の幹部、国民党の組織部副部長の呉開先と、日本側のしかるべき要人を面会させるトップ会談を直接和平交渉の突破口とすることだった。

上海では影佐の「梅」機関が活動しているため、密会は香港で行なうことも決めた。その準備に小野寺が香港に行こうとした矢先の一九三八年十二月。汪兆銘がついに重慶を脱出して東京をめざした。目的が汪政権樹立にあったことはいうまでもない。

小野寺には固い信念があった。

「和平は天皇陛下の鶴の一声で一気に持ち込まねば成功しないだろう」

昭和天皇でなければ、戦争を終わらせることはできない。後にスウェーデン王室を通じて模索する第二次大戦での終戦工作でも、その信念は変わらなかった。

そこで、小野寺は、出入りしていた近衛文隆に、天皇に最も近かった父、文麿宛の親書を書かせて、その親書を見せながら文麿に直々に直接和平論を説明し、同意を得ようと考えた。

意見具申のために帰国した小野寺は、東海道線で京都から帰京する近衛文麿に、浜松―小田原間の車中で面会する。だが文麿は、「軍が同意さえすれば」と言うだけで、諸手を挙げて賛成ではなかった。

失意にくれた小野寺を同期の親友、参謀本部謀略課の臼井茂樹が救う。蔣介石と直接交渉する委任状を発行してくれたからだ。「土産品」を携え、上海に戻り、出直して和平工作を行なう。香港での会談準備と、再度、東京で軍首脳に直接和平を説得する作業も行なった。

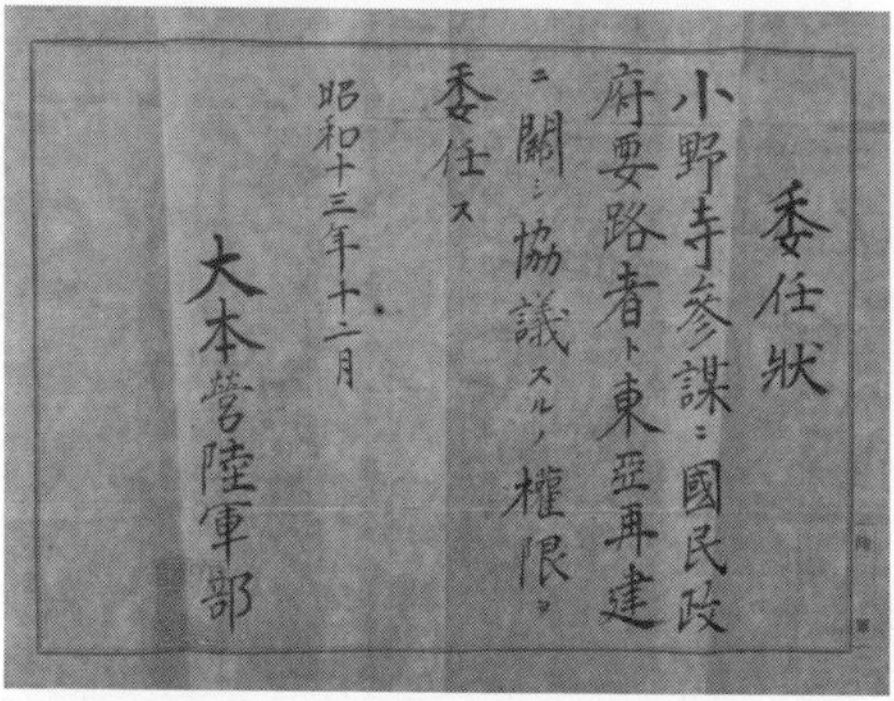

委任状

小野寺参謀ニ國民政府要路者ト東亞再建ニ關シ協議スルノ權限ヲ委任ス

昭和十三年十二月

大本營陸軍部

小野寺が和平工作のため大本営から受けた委任状（小野寺家提供）

まず中国にいる軍首脳の足場固めから始めた。南京の中支那派遣軍を訪ねて方面軍司令官・山田乙三（おとぞう）、総参謀総長・河辺正三、参謀長・吉本貞一（ていいち）から同意を取り付けた。参謀副長だった鈴木宗作（そうさく）、小野寺と陸士で同期生だった作戦参謀・公平匡武（きみひらまさたけ）も「大賛成」だった。「小野寺信回想録」では、河辺は「直接交渉に必要な経費を総軍司令部から支出する」と語ったという。資金提供を申し出たのだから、中支那派遣軍司令部も小野寺の和平交渉を後押ししていたことになる。現地の軍首脳の了解も得て両国首脳の会見を目指したのだ。小野寺は、勇躍東京に向かった。

東京に戻ると、まず参謀本部謀略課長に昇進した臼井、さらに臼井の取り計らいで板垣征四郎陸相、中島鉄蔵参謀次長と面会。板垣陸相は、直接交渉に出馬することを受諾した。小野寺と同郷で、仙台幼年学校を卒業した先輩だった板垣陸相は、こう語っている。

「香港はもちろん、場合によっては、重慶まで行って蔣介石に会う」

板垣が蔣介石と和睦を考えたことは間違いないだろう。中国国民党が求めていた板垣陸相の会談の同意が得られたので、小野寺はその後、黒子に徹するつもりだった。作戦課の中で、重慶直接交渉派だった秩父宮や堀場一雄からも激励された。小野寺は、板垣陸相のみならず、陸軍上層部も、直接和平交渉に期待と関心を持っていると確信した。

しかし、大きな手ごたえをつかみ上海へ戻る途中、立ち寄った福岡雁ノ巣飛行場で、上京途中の影佐大佐と遭遇し、日中和平をめぐって大激論を交わすことになる。

## 必死の巻き返しで、形勢は一カ月で逆転

影佐は、上海で始めた小野寺工作を嗅ぎ付け、急遽上京するところだった。影佐は小野寺工作に正面から異議を唱え、東京で影佐は必死に巻き返した。

影佐には強い自負があった。日本の中国政策の主流として、日中の有力者と連携して汪兆銘擁立工作を秘かに進めてきたからだ。その汪兆銘をようやく重慶から脱出させたばかり。特務工作には莫大な費用がかかった。その捻出のため三井物産にイランからペルシャ阿片を上海まで運ばせ、「阿片王」と呼ばれた東亜同文書院出身の元新聞記者、里見甫（はじめ）に中国の地下組織に売買させていた。阿片密売で費用を現地調達していたのだ。

「蔣介石と二股をかけるのなら、全てを犠牲にして覚悟を決めて上海に来る汪兆銘に対して不誠実ではないか」

何よりも影佐には、陸軍上層部を説き伏せる政治力があった。ちなみに野党時代の第二十四代自由民主党総裁を務めた谷垣禎一の母方の祖父が影佐である。

形勢は一カ月で逆転し、汪政権樹立が決定的となる。六月六日、閣議で正式に「汪兆銘擁立工作」を進める「対支処理要綱」が決定した。重慶政府との直接交渉工作は最後のあと一歩で取りやめとなった。

小野寺が土俵際で影佐に気合負けした形となったのだが、日中戦争を終わらせる方法として傀儡政権を作るよりも、蔣介石との直接和平が合理的な選択であったことは、歴史が証明している。国際情勢に疎い汪兆銘工作が勝利した背景を小野寺の右腕として働いた吉田東祐は、『二つの国にかける橋』で回想している。

「上京した影佐は、中央に対して大活動した。大本営内にも、現地軍の中にも、汪精衛工作に疑問を持つ軍人は多かったのだが、これらの人々は欧米勤務出身の人が多く、どちらかといえばインテリで政治力がない。これに反して、汪派の人々は長年の中国勤務で、世界的見地に立つ視野を欠いていたが、政治力は強かった。結局、中央は汪派にひきずりまわされた」

## 皇道派と統制派の対立

小野寺が陸軍内の権力闘争に敗れた背景に盧溝橋事件の前年一九三六年二月に発生した二・二六事件があったとの見方もある。当時の陸軍内部では、「蔣介石と和解し、ソ連に対抗するため国力の充実を図ろう」というグループと「対ソ戦は棚上げにして、まず中国（シナ）大陸を支配しよう」という派に大別された。前者は荒木貞夫、真崎甚三郎、小畑敏四郎らが率いて皇道派と呼ばれ、永田鉄山、東條英機が主導する後者の統制派と激しく対立した。皇道派の若手将校が起こした二・二六事件後、「蔣介石と和解し、対ソ作戦準備に力を入れよう」という皇道派の人々は陸軍中枢から外れ、「中国大陸への侵攻」を唱える統制派が主導権を握るようになった。

前に書いたように、小野寺は小畑に陸大教官時代から特別に目をかけてもらい大本営きってのロシア専門情報士官となった経緯から、小畑の「一番弟子」とみなされる皇道派人脈の一端にあった。「小野寺信回想録」で小野寺は、蔣介石和平工作はロシア課が後押ししていた、と回顧しているが、二・二六事件以降、陸軍の中枢で主導権を握っていたのは東條英機ら統制派であり、彼らは大陸での日中戦争を志向していたため、蔣介石との和平工作に挑んだ小野寺を皇道派とみなし、排除したのかもしれない。皇道派と統制派の対立は、その後の大戦において小野寺が参謀本部に送る情報の取り扱いでも公平さを欠き、日本の国益を大きく損ねることになるのである。巨大な官僚機構だった陸軍の宿痾は決して小さくない。

陸軍内部で影佐との権力闘争に敗れた小野寺に、上海に居場所はなくなった。再び吉田東祐の証言を見てみよう。

「近衛公のような人でさえ、小野寺から聞いた話の内容を逆用し、軍は汪精衛工作をやりながら、自分で直接交渉をやっているではないか、と板垣に釘を打つ始末だった。こうなると、小野寺の地位はみじめなものになった。軍の内部からは、彼が近衛公と連絡したことを、軍律違反として待命処分にせよ、という声さえ起こった」

（『二つの国にかける橋』）

支那派遣軍総司令部では、上京前に支援した吉本貞一軍参謀長や鈴木宗作参謀副長が引き続き、「参謀」として上海において再度工作できるように陸軍中央に要請したが、受け入れなかった。影佐が異を唱えたからだ。

影佐はどうしても小野寺を上海に残したくなかった。下りた辞令は陸軍大学校兵学教官だった。大佐に昇進したものの、古巣の参謀本部ロシア課には戻れなかった。近衛公に軍事機密を漏らした違反の処分はなかったが、軍中枢から離れる事実上の左遷であった。

小野寺と行動をともにした民間人も散々だった。東京で、国民党政府と直接交渉するため重慶に行く了承を得ようと工作を進めていた近衛文隆と早見は、閣議で「汪工作」が決まると、近衛文隆は荻外荘に軟禁となる。国外退去を命じられた早見らは上海に戻ったところを上海憲兵隊に逮捕される。そのほかのメンバーも逮捕され、汪政権が誕生する一九四〇年三月まで一年近く釈放されなかった。この間に鄭蘋如ら中国人工作員も逮捕され、日本の憲兵隊に処刑された。ここに小野寺機関は終焉を迎えたのだった。

## 陸軍中央のダブルスタンダード

鳴り物入りで汪政権が成立したが、日中和平は実現しなかった。日本政府が当初、汪兆銘ら親日中国人に約束した「大陸からの日本軍の撤退」を履行しなかったからだ。やがて親日政権の性格をめぐって日本政府と汪兆銘らとの亀裂が深まり、影佐の立場も微妙になる。主流派だった影佐も中枢から外される。一九四一年太平洋戦争が始まると、東條英機首相から、「影佐は中国に寛大すぎる」との批判を受け、一九四二年五月、ソ満国境東寧の第七歩兵司令官に、翌一九四三年は前線のラバウルの第三十八師団長に更迭される。

汪兆銘擁立による和平工作に失敗した影佐も責任を取らされた格好だが、当初から直接和平に賛同して小野寺を東京に送り出した日本軍首脳の態度も腑に落ちない。支那派遣軍総司令部幹部たちは、いずれも後に大将に昇任して、和平工作失敗の責任を取っていない。影佐との政治闘争に敗れて上海に戻った小野寺を中国に留める人事を陸軍首脳に要請したものの、影佐の猛反対で却下されたことは記したが、影佐よりも階級が上位の彼ら幹部の意見が通らなかったというのはいかなる理由からであろうか。果たしてどれほどの熱意を持って意見具申したのだろうか。そもそも早期の直接和平工作の必要性を認識していたのなら、なにゆえ傀儡政権樹立に正面から反対しなかったのだろうか。小野寺も戦後、彼らが最も肝心な時に役に立たなかったことを非難している。

「あれほど僕を支持しておられた中支那方面軍司令官、山田乙三さん、参謀長の河辺正三、吉本貞一、参謀副長の鈴木宗作がイザとなると、ちっとも表立って僕をバックアップしてくれないし、中央にどれだけの電報を打ってくれたのかわからない。これはあまりにも情けないではないかと。私の尻っぺたを叩いた人がですよ（中略）。（錚々たる名前の人たちを）並べて押していったら、影佐さんなんか吹っ飛ぶ（中略）。あれだけの日本の国運を賭するような大謀略に同意しながら、さっぱり動いてくれなかったことには、私は今でも不満に思っている」（『偕行』一九八六年三月号「将軍は語る〈上〉」）

陸軍中央は、影佐らの汪兆銘工作・傀儡政権樹立を目指しながら、同時に小野寺に蔣介石との直接和平を模索させる。こんな二股をかける工作が権謀術数に長けた中国に通じるはずはなかった。小野寺は、陸軍中央と出先の中国の双方の首脳に梯子を外された想いだったに違いない。こうしたダブルスタンダードこそ、日本を迷走させた統帥部の宿痾（しゅくあ）だった。

## 蔣介石から贈られた「和平信義」のカフスボタン

蔣介石は「蔣介石日記」（一九四五年二月二十五日）の中で、自分に対する日本の和平案は一九三八年から四〇年の間に一二回提議され、その和平要求を一二回とも拒否したことを明らかにしている。三八年十月から上海に渡った小野寺は、まさに一二人のうち最も初期の段階の一人だった。

「自分の一生のうちあれほど心血を注いで張り切って働いたことはなかった」（『バルト海のほとりにて』）と振り返るように蔣介石との和平工作に精魂を傾けた小野寺が上海から帰国する直前、蔣介石は部下の姜豪を通じて小野寺に金製のカフスボタンを贈った。カフスボタンには蔣介石が自筆で書いた「和平信義」の彫が入っていて、「国と国の間は和平、人と人の間は信義」との言葉を小野寺に伝えたという。

蔣介石も、心から小野寺を信頼して日本との戦争を終わらせようとしたのかもしれない。

和平工作は成功しなかったが、蔣介石と心を通じ合わせることができたことは、大きな財産になった。後に小野寺はストックホルムで、ソ連参戦密約を知り、昭和天皇の鶴の一声による終戦工作を構想して奔走するのだが、上海での工作は、その予行演習になった。

上海で激しく対立した影佐について小野寺は、戦後、「面白い人だったよ。あの人が師団長で私が参謀長やったらよかったかも知れんなあ。待てよ、期が近すぎるかな」（『偕行』一九八六年四月号「将軍は語る〈下〉」）と回想している。中国を知る二人には、「中国と手を携えて和平を築かなければいけない」との共通項があった。だから、和平をめぐり、激しく路線対立しながら、どこかで通じ合えるものがあったのだ。

上海でも人種、国籍、年齢、性別、思想、信条を問わず、多くの人と交流を深め、友人となり、情報収集や和平工作ができたのは、小野寺の懐の深さゆえである。和平交渉を通じて培った視野の広さがインテリジェンス・オフィサーとしての幅を広げ、ストックホルムでの活躍につながるのである。

# 第四章

# 大輪が開花したストックホルム時代

## 「欲しい物は欲しい。しかも絶対に失いたくない」

プーチン大統領率いるロシアが、「自国民保護」を口実にウクライナ南部のクリミア自治共和国に軍隊を展開させ、併合したのはソチ冬季五輪閉幕直後の二〇一四年三月のことだった。「自国民保護」を錦の御旗に帝国主義国家が他国に軍事侵攻するのは、アブハジア自治共和国、南オセチア自治州という二つの少数民族をめぐってロシアがグルジアに侵攻した二〇〇八年以来だが、本家本元は第二次大戦前夜の一九三〇年代にチェコスロバキア（当時）のズデーデン地方を皮切りに次々と欧州各地を併合した独裁者ヒトラーのナチス・ドイツである。

革命と戦争の二十世紀。世界を震撼させたのは第三帝国のヒトラーとソ連のスターリンという二人の独裁者の領土拡大の野心だった。

プーチンのロシアが武力を背景にウクライナの主権を侵害して強引にクリミア併合に踏み切ったことは国際秩序を踏みにじる暴挙で到底容認できないが、南下政策の橋頭堡（きょうとうほ）となった黒海艦隊基地があるクリミアは、地政学的要衝であり、ロシアには死活的に重要だ。暖かい海に不凍港を求める寒い国ロシア人には、温暖で自然豊かなこの地が特別の意味を持つからだ。

「われらは固い決意をもってクリミアの混乱を決定的に終わらせるものとする」

　このような言葉でクリミア併合を高らかに宣言したのは、露土戦争でオスマントルコに勝利した帝政ロシアの女帝エカテリーナ二世だった。一七八三年のことだ。

　女帝は寵臣で愛人のグリゴリー・ポチョムキンの進言を受けてトルコからクリミアを独立させ、それをロシアに併合した。それ以来、クリミアは「ロシアの楽園」(ポチョムキン)となった。ロマノフ王朝の保養地であり、ソ連時代も政治局幹部のリゾートとして重用され、一九四五年にはヤルタで戦後世界を分割した米英ソの会談が開かれている。一九九一年に休暇中のゴルバチョフ元大統領が監禁されたのはフォロスの別荘だった。

　クリミア併合後、エカテリーナ二世はポチョムキンにこんな手紙を書いている。

「欲しい物は欲しい。しかも絶対に失いたくない」

　そのロシアがさらに南下し、外洋に出るための出口としてボスポラス海峡を支配しようとして衝突したのがイギリス、フランスだった。聖地エルサレムの管理権問題を発端にロシアは「ギリシャ正教徒の保護」を理由にトルコ領モルドバ、ワラキアに進駐する。そこで一八五三年から五六年にかけてクリミア半島を舞台に戦ったのがクリミア戦争だ。

　老いた帝国オスマントルコと異なり、ロシアにとって産業革命を成し遂げた英仏は手強かった。黒海艦隊の本拠地、セヴァストポリ攻防戦に敗れたロシアは西部での南下政策をあきらめ、極東で南下を進める。

そこで正面衝突したのが明治維新で近代化した日本だった。満洲と朝鮮の権益をめぐり日露戦争となったのは言うまでもない。

## プロイセンの東方征服イデオロギー

クリミア戦争により後進性が露呈したロシアでは抜本的な内政改革を余儀なくされた。外交で手腕を発揮できなかったオーストリアも国際的地位を失う。オスマントルコ帝国は諸民族が独立運動を起こして没落する。その間隙をぬって戦中に工業化を推進させたのがプロイセンだった。やがて欧州社会に影響力を持つようになり、ビスマルク率いるプロイセンはロシアを退けたフランスのナポレオン三世と一八七〇年に始まった独仏戦争で勝利する。プロイセン王ヴィルヘルム一世がドイツ皇帝として戴冠し、プロイセン首相のビスマルクが帝国首相となってドイツ帝国が成立するのは翌年一八七一年のことだ。

オスマントルコの崩壊は、欧州でベルリンから東方に広大な権力の空白地帯を招いた。ドイツ帝国は、この東方世界の征服と植民という野心を抱き、スラブ民族に対するゲルマン民族の優越も誇大宣伝された。

ドイツ帝国が欧州大陸制覇の野望を膨らませるのは十九世紀のプロイセンに遡

る。この十九世紀の領土拡張のイデオロギーに、反ユダヤ主義を加えたのがヒトラーのナチ・イデオロギーだった。

急速に国力をつけたドイツ帝国は、近代化を果たしたロシア帝国と一九一四年に始まった第一次大戦で対峙する。「総力戦」の提唱者、エーリヒ・ルーデンドルフ将軍の指揮の下、タンネンベルクの戦いでドイツは兵力の上回るロシア軍を包囲殲滅、戦略的勝利をおさめる。

ルーデンドルフは、後に（一九二三年）ヒトラーとともに、ミュンヘンでベルリン政府打倒を目的としたクーデターを起こす。ミュンヘン一揆である。ヒトラーは、突然変異で登場したわけではない。第三帝国が目指した「東方ゲルマン大帝国」構想の起源は十九世紀の「東方征服」イデオロギーに遡るのである。

ヒトラーが政権を獲得するのは一九三三年のことだが、その後、一九三九年八月には犬猿の仲だったスターリンと独ソ不可侵条約を締結。秘密議定書に基づき一九三九年九月、ポーランドに東西から侵攻した。これがきっかけとなって、第二次大戦が勃発する。ソ連はバルト三国を編入。フィンランドと冬戦争の末、カレリア地方を奪い取る。

ポーランドを分割占領したドイツ軍は翌年一九四〇年四月、北欧デンマークを無血占領し、ノルウェーも電撃的に占領下に置く。さらに五月、わずか一カ月ほどでフランス・ベルギー・オランダを降伏させ、ハーケンクロイツの旗が欧州大陸を席巻しつつあった。その余勢を駆ってロンドンを空襲し、イギリスと「バトル・オブ・ブリテン」と呼ばれる航空戦を繰り広げ、英本土上陸作戦の機会をうかがう。イタリアも参戦して地中海を越えて北アフリカでイギリス軍に優勢に戦っていた。

同じ年の九月二十七日には、日独伊三国同盟が調印される。

北欧で唯一の中立国スウェーデンに小野寺が赴任するのは、そんな国際状況の時だった。

## ドイツの英本土侵攻はあるか、ないか？

シベリア鉄道でユーラシア大陸を横断し、ソ連の首都モスクワに着き、レニングラード（現サンクトペテルブルク）からフィンランドを経由してバルト海を渡り、北欧の都ストックホルムに到着したのは一九四一年一月二十七日のことだった。

参謀本部からストックホルム陸軍武官を命じられたのは一九四〇年十月。辞令が下りてから赴任まで二カ月間もかかったのは、当時の日ソ間でビザ（査証）発給について、小野寺は「ロシア人で日本の査証をもらいたい者が三人できたとき、初めてそれで日本人一人にロシアの査証を出す――こういうルールがあった」（『偕行』一九八六年四月号「将軍は語る〈下〉」）からだったと語っている。リガ時代の諜報活動からソ連当局が警戒して、通過ビザとはいえ、容易には発給しなかったのかもしれない。

この間、日本では一九四〇年十一月に、幻となった東京五輪に代わる紀元二千六百年記念式典が皇居外苑で盛大に行なわれた。日本の傀儡だった汪兆銘の親日国民党政府を日本は承認して日満華の共同宣言が発表され、東アジアに平和が訪れたかのようだった。しかし、それは砂漠に出現した蜃気楼のようなものだった。九月に三国同盟を結んだドイツが欧州でフランス、オランダなどを次々と屈服させたことに刺激を受け、日本は「バスに乗り遅れるな」と北部仏印に進駐していた。

小野寺が、陸軍大学校の一年後輩の西村敏雄大佐の後任としてストックホルムで勤務を始めたのは、一九四一年二月五日である。そこに東京の参謀本部から最初の任務を告げる電報が届いた。

「ドイツ軍は本年（一九四一年）五、六月の候、英仏海峡を渡り、英本国に進攻して、一挙に決するものと判断される。そして、この作戦こそは帝国国策決定に重大な関係があるから、これに関連あるニュースや観察は細大漏らさず報告されたい」

「ドイツが英本土上陸作戦を強行する」との参謀本部の判断は、希望的観測ではないか――。小野寺は疑問を感じた。交代する西村大佐から重要事項を引き継いでいたからだ。

「大本営は、フランス占領を終えたドイツが次に英本土に上陸すると判断しているようだ。だが自分は英本土には行かないと信じてそのように報告している。ドイツ空軍は英本土爆撃のために手痛い損害を受けているので、空軍の状況から見ても、英本土上陸は不可能と判断する」

西村大佐の判断は、参謀本部と正反対だった。

ドイツは一九四一年に入ると、ユーゴやルーマニア、ブルガリア、ギリシャなどのバルカン諸国を制圧した。しかし、イギリス空軍の激しい抵抗で、イギリス本土上陸作戦は無期限延期されていた。ところが「バスに乗り遅れるな」と三国同盟を結んだ東京の大本営はドイツ一辺倒に傾き、「不可侵条約」で接近した独ソが友好関係を継続し、イギリス上陸作戦は時間の問題と思い込んでいたのだった。大本営は前任者の西村大佐が、ドイツのイギリス本土上陸作戦に懐疑的なことに不満を抱いていた。ベルリンのドイツ側の報告を鵜呑みにして、ドイツの英本土上陸作戦に大きな望みをかけていたからだ。

参謀本部は小野寺を優秀なロシア専門家としてストックホルムに派遣したものの、大島浩大使率いるベルリンの情報を重視して、スウェーデンから小野寺が送る情報は軽視した。しかし、ドイツの敗色が色濃くなるにつれて、北欧の中立国スウェーデンが欧州のセンターとなり、連合国側から注目を集めることになる。

ソ連にもドイツにも近い中立国の首都ストックホルムは、枢軸国、連合国の双方の情報が入り乱れ、諜報活動を行なうには最適だった。しかし小野寺の赴任前から、西村大佐が正確な情報を入手して打電しても、大本営は自らの意向に反するものは拒否する傾向にあった。小野寺も赴任早々にそのギャップを痛感したのである。

東京の参謀本部の命令は絶対である。参謀本部の判断に疑問を感じながらも小野寺は任務に前向きに取り組んだ。小野寺は、①制空権、②制海権、③上陸用舟艇準備――の三点から情勢を分析した。

ところが、ドイツの英本土上陸作戦を裏書きする資料、証拠はなかなか出てこなかった。皮肉なことに、その反対の情報が櫛の歯を引くように入ってきた。ドイツ軍が東方正面で対ソ作戦を準備しているという。プロイセン以来の「東方征服」作戦である。時日が進むにしたがって作戦準備の全貌が明らかになった。

小野寺に情報をもたらしたのは、主にリガ武官時代に知遇を得たバルト三国の有能なインテリジェンス・オフィサーたちだった。一九三九年九月のポーランド侵攻後、ソ連はバルト三国を併合する。祖国が滅亡したエストニアとラトビアの参謀本部の首脳部の一部はボートを漕いでバルト海を渡り、スウェーデンやドイツに逃れ、相互に緊密に連絡を取り、ソ連とドイツをウォッチしながら情報を丹念に集めていたのである。リトアニアは地続きのドイツに亡命した人が多かった。

小野寺が赴任したばかりのストックホルムの繁華街を歩くと、「いやあ、お前も来ていたのか」と苦笑して再会する人が時々いたという。

## 「右腕」マーシングの獅子奮迅の働き

再会した友人の中でも、とりわけ親しく協力できたのがエストニア軍部の情報士官たちだった。小野寺は幸運だった。ラトビアで培った誠実な仲間との人間関係がストックホルムで「ヒューミント」（人的情報収集）に大きく生きたのである。

終戦翌年一九四六年三月七日に帰国した小野寺は八月六日まで巣鴨拘置所に拘置され、米中央情報局（CIA）の前身、米戦略課報部隊（SSU）の尋問を受けた。SSU尋問で、小野寺は、ストックホルムで情報活動が成功した理由について、亡命した彼らと親身になり家族ぐるみで付き合い、生活に困った彼らに資金のみならず、生活物資をも援助して助けたことを挙げている。

最も親密で最良の協力者となったのがエストニア陸軍参謀本部第二（情報）部長から参謀次長を務め、後にスウェーデン駐在武官を務めたリカルト・マーシングである。彼は日本が敗戦するまで小野寺の「右腕」となって獅子奮迅の活躍をするのである。

小野寺が赴任すると、すでにマーシングは夫人と一人息子のイワとともに、ストックホルムに居を構えていた。

エストニアではインテリジェンスの第一人者だった彼は、帝政ロシア時代にミンスク陸軍学校を卒業して、ツァー（ロシア皇帝）の軍隊の大尉として第一次大戦を戦った。一九四〇年にソ連に併合される直前にストックホルム駐在武官に転じて、祖国滅亡後もソ連やドイツなどヨーロッパ各地で秘かに諜報活動を行なう部下を束ね、情報を集約していた。

部下は、バルト三国はじめドイツ軍の中にもたくさんいた。エストニア陸軍のクールゲルはじめ優秀な暗号解読班のメンバーが、そのままドイツ軍のアプヴェール（国防軍情報部）で活動を続けたため、そこからも機密情報を得ていた。そしてマーシングは、駐ドイツ武官からアプヴェールに入ったヤコブセンとも親密な関係にあり、彼からもドイツ情報を得ていた。さらにスウェーデン軍部とも親しく、駐フィンランド武官で後の参謀本部第二部長となる

エストニアのリカルト・マーシング
（小野寺家提供）

アードラクロイツや駐ソ連武官ユーレンダンフェルトとも関係が良好で、彼らからも有力情報を得ていた。

こうしたエストニア情報部が集めた精緻な情報を、マーシングは小野寺に最優先に提供したのである。

それらを集約すると、「バトル・オブ・ブリテン」で惨敗したドイツが飛行機を消耗し制空権を握れず、Uボートの撃沈が相次いだ大西洋でも制海権を握る状態ではなかった。スウェーデン軍部の情報でも、ドイツの英本土上陸作戦は不可能だった。

小野寺はマーシングから提供される情報を「マ情報」と名付けて逐一参謀本部に報告したのである。

むしろ逆に、対ソ開戦の可能性が高まる情報が多かった。マーシングと親密な関係にあったヤコブセンは、日本の山下奉文(ともゆき)大将が軍事視察団としてドイツを訪問した際にベルリンの自宅を事務所として提供するほど親日家だった。在欧武官会議でベルリンを訪問した際に立ち寄った小野寺に、ヤコブセンは「ドイツの情報部に勤める部下が、皆、連日ヒトラーの戦闘指令書を準備して、東プロシア（ソ連が占領していた旧ポーランド領）に行っている」と耳打ちする。小野寺は「独ソ戦」が近づいているとの確信を持った。

## 夢想的な「日独伊ソ四国同盟」に疑問を呈した人々

松岡洋右外相がヨーロッパを訪問してベルリンで在欧武官会議が開かれたのは、一九四一年四月のことである。

三国同盟を締結した日本は、ドイツと組めば英米を牽制して日中戦争を解決できると考え、締結に踏み切った。同盟を主導した松岡外相は、イギリスがドイツに屈服し、ドイツがソ連と手を組む希望的観測から、三国同盟にソ連を加えた四国同盟で連合軍に対抗しようとしていた。

松岡外相は四一年三月十二日に東京を出発、モスクワでモロトフ、スターリンと会談し、ベルリンでヒトラー、リッベントロップと会談。その後、ローマでムソリーニ首相、チアノ外相と会談。そして再びベルリンに戻り、さらにモスクワを再訪した。東京―モスクワ―ベルリン―ローマの枢軸路線確立のためだった。

松岡外相がスターリンと日ソ中立条約を結んだのは、四月十三日のことである。ところが独ソ関係は前年の四〇年六月、ソ連がルーマニア領ベッサラビア、北部ブコビナを占領したことで悪化し、ドイツは同年秋、モロトフ外相がベルリンを訪問した時点で、独ソ戦に踏み切る判断をしていた。しかし、ヒトラーは、その決断についてベルリンを訪問した松岡外相に隠していた。

そもそも四国同盟など最初から夢想であった。反共を掲げて政権を奪取したヒトラーと共産主義の拡大を目論むスターリンがいつまでも盟友でいるはずがない。両者の破局が来ることは火を見るより明らかだった。しかし、松岡ら中枢は希望的観測から、独ソの蜜月が続き、ドイツがイギリスを屈服させるだろうと判断していた。

この東京の判断に疑問を呈したのはストックホルムの小野寺だけではなかった。ロンドン駐在だった辰巳栄一少将も四〇年十月、「独軍の英本土攻略は不可能と断言できぬまでも、その実現は困難と判断する」と報告している。しかし、これらは、英米に偏りすぎた「情報」として処理され、大島大使をはじめとするベルリンからの親独情報が優遇された。

松岡外相が希望的観測を抱いた背景には、視野の狭い統帥部が独ソ戦に関する情報の価値判断を見誤り、国家の指導者に決断を促す材料として提供していなかった事実がある。インテリジェンス・サイクルが回らず、国策に生かせなかったのだ。

## 同盟国をも惑わすドイツの偽情報

松岡がベルリン滞在中に、在欧陸軍武官会議が開かれた。集まった武官はドイツの坂西一良武官と、小松光彦、西久、西郷従吾の補佐官。ソ連から山岡道武武官。フィンランドから小野打寛武官。ハンガリーから芳仲和太郎武官。イタリアから清水盛明武官。フランスから沼田英治武官。トルコから立石方亮武官。そしてスウェーデンから小野寺である。イギリスの辰巳栄一武官は欠席、スペインは欠員だった。

会議の主眼は、ドイツが英本土に上陸するかソ連に向かうかにあった。全員が英本土上陸を主張する中で、「ソ連に向かい、独ソ戦が必ずある」と主張したのは小野寺ただ一人だった。

1943年、ノルウェーを占領したドイツ軍を視察する小野寺（小野寺家提供）

モスクワの山岡武官は「わからない」と発言したが、ドイツの西郷補佐官は、「自分には確かな根拠がある。大島大使のお伴をしてドイツ側の案内で英本土対岸の港を視察したが、どこにも上陸用舟艇がいっぱいあった。これが（英本土）上陸作戦用だと説明された」と主張し、小野寺は英米の宣伝に惑わされていると非難した。

しかし、実際に惑わされていたのは西郷補佐官だったのである。この二年後の一九四三年の夏、小野寺はノルウェーを占領したドイツ軍に招待され、ノルウェーを訪問した際、ドイツ軍参謀本部のウォロギツキー大佐から、「東方作戦（独ソ戦）前のドイツ大本営は、作戦準備をカモフラージュするため、日本の外交団に対して殊更ドイツ軍が英本土上陸作戦に向かうような印象を持たせるため、あれこれ技巧をこらす逆宣伝をした」と聞かされた。意図的に偽の上陸用舟艇を用意して、それを見せ、対ソ侵攻戦を日本に悟られないようにしたのである。同盟国をも幻惑するドイツの「偽情報による攪乱（かくらん）作戦（ディスインフォメーション）」だった。

ヒトラーは自分たちが伝える情報を鵜呑みにする大島大使を最大限に利用して、逆宣伝していた。ドイツ国防軍最高司令部長官、ウイルヘルム・カイテル元帥に命じて一九四一年二月十五日付で英本土上陸の「アシカ作戦」を行なうとする偽の作戦命令書まで作成させ、限定された軍上層部に極秘に渡させた。対ソ侵攻の「バルバロッサ作戦」を秘匿するためだが、偽の作戦命令が独り歩きして、大島大使ら日本大使館員や駐在武官を欺き、やがて宿敵・ソ連のスターリンまでも惑わしていたのだ。ナチス・ドイツが仕掛けた偽情報によるプロパガンダは見事な切れ味だった。

## イワノフ「棺桶」情報が最後の決め手

ストックホルム武官室には、白系ロシア人と称する大柄の外国人、ペーター・イワノフ（偽名）という人物が出入りしていた。背が高く品がよく威厳を持ったこの男は、実はポーランド人であった。独ソの侵攻でロンドンに亡命を余儀なくされたポーランド参謀本部きっての大物インテリジェンス・オフィサー、ミハール・リビコフスキーその人である。満洲国パスポートを持った満洲生まれの白系ロシア人と偽って武官室で通訳官兼主任として働き、小野寺に貴重な情報を提供していた。

小野寺の右腕だったペーター・イワノフことミハール・リビコフスキー（小野寺家提供）

独ソ開戦をつかむ最後の決め手になったのも、リビコフスキーの情報だった。

ベルリンで暗躍していたリビコフスキーの部下が（ベルリンの）満洲国（公使館）を通して、日本のクーリエ（外交特権の一種として税関などで確認されない外交行嚢を使用して運搬する外交伝書使）を使ってスウェーデンに有力情報をもたらした。

それは、ドイツ軍が開戦に備え、ソ連国境に近いポーランド領内で次々と配置しており、同時に棺桶を準備したという内容だった。

ドイツ軍は作戦を開始する際に、戦死者を弔うため事前に兵士のための棺桶を準備していた。ポーランド領内で棺桶を用意し始めたとの情報が「バルバロッサ作戦」に踏み切る決め手となった。

エストニアのマーシングとポーランドのリビコフスキーから得た情報が一致したことで、小野寺はドイツのソ連侵攻を確信する。

小野寺の片腕として最大の情報提供者で生涯の友となるリビコフスキーは、帝政ロシアの支配下にあったリトアニアのヴォドクティ近郊で一九〇〇年に生まれ、十八歳でポーランド軍に入隊した。陸軍大学校を卒業し、第二次大戦前夜には、ポーランド参謀本部第二部（情報部）でドイツ課長を務めるなど、ドイツ情報専門の情報士官となった。ラトビア人ビジネスマン、ヤコブソンと称して、小野寺がかつて駐在したバルト三国ラトビアのリガを拠点に、ドイツ国内にいる約五〇〇人のエージェントを束ねた連絡網を握って活動していた。ドイツのポーランド侵攻作戦計画を五カ月前の一九三九年四月に察知して、ワルシャワの参謀本部に伝えている。ドイツ侵攻でコウォトヴァ収容所に収容されたが、そこから脱出して、ルーマニアからベルギー、オランダ、フランスを経て同十月、再びラトビアのリガに逃れた。

そこでリガ駐在武官フェリックス・ブルジェスクウィンスキー大佐（小野寺とも旧知の人物で、後にストックホルム武官）の仲介で、日本の陸軍武官室に匿われる。小野打寛武官の計らいと、隣国リトアニアのカウナス日本領事館にいた杉原千畝領事代理の斡旋で、ベルリン満洲国公使館発給の満洲国パスポートを取得した。リビコフスキーは「ラトビア人ビジネスマン、ヤコブソン」と称してベルリンへ行き、「満洲ハルビン生まれの白系ロシア人、ペーター・イワノフ」としてリガに戻ったのだ。

リガでは、バルト三国などで活動する部下を統括する。リトアニアのカウナスには、後に「命のビザ」を出して六〇〇〇人のユダヤ系ポーランド人難民を救う杉原千畝領事代理の下に、リビコフスキーの直属の部下であるアルフォンス・ヤクビャニェツ大尉とヤレシェク・ダシュキェヴィチ中尉がいた。

四〇年八月、ラトビアがソ連に併合され、武官室が閉鎖されると、小野打武官とともに日本のストックホルム陸軍武官室に移る。その後、小野打武官はヘルシンキ武官室に移ったが、リビコフスキーはストックホルムに残り、小野寺の前任者の西村武官の情報提供者として協力していた。

小野寺は、いわば前任者から情報提供者リビコフスキーを引き継ぐのだが、二人の信頼関係は小野打、西村両武官よりも深く濃密になった。陸軍幼年学校から陸軍士官学校、陸軍大学をすべてトップで卒業した西村は、カミソリのような切れ味鋭い俊英だった。アメリカ軍の暗号解読に成功した参謀本部特殊情報部長として終戦を迎えるエリート将校だが、リビコフスキーには「一方的（に意見を押し付ける性格）だった」ので、ウマが合わなかった。

対照的に小野寺とは初対面から意気投合し、親交が深まるにつれ、リビコフスキーは吸い寄せられるように小野寺に次々と機密情報を提供したのだった。むろん二人の距離を縮めた大前提は、小野寺がロシア語とドイツ語で深くコミュニケーションが取れたことである。語学力が奏功するのである。

小野寺がリビコフスキーに魅力を感じたことの一つに、彼の高いインテリジェンス能力があった。ストックホルム武官に転ずるまで陸軍大学校兵学教官を務めていた小野寺は、教官の立場から来るべき対ソ戦に備えて北満（現在の中国東北部の北部分）での戦車、自走砲兵および車載歩兵により構成される機械化大兵団をいかに運用するかについてシミュレーションして、講義する予定だった。これは当時の日本にとって最大の仮想敵国ソ連に対応する懸案事項の一つで、ストックホルムに赴任してからも小野寺の頭から離れなかった。

そこで赴任早々に様々な軍事知識を持っているようだったリビコフスキーに「北満で機械化大兵団を運用する戦術についてリポートを書いてほしい」と要請すると、二週間後に見事な戦術構想を書きあげて提出した。あまりにもすばらしいので小野寺は東京の参謀本部に参考資料として送ったほどだった。

資料の入手先を尋ねたところ、「ストックホルムで入手し得る、あらゆる市販の新聞、雑誌から集めた」という。つまりリビコフスキーはオシント（オープン・ソース・インテリジェンス、公開情報諜報）で機密情報を集め、分析し戦術を練ったのだった。後で詳しく記すが、現在のインテリジェンスの基本であるオシントを活用して独自の戦術構想を練り上げたリビコフスキーの諜報能力に小野寺は「これは大物だ」と舌を巻いた。

また経済的な分析も見事だった。詳しく尋ねると、彼はワルシャワ大学で経済学を学び、大学教授の資格を持つ「インテリ」だった。陸軍大学校の教官を務めた学究派の軍人であった小野寺と意気投合したのも、こうした共通点があったからだった。

忘れてならないのは、小野寺がリガで懇意になったフェリックス・ブルジェスクウィンスキーが、当時、ストックホルム駐在武官として赴任していたことだ。リビコフスキーの上官、ブルジェスクウィンスキーは、日本とポーランドが交戦関係になっても小野寺とリビコフスキーの協力を背後で支え、大戦末期には日本のために大いに汗をかいてくれるのである。

日本が真珠湾を攻撃し、日本とポーランドが枢軸国と連合国に分かれ、交戦国同士となっても、リビコフスキーは一貫して小野寺に協力した。その根底には、日本の参謀本部とロンドンに本拠を置いた亡命ポーランド参謀本部の、組織的な協力関係があった。両国のインテリジェンス協力は後で詳しく記したい。

## ヒムラーが忌み嫌った「世界で最も危険な密偵」

一九四〇年九月に日独伊三国軍事同盟が結ばれると、日本はドイツに配慮しなければならなくなった。

そんな矢先、小野寺が赴任して約半年後の一九四一年七月、ベルリンの中心地ティア・ガルテンでリビコフスキーの部下がドイツの秘密国家警察（ゲシュタポ）に摘発される。リビコフスキーが日本の偽造パスポートを所有してストックホルム日本陸軍武官室の職員として諜報活動を行なっていることが発覚してしまったのである。

それ以来、独裁者ヒトラーの右腕としてゲシュタポを指揮し、ユダヤ人絶滅政策（ホロコースト）を主導して一〇〇〇万人以上の命を奪ったナチス親衛隊（SS）全国指導者、ハインリヒ・ヒムラーが「世界で最も危険な密偵」とリビコフスキーを恐れ、忌み嫌った。

「（リビコフスキーは）日独関係を緊張させる原因となり、彼の活動に対する抗議の手紙が頻発したばかりでなく、ヒムラーが告発した。ゲシュタポは何度も彼をドイツへ獲っていこうと試みた」（ラディスラス・ファラゴー『ザ・スパイ——第二次大戦下の米英対日独諜報戦』）

ナチスはリビコフスキーを亡き者にしようとしていた。小野寺に「旧ポーランド領内でドイツが棺桶を準備している」との情報をもたらしたリビコフスキーの直属の部下、アルフォンス・ヤクビャニェツ大尉だった。ベルリンに出張した小野寺がヤクビャニェツに面会してリビコフスキーからの預かり物（指令書や活動資金）を手渡した直後に逮捕されたのだ。リビコフスキーを警戒するゲシュタポは、彼を庇護する小野寺の動きも警戒していたのである。

ポーランド地下組織のリーダーとして、ドイツとソ連に対する諜報活動をしていたヤクビャニェツは、ベルリン満洲公使館で匿われていた。ヤクビャニェツはベルリン満洲国公使館に勤務する前、リトアニアのカウナス日本領事館で「命のビザ」を発給した杉原千畝領事代理に協力している。秘かな日本とポーランドの課報協力は強固だった。

しかし、リビコフスキーの存在が日独関係を緊張させる原因となった。ドイツからしてみれば、リビコフスキーは目障りだった。ベルリンの大島浩駐独大使を通じて、自分たちに都合の良いニュースを日本側に提供しているのに、ストックホルムで、それと正反対の都合の悪い情報を集め、日本に提供されることに我慢がならなかった。また日本武官の保護下にあるポーランド人から、隠しておきたいドイツの情報が敵国のロンドンに伝わるのが看過できなかったのだろう。

挙句の果てにドイツ防諜機関から、リビコフスキーの身柄引き渡し要請がベルリンの大島大使に行なわれた。さらにベルリンの武官補佐官を通じて「日本のストックホルム武官室で暗号書が盗まれた」との嫌がらせとも取れるデマを流し、ドイツは小野寺を揺さぶった。ドイツとの関係を無視できないベルリン日本大使館も、リビコフスキーをドイツに引き渡すべく画策した。

## ゲシュタポから守り通すための最大の配慮

しかし小野寺は頑として受け付けなかった。大戦中、日本とポーランドは明らかに交戦国同士の関係にありながら、リビコフスキーに全幅の信頼を置いて武官室の中に潜り込ませて保護し続け、自由に情報活動をさせたのである。

リビコフスキーのさらなる身の安全のため、彼が持っていた満洲国のパスポートを、ストックホルム公使館の神田襄太郎代理公使に依頼して、日本パスポートに変更した。名乗っていた偽名ペーター・イワノフに漢字をあてて「岩延平太」名義としたのはユーモアがあって微笑ましい。リビコフスキーは「これで日本人になれた」と満面の笑みで小野寺に深く感謝したという。

日本の強い影響下で一九三二年に建国した満洲国を独立主権国家として承認したのは、エルサルバドルをはじめドイツ、イタリア、スペイン、ポーランドなど世界で二三カ国だったが、滞在する肝心のスウェーデンも承認しておらず、満洲国パスポートでは、安全を保証するには十分ではなかった。小野寺は切れるカードをすべて切って、リビコフスキーに最大の配慮を行なった。

最後まで守り通したことで、リビコフスキーの小野寺への信頼と尊敬が高まったことは言うまでもない。さりとて小野寺は見返りとしてリビコフスキーに機密情報を求めることはしなかった。情報の交換は、利害が一致した時のみ。互いに自国の同盟国を不利に陥れるような情報は、決して提供しない。男同士、固い決意の下、互いの立場と仕事を尊重したのである。

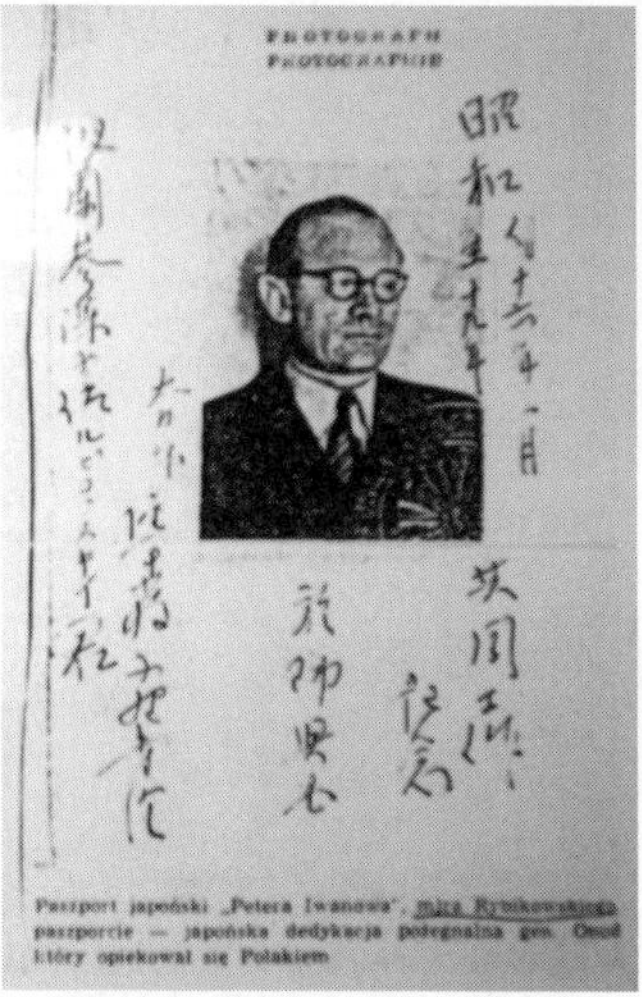

リビコフスキーは毎日、武官室に顔を出し、自室の机に向かい、時おり小野寺の住まいに移動して、ロシア語で小

イワノフの「岩延平太」名義の日本旅券。小野寺のサインがある（小野寺家提供）

野寺に知り得た機密情報を伝えた。

当時のポーランドが置かれた苦しい立場を考えていただきたい。独ソに分割占領されて祖国が世界地図から消えたポーランドは、亡命政府がロンドンにあるだけだった。ドイツとイギリスは交戦国であり、イギリスと日本も真珠湾以降、交戦状態に入ったから、小野寺とリビコフスキーの立場は非常に難しいはずだった。小野寺にはドイツは三国同盟の相手であり、イギリスは交戦国である。だがリビコフスキーにとってドイツはソ連同様、不倶戴天の敵であり、イギリスは庇護者だった。本来、二人に共通するのはソ連情報だけのはずだった。

ところが、「それぞれの同盟国を裏切るようなことはしますまい」と二人が自分たちの祖国のために役立つ情報に限って取り扱い、交換することを約束していたのである。大戦末期に亡命ポーランド政府から小野寺を通じて日本にもたらされたソ連がヤルタ会談で対日参戦を決めたという極秘情報は、この延長線上にあったと言ってもいいだろう。

## 二人はいずれ劣らぬ愛国心と正義感の塊だった

小野寺とリビコフスキーが国家や人種、民族などの壁を越えて温かい心を通い合わせ、大きな成果を成し得たのはなぜだろうか。

まずは二人がともに優れた情報感覚を持っていたことを挙げなければならない。小野寺は、祖国を失うという不運や悲劇に見舞われながら祖国再興を夢見て誠実に生きるリビコフスキーに心打たれ、強いシンパシーを感じたのだろう。そんな小野寺の人間的魅力に、リビコフスキーも魅かれた。二人はいずれ劣らぬ愛国心と正義感の塊であった。もちろん根底にはポーランド人およびポーランド当局の、日本に対する並々ならぬ尊敬と好意があったことは忘れてはならないだろう。

しかし何よりも二人を強固に結びつけたものは、ポーランドやバルト三国などの小国の運命をいとも簡単に翻弄する共産主義国家ソ連、そしてスターリン主義への嫌悪だったのではないだろうか。

二人の間に育まれた友情と信頼は強固なものだった。戦後、祖国ポーランドに戻れず、カナダ・モントリオールに移住したリビコフスキーは、大阪で万博が開かれた一九七〇年に日本を訪れ、小野寺と再会を果たす。その数年後、小野寺も百合子夫人とカナダのリビコフスキーを訪問して旧交を温めた。二人は別々の国で別々の人生を歩んだが、一九八七年に小野寺が逝去するまで一九六一年から一〇〇通近くの往復書簡を交わして約半世紀にわたり、無二の親友として友情が途切れることはなかった。

百合子夫人によると、「マイ、ディアフレンズ」で始まるロシア語や英語で綴られた手紙の中で一貫してリビコフスキーが述べたのは次の通りだった。

「日本がドイツの尻馬に乗ってアジアからソ連を攻撃することのないようにとマコトは東京へ進言し続けた。それは自分がドイツすなわちヒトラーの勢力は、日本が信じ込んでいるほど強くないこと、特に独ソ戦でドイツが劣勢に向かったことをマコトに知らせ続けたからだ。日本がソ連に戦争をしかけなかったおかげで、ソ連が今日、日本列島の中に座り込んでいないのだ。東西ドイツや南北朝鮮の轍を日本が踏まないですんだのはマコトの功績だ」

そして小野寺がストックホルムで体を張って守り通してくれたことに大きな恩義を感じ、「マコトは自分の命の恩人だ。自分をドイツのゲシュタポから護ってくれたのはマコトだ」と生涯、感謝の気持ちを忘れることはなかった。

小野寺が一九八七年に他界すると、「淋しいだろうが、あなたには良い子供たちと私がついていることを忘れないで」との悔やみ状が百合子夫人に届いた。その後も同じ頻度で百合子夫人に手紙を送り、近況を知らせ続けたリビコフスキーだが、一九九〇年九月、「心臓が弱った。ソフィー（妻）がよく世話をしてくれる」と入院先の病院からの手紙が最後だった。リビコフスキーが、小野寺が待つ天上に召されたのは、それから四カ月後であった。

## インテリジェンス・サイクル機能不全

武官会議後も、集まる情報はドイツの対ソ開戦必至のものばかりだった。小野寺はいっそう独ソ開戦に確信を深め、東京の参謀本部に何度も報告するが、それらは無視される。東京からは、「ベルリンからドイツは英本土上陸作戦を実行する意図であると報告してきているから、その実施時期を報告せよ」との命令ばかりだった。

さらには、「貴官は英米の日独離間策に乗ぜられ（後略）」との電報まで受け取った。小野寺が、リビコフスキーやマーシングらから得た情報をもとに、参謀本部宛に「ドイツは日本が考えている様に全面的に協力的ではない」「米英を相手に戦争を始めるな。絶対にしてはならない」「もし、日本が米英に対して戦端を開くとすれば、それはおそらくヨーロッパにおける〝盟邦〟ドイツの勝利を期待してのことに違いないが、それは誤った期待だ。ドイツはきっと敗れる。そのときになって後悔しても、もう遅い」と率直に所信を伝えた（『週刊読売』昭和三十七年一月十四日号）からだった。

しかし、参謀本部には正確な情報を送る小野寺を帰国させる構想さえあった。

バルバロッサ作戦開始直前の一九四一年六月四日、イギリス本土作戦を信じて疑わなかったベルリン大使館並びに武官室が、ようやくソ連への侵攻作戦を摑む。ヒトラーが大島大使を呼んで直接告げたのだった。

「ドイツはソ連を攻撃するが、作戦は極めて短時日、六週間位で終わるから日本の援助は必要としない」

想定が外れたベルリン陸軍武官室は大慌てとなり、「独ソ戦近し」と東京に緊急打電する。しかし、日独伊ソの枢軸四国同盟を夢想する東京の参謀本部は、ベルリンの情報さえも信用しなかった。六月二十二日の開戦直前まで半信半疑だった。先入観に凝り固まった中枢の夢想は悲劇を超えて喜劇であった。

前任者に続き、小野寺が北欧の現場から正確な情報を送りながら、適切な判断ができなかった参謀本部は、組織的に情報を怜悧に判断するシステムが確立されていなかった。日米開戦前にすでに日本のインテリジェンス・サイクルは機能不全に陥っていたのである。

だが、小野寺はさらに正確な情報を送るべく奮闘を重ねる。

もう一人、小野寺を支えたエストニアのマーシングの情報も迅速で的確だった。マーシングは一九四一年六月に独ソ戦が勃発すると、難民として移り住んだストックホルムに家族を残し、ドイツ軍に参加。東部の最前線でアプヴェール（国防軍情報部）のために働いた。その間もマーシングは、ヘルシンキ駐在武官の小野打寛大佐を通じて情報を小野寺に報告、それを小野寺は「マ情報」として参謀本部に報告した。

アプヴェールとは、ヒトラーが率いたドイツの国防軍最高司令部（ＯＫＷ）の諜報活動部門で、日本では、国防軍情報部と訳される。第一次大戦後、連合軍に譲歩して防諜のみのインテリジェンスを行なう前提で一九二一年に設立されたため、ドイツ語で「防御」を意味するアプヴェール（またはアプヴェーア。ＡＢＷＥＨＲ）と名付けられた。しかし実際は、ヒューミント（人的情報収集）など情報収集を積極的に行ない、もう一つの情報機関だった親衛隊情報部（ＳＤ）とライバル関係にあった。親衛隊（ＳＳ）に属する国家保安本部（ＲＳＨＡ）の傘下にあるＳＤの中でもヴァルター・シェレンベルクが主導した国外課報を担当する第六局がアプヴェールと激しく対立した。

アプヴェールの歴代長官の中では、ＩＲＡ（アイルランド共和軍）の対英テロやスペインのフランコ将軍のクーデター、アラブ民族主義者によるパレスチナ、イラク、エジプトにおける反英運動を支援した海軍大将、ヴィルヘルム・カナリス提督が有名だ。一九三六年には大島大使とともに日独防共協定を成立させている。

しかし、反ユダヤ主義のナチスと一線を画し、ヒトラーに面従腹背の姿勢を取っていたカナリスは一九四四年七月のヒトラー暗殺未遂事件（ワルキューレ）に連座して逮捕、処刑される。その後、アプヴェールは廃止され、SDに吸収された。戦争終結の機会を探っていたカナリスは、後の米中央情報局（CIA）の母体となる米戦略諜報部隊（SSU）の前身である戦略情報局（OSS）欧州総局長のアレン・ダレスとも秘かに通じていた。

このほかドイツには参謀本部内に対ソ秘密情報機関である「東方外国軍事課」があり、「顔のない男」と呼ばれたラインハルト・ゲーレンがソ連・東欧で諜報ネットワークをつくりあげた。

大戦後、東西冷戦となると、東ドイツ秘密警察（シュタージ）に対抗するため、米中央情報局（CIA）の後押しでゲーレンが初代長官となり、ゲーレン機関は再建された。これが現在のドイツ連邦情報庁（BND）である。大戦中、ドイツに三つあった諜報機関のうち、「ゲーレン機関」と称された組織だけが生き残ったことになる。

## 小野寺の独立した協力者

小野寺のSSUの尋問調書によると、マーシングはアプヴェールに参加したものの、十カ月後の一九四二年四月に退職し、フィンランド軍との関係も絶ってストックホルムに戻った。以降、文民として終戦まで小野寺との関係を最優先にして、小野寺つまり日本のための独立した協力者となった。つまりマーシングは「再就職先」

として、ドイツよりも小野寺（日本）を選んだのである。武官室に出入りするが、職員として勤めてはいない。しかし小野寺は、情報の謝礼として毎月、彼の家族に一〇〇〇から一五〇〇クローネ（当時の為替レートで一クローネ約一円なので現在の価値で一〇〇から一五〇万円）を届けた。マーシングがフィンランドやドイツに出張して不在の際も、生活物資とともに夫人に提供した。家族ぐるみで親しくなれたのも、小野寺にこうした「困った仲間を助ける」慈愛の精神があったからだった。

いうなれば、経営危機でリストラされた大企業の敏腕営業マンを、個人経営の中小企業の社長が高額報酬の役員待遇として迎え入れたと考えれば、わかりやすいかもしれない。意気に感じた敏腕営業マンがこの社長に終生、忠誠を尽くし大きな営業成績を上げ続けたのである。

マーシングのかつての部下であるエージェントはエストニア国内、ラトビア国内、ソ連のレニングラード（現サンクトペテルブルク）、モスクワに潜入していた。マーシングは、ストックホルムから彼らに直接指示を出して情報を集めた。エージェントのほとんどがエストニア人で、ソ連のあらゆる階層にいた。共産党員やソ連軍に連行されたエストニア参謀本部の元同僚もいた。ソ連に深く広範に広げたネットワークから複眼的にソ連をウォッチングしたところに、マーシングの対ソ諜報の神髄がある。

マーシングはドイツにも多くの情報源を持っていた。アプヴェール長官のカナリス提督とは古くからの友人で、リガ時代の小野寺に紹介したことは前述した。カナリスもマーシングを高く評価して、ヒトラー暗殺未遂事件に関与して一九四四年に長官を解任される直前に「ドイツは敗色濃厚なので、エストニアは将来の独立のため新たな情報組織を作れ」との手紙を送っている。マーシングと同様にカナリスと親しく、アプヴェールで働いていたヤコブソンや、ドイツ軍親衛隊（SS）外人部隊に転進したサトラ将軍も情報提供者だった。

スウェーデン情報部幹部にも親しい知人がいた。エストニア参謀本部情報部長時代、スウェーデン参謀本部の幹部候補生がインテリジェンス技術修得のためマーシングを訪ねていたからだ。情報部長ユーレンダンフェルト、情報部のケンプ大佐も、マーシングの教え子だった。ユング大将とも友人で、ピーターセン少佐とも近しかった。スウェーデン軍の暗号解読部門とも接触をしていた。

マーシングは、こうしたルートから入手した情報を、スウェーデン筋として小野寺に提供したのだ。スウェーデンは中立国ながら、大戦の後半は戦局を有利に進めた連合国側に配慮するようになる。英国立公文書館にある秘密文書（KV2／157）によると、イギリス対外情報部（MI6）は、小野寺が「マ情報」として参謀本部に報告した情報の中にスウェーデン秘密諜報機関がサブソースのものが多くあったことを見抜いている。マーシングがスウェーデン情報部と接触して連合国の機密情報を得て、それが日本の小野寺に流れていることを把握したイギリスはいらだち、強く警戒していたのである。中立国から情報が敵国に流れることを嫌ったのである。

また防諜でもマーシングは重要な役割を果たしている。スウェーデン州警察やドイツの防諜担当者、ソ連の新聞記者、イギリスの領事部にも知人がいて、スウェーデンやドイツ防諜当局が抜き打ちで日本公使館や武官室を捜査する際、マーシングはその情報を事前に小野寺に提供した。この情報によって、リビコフスキーを匿う小野寺は摘発を逃れることもあったという。

## MI6より日本に忠誠をつくす

北欧で唯一の中立国スウェーデンでは、連合国、枢軸国双方のインテリジェンス・オフィサーが交錯して、虚実入り乱れて激しい情報戦が展開された。

特記しなければいけないのは、マーシングが連合国側にも情報源を持ち、情報を提供していたことだ。フランスのドゴール派の駐在武官補佐官だったピエール・ガルニエだった。

マーシングが日本の陸軍武官室に出入りし、小野寺のために働いていることがわかっているのに、ガルニエは、ストックホルムでドイツ随一のインテリジェンス・オフィサーと言われたカール・ハインツ・クレーマーをフランスのエージェントにするように、マーシングを通じて小野寺に働きかけている。経験不足のガルニエをあまり評価していなかった小野寺が拒否したのだが、ガルニエに「本音」を言わせるほどの人間関係をマーシングが築いていたことが興味深い。

このほかマーシングは、在ストックホルムのアメリカ大使館員、カールソンとも接触していた。MI6はじめ連合国側の人物と接触しながら、小野寺に最も密接に協力していることを悟られなかったマーシングのインテリジェンス能力も、相当な腕前だった。

イギリス対外情報部（MI6）が二〇一〇年九月に出版したMI6の正史『MI6 : The History of the Secret Intelligence Service 1909-1949』（キース・ジェフリー、邦訳名『MI6秘録』）によると、マーシングは「北欧におけるMI6のエージェントの一人だった」とされている。そして「大戦初期、ドイツ情報部に在籍していた関係で、入手したドイツ情報をイギリス情報部と日本のストックホルム駐在武官、小野寺に提供していたが、スウェーデンにも伝えていた」と、小野寺にも流していることは察知しながらMI6に忠誠を尽くすエージェントとみなしていたのである。

## 〝ソ連情報源〟の開示を迫ったキム・フィルビー

しかし、一九四三年初めのスターリングラードの戦いでドイツが敗退し、マーシングがソ連軍の内部情報を提供するようになると、MI6は、連合国であるソ連に配慮して、ソ連における情報源を明かすように再三迫った。しかし、マーシングは拒絶する。この時、最も強硬に迫ったのは、長官候補にまで昇りつめた「二十世紀最大のスパイ」で「ケンブリッジ5」（名門ケンブリッジ大学の同窓生である五人の外務省、MI6に務めるエリートがソ連のスパイだった）の一人である最高幹部のキム・フィルビーだった。彼がコミンテルンに通じるソ連のスパイであることが発覚してソ連に亡命するのは、戦後の一九六三年のことである。フィルビーがマーシングに執拗に情報源の開示を迫ったのは、ソ連へのロイヤルティーからだった。

ブレッチリーパーク（政府暗号解読学校、現政府通信本部）が一九四四年後半から小野寺が東京に送る暗号電報を解読できるようになり、マーシングがMI6より小野寺に、より詳しい情報を提供していたことが判明する。イギリスは通信傍受して暗号を解読することで秘密情報を得るシギントでマーシングの正体を見破ったのであった。そこでマーシング情報の信頼性が疑われ、再度、ソ連情報のソースの開示を求めたが、マーシングが頑強に拒否したため、MI6は報酬の支払いをやめた。

つまりイギリスのエージェントではなくなった。

マーシングが、収集したドイツやソ連の情報を小野寺のみならず、イギリスやスウェーデンにも提供して報酬を得ていたことで、二重スパイだったとする見方がある。しかし、筆者はそう考えない。祖国を失い、亡命したマーシングが、家族を養うための報酬目的でイギリスやスウェーデンにも情報提供したのは、小国の情報士官の生きる知恵だろう。

そもそもインテリジェンスの世界は、ギブ・アンド・テイクが原則だ。MI6とスウェーデン情報当局と接触していたマーシングが、彼らから機密情報を得るために自ら得た機密情報を提供したとしても不自然ではない。マーシングがイギリスのMI6よりも日本の小野寺により多くの情報を提供して、最後までソ連内にいた情報源（かつての部下）を明かさなかったことは、小野寺に忠誠心を持っていたからだろう。日本のために汗をかいてくれたことに、日本人としての自尊心をくすぐられてしまう。小野寺が語った通り、マーシングもリビコフスキーとともに最も信頼できるヒューミントの情報源であった。

マーシングのほかにドイツにヤコブセン大佐がいたことはすでに書いた。アプヴェールに入り、ソ連が占領するバルト諸国でのソ連情報を探る特別勤務に就いた。同僚だったマーシングに情報を上げ、時々、小野寺に直接、ドイツ国内の政治状況を報告した。

カナリスが失脚すると、ヤコブセンも職を失い、空襲でベルリンの家や財産もなくした。小野寺はストックホルムから資金援助と物資の提供を行ない、彼と家族を助けた。ヤコブセンも貴重な友人の一人だった。

また前述の通り、このほかリガ時代以来、最も親しくしていたエストニアの友人にウィルヘルム・サルセン大佐がいた。同じリガの駐在武官だったサルセンは、母国エストニアに帰国後、マーシングの後任として参謀本部第二部（情報部）部長に就任していたが、ソ連併合でドイツに逃れ、敗戦までドイツ軍で働いた。しかし、いつもドイツ軍に従順だったわけではなく、小野寺やポーランド人と連絡を取り続けている。第二次大戦でエストニアは、日本に親近感を持ってインテリジェンスで多大な協力をしてくれたのである。

## 奇縁か幸運か――リガで結ばれた絆

米戦略諜報部隊（SSU）の尋問で、小野寺は実りあるエストニアの情報士官との協力関係について次のように語っている。

「最初は金銭というより友情と協力だった。リガ時代に巨費を投じて共同で対ソ連インテリジェンス作戦を行なった彼らが、祖国滅亡後ストックホルムに逃れ、さらにドイツに行って財政難に陥り、困っていた時、友人として昔のよしみで自然に家族ぐるみで金銭援助した。そのことに恩義を感じた彼らは結果的に終戦まで他国(ドイツ)の情報機関に属している時でさえも、貴重な情報を提供してくれた。そしてドイツが敗色濃厚となると、エストニアの名だたる優秀な情報士官のほとんどがストックホルムで小野寺の下で働きたいと希望するようになった」

見返りを求めず友人として金銭支援して時間をかけて良好な人間関係を築いたことが、思わぬ成果を生んだという。小野寺の下で働きたいという敏腕情報士官が相次いだのだから、バルトの小国エストニアの情報士官たちと築いた信頼関係は強固だったと言っていいだろう。この小野寺の類まれなコミュニケーション能力に、ヒューミント成功のヒントが隠されているように思えてならない。

友情と協調によって得た情報は、小野寺の最大の武器になった。戦後、小野寺は「リガ時代に結ばれた絆は、ストックホルムで、どんなに役に立ったかわからない。(中略)奇縁といおうか幸運といおうか。この人たちが確実な情報を提供してくれたからこそ、中央に反抗しても、意見具申することができた」(「小野寺信回想録」)と語っている。

また戦後、巣鴨プリズンでSSUの尋問に対して、小野寺は「戦争を通じて最も良い情報源の数々は、長年にわたって親しくなった知人たちだった。彼らは、対ソ、対ドイツに関する監視の目を公的にも私的にも持っていた。彼らの信頼と忠誠心を高めるには、祖国を失い、精神的にも経済的にも窮乏している時期に彼らの家族にさまざまな援助を続け、保護することが必要だった。若いハンガリーの科学者に教育への財政援助によって日本に対する忠誠を得たことがあったのは、その好例である」と語っている。

小野寺が入手した最良の情報のいくつかは、小国の参謀本部の情報士官から得たものだった。彼らは、いつも強力な隣の大国の動向に注意を払い、より正確な情報を持っていた。彼らは、インテリジェンスで多くの可能性を持ちながら、活動資金に恵まれていない彼らに少しずつ資金援助を行ない、徐々に有益な情報を得たのだった。

## 親日国の情報士官が担う諜報ネットワーク

リビコフスキーやマーシングから「諜報の神様」と慕われた東洋人の小野寺が、なぜ、どのようにして欧州で日本のための諜報ネットワークを築くことができたのか、連合軍には大きな謎だった。敗戦翌年一九四六年一月、小野寺らスウェーデン在留邦人約七〇人は帰国の途に就くためイタリアのナポリ港までバスで移動した。

これを引率した在ストックホルム・アメリカ公使館のリアム書記官は、小野寺から成功の秘訣を聞いてメモ（TDX―84）に残していた。そのメモが米国立公文書館の米中央情報局（CIA）が公開した「小野寺信ファイル」にあった。

「（白人のキリスト教徒の多い）ヨーロッパで、（黄色人種で仏教徒の）日本人だけで、協力者を作り、諜報網を構築しようとしても大変困難だった。そこで（小野寺は）日本に友好的なヨーロッパの国の情報士官を探し出し、彼らと緊密に協力して、彼らが入手する情報を元に日本主導の諜報ネットワークを作ることが最も効果的に思えた。白羽の矢を立てたのが、枢軸国のドイツやイタリアではなく、（ソ連の侵略で国を奪われた）ポーランドやバルト三国、フィンランドだった」

日露戦争で明石元二郎が、反体制運動を行なうロシア人やフィンランド人らを支援して帝政ロシアを揺さぶり勝利に導いたように、ヨーロッパで日本に友好的な小国の情報士官と協力して彼らを通じてインテリジェンスを入手する方法が一番と考えたのであった。

たくさんの人を意のままに動かすには資金も必要だった。小野寺が欧州で小国の情報士官と諜報ネットワークを築いたことに舌を巻いたＳＳＵは供述調書「序論」

の中で、小野寺が年間二〇億円もの諜報費を使っていたことを突き止めている。

「日本陸軍の参謀本部の情報士官たちは、大戦前から何年にもわたって、ポーランド、フィンランド、エストニア、ラトビアの軍参謀本部と、ロシア（ソ連）に対して、諜報活動や破壊活動を共同で行なう密接な協力関係を築いていた。太平洋戦争が勃発すると、英米にも矛先が向けられた。情報士官を互いに訓練、指導し、暗号解読や機密情報の交換をしたほか、平時から戦時に共同で破壊活動を行なう計画を立て、資金援助を行ない、諜報や破壊工作員の共同訓練を行ない、養成していた。欧州で主導したのは、日本陸軍の駐在武官だった。平時も戦時も、陸軍武官たちは、表向きの外交的任務や公認された軍事の代表者としての仕事に責任を負っただけでなく、破壊活動に関わるあらゆる『汚れ仕事』もこなした。

最も成功したのがスウェーデンの小野寺である。長年、ロシアのインテリジェンスの専門家として訓練され、当初、スウェーデンに派遣された時は、その能力しかなかった。しかし、戦線が拡大するに連れて、ストックホルム武官室は、欧州全前線に指令を出す日本の諜報機関の最重要拠点となり、インテリジェンス活動で、年間で二〇〇万円（当時の一円は現在の貨幣価値で約一〇〇〇円に相当するため約二〇億円）の機密費を扱えるまでになった。目覚ましい成功を収めたのは、ポーランドのリビコフスキーや、終戦まで主要な工作員だったエストニアのマーシング、資金提供と暗号解読書の引き取りを求めたフィンランドのハラマー、また広範に諜報で情報交換を重ねたドイツのカール・ハインツ・クレーマーらと緊密な協力関係を築いたからだった」

アメリカは、小野寺を日本軍のインテリジェンス活動における北欧でのリーダーとして位置付け、大戦末期には、欧州全体の日本諜報機関の実質的責任者とみなして徹底的にマークした。一九四五年七月二十八日に米戦略情報局（OSS）が作成した報告書「欧州における対日本諜報作戦」では、数百億円の活動資金を持つ「参謀総長の有力候補」と最大級に評価しながら強く警戒していたことがうかがえる。英米の史料を観る限り、ここまで警戒された日本の陸軍武官は見当たらない。そもそも英米の情報機関が日本の陸軍武官で個人ファイルを設けて入念な行動監視をしていたのは小野寺だけである。

「この半年間で、小野寺指揮下の人員は急増し、少なくとも五〇人の訓練された工作員がいて、その中では他の欧州諸国で重要なインテリジェンスのポストに就いていた者もいる。無線機などの設備も整い、数百万クローネ（当時の一クローネは約一円にあたるため現在の貨幣価値にして数十億円）の活動資金を持ち、ドイツ崩壊後の全欧州を把握するポストに留まっている。日本軍参謀総長の有力候補である」

ＯＳＳが指摘した数十億円とまではいかないが、小野寺自身も欧州のインテリジェンス活動に巨費を使ったことは認めている。祖国を失い路頭に迷うエストニアなどヨーロッパの小国の情報士官に財政支援するには領収書が不必要な機密費（諜報費）が必要だった。小野寺は、『偕行』一九八六年三月号「将軍は語る（上）」で、「（諜報の工作資金は）要求したら貰えました。金では困りませんでした」「私は機密費といわれる諜報費に一番お金を使った組でしょう」と、多額の諜報費を得ていたことを証言している。

ＳＳＵの尋問では、その額を「インテリジェンス費として二〇万円を自由に動かせた」と答えている。一九四一年当時の円の貨幣価値は、米価換算で現在の一〇〇〇倍とされるため、現在の二億円くらいを機密費として使ったことを認めている。

「要求したら貰えました」「機密費を一番使った」というのは、考えてみれば凄いことだ。望めば、諜報に必要な工作費は「青天井」に近く貰えたことになろうか。情報はタダでは得られない。小野寺の証言は、第一級のインテリジェンスには、相応の金銭が伴うことを物語っている。

## 現代は「青天井」が業界の常識

現代のインテリジェンスの世界ではどうだろうか。元外務省主任分析官の佐藤優氏は『交渉術』で、「イスラエルの専門家から聞いた話であるが、工作費については、ほぼ青天井で使えるが（中略）、工作が必要であるという組織の決定がなされているならば、三千万円程度の工作費は担当者の判断で使えるようだ。それ以上の工作費が必要な場合でも、本部に電報を打てば、一億円くらいを出すことはそれほど苦労せずにできると思う。工作費については、『青天井』というのがインテリジェンス業界での常識である」と書いている。

一億円くらいは苦労せず、「青天井」で工作費を使えるというのがインテリジェンスの国際スタンダードのようだ。これは小野寺の時と同じである。イスラエルの情報機関「モサド」と同様に戦前の日本陸軍では、インテリジェンスにおいて諜報費が使えたことになる。

現代の日本の場合はどうだろうか。『交渉術』によると、「外務省の国際情報局長（現国際情報統括官）でも一カ月の報償費（機密費）は五〇万円である。しかも、証拠書類の添付が義務づけられているので、情報収集にカネを機動的に使うことはできない

（中略）。情報収集や工作活動に機動的にカネを使うことはできないというのが、日本外務省の実情だ」という。そして佐藤は「これでは戦う前にインテリジェンス戦争で敗北しているようなものである」と嘆息している。

日本のインテリジェンスを復活させるには、工作費の面でも戦前の陸軍のように潤沢な予算が必要だろう。

このほか小野寺は、ストックホルム陸軍武官室事務所を運営するにあたって、その内訳を尋問で語っている。インテリジェンス（諜報）費のほか事務所運営費、そして武器製造につながる物質の購入費の三つに分かれ、事務所運営費とインテリジェンス費は参謀本部から送金された。またボールベアリングやピアノ線など武器素材の購入費は、陸軍省から支出され、大倉商事、三井物産、三菱商事、昭和通商のベルリン支店の小野寺の口座に入った。

一九四一年から終戦まで参謀本部から送られた事務所運営費とインテリジェンス（諜報）費の内訳は、次のようになる。

| | 〈運営費〉 | 〈インテリジェンス（諜報）費〉（単位：クローネ） |
|---|---|---|
| 一九四一年 | 一二〇、〇〇〇 | 三〇、〇〇〇 |
| 一九四二年 | 一二〇、〇〇〇 | 四〇、〇〇〇 |

| | | |
|---|---|---|
| 一九四三年 | 一二〇、〇〇〇 | 四〇、〇〇〇 |
| 一九四四年 | 一二〇、〇〇〇 | 三六〇、〇〇〇 |
| 一九四五年 | 七五、〇〇〇 | 三〇、〇〇〇 |

電報には法外な料金がかかり、電信費が事務所運営費で最大の支出となった。インテリジェンス（諜報）費は、小国の情報士官らニュースソースへ生活費や謝礼として直接手渡したり、スウェーデン国外在住のエージェントに海外送金したり、役人へのプレゼント代に使ったという。そのほか秘かに英米の新聞や雑誌を提供してくれた協力者への謝礼などにも充てた。

一九四四年にインテリジェンス（諜報）費が突出しているのは、フィンランドから、ソ連暗号解読文書を三〇万クローネ（当時の為替レートは一クローネ一円で現在の価値にして約三億円）で購入したためだが、この詳細は後述する。

## ヨーロッパの情勢はまことに絶望的——無視された小野寺の警告電報

ドイツのバルバロッサ作戦（対ソ侵攻作戦）は成功するやに思えた。モスクワに向けてドイツ軍が破竹の進撃を進めているようだったからだ。ベルリンの大島浩大使は、「ドイツの電撃戦によりソ連が降伏するのは間違いない」と報告すると、日本は一九四一年秋の御前会議で、「ドイツが欧州で勝つのは確実なので、日本が参戦しても負けることはない」と結論付け、十二月の真珠湾攻撃へカウントダウンが始まることとなった。

しかし、肝心のドイツは、真珠湾攻撃が行なわれた頃には、モスクワ直前で大敗北を喫していた。そのことを小野寺はストックホルムから冷静に判断していた。ドイツのモスクワ攻略は冬将軍に妨げられたと言われているが、実際には厳冬前の九月にウクライナなどで雨期が訪れ、戦車の機械化部隊の進軍が止まる誤算に見舞われたことが戦局に影響した。

陸軍武官室があったリネガータンのアパート。5階左の出窓のある部屋が武官事務所（小野寺家提供）

九月が分水嶺になるという戦局の見通しを小野寺は現地紙を読み解き、摑んでいた。ヒューミントの達人といわれた小野寺はオシント（オープン・ソース・インテリジェンス、公開情報諜報）でも大きな成果を上げるのだが、詳しくは後で記す。

ドイツとしての誤算は、イタリアがユーゴスラビアを攻め、それをドイツが助けざるを得なかったことだった。そのため作戦開始が二カ月遅れた。それでも、ヒトラーは六週間でモスクワを制覇すると豪語していた。

ヒトラーが抱いた「東方ゲルマン大帝国」構想は、広大なロシアの大地に眠る地下資源を獲得し、スラブ人を駆逐してゲルマン人を入植させるというものだった。しかし退却しながら降伏しない赤軍の強さは想定外だった。大粛清で弱体化していたはずのソ連軍は再建されていた。ドイツ軍に包囲されれば、ヨーロッパの国の軍隊は降伏を重ねていたが、ヒトラーが「モンゴル的野蛮」と評したソ連軍は簡単に手を挙げなかった。

ドイツ軍がクレムリンまであと数十キロまで迫ると、スターリンは首都機能をクイビシエフ（現サマラ）に移し、十一月七日の革命記念日に「赤の広場」で、「解放の戦い、正義の戦い。大祖国戦争」と徹底抗戦を呼びかけた。階級闘争によるイデオロギーではなく、民族意識に訴えたのだ。十二月六日、モスクワ近郊でソ連軍の反撃が始まり、ドイツ軍の攻勢は頓挫。短期決戦の目論見は外れた。一九四二年の冬を越すと、ヒトラーは「東部戦線は越冬陣地に転換した」との声明を発表。日中戦争と同様の泥沼に入り込んだのだった。

ストックホルムで小野寺は、ドイツの劣勢が手に取るようにわかった。リビコフスキーらポーランド情報網から独ソ戦の実相を伝える報告を受けていたからだ。

しかし、ベルリンの武官室は「ドイツが負けるはずがない」と、敗色情報を一顧だにしなかった。ベルリン情報を優先した日本の参謀本部はまたもドイツに惑わされ、一九四一年七月二十八日、南部仏印進駐に踏み切る。するとアメリカは石油の全面輸出禁止の経済制裁を取り、日米の対立は決定的となった。近衛文麿首相に代わり十月十八日、東條英機内閣が成立するが、十一月二十六日にはワシントンで野村吉三郎（きちさぶろう）駐米大使と来栖三郎特派大使がハル国務長官から「満洲事変以前の状態に戻せ」と要求された「ハル・ノート」を受け取ることとなる。これはアメリカの最後通牒ともいうべき文書であった。

ストックホルムから小野寺は、参謀本部に「絶対に日米開戦不可なり」との電報を三〇通打っている。「極東の情勢はわからないが、ヨーロッパの情勢はドイツが劣勢であり、まことに絶望的な状態」だったからだ。だが案の定、小野寺の警告電報は無視され、開戦となる。小野寺の本格的な情報活動が始まった。

武官事務所兼住居をストックホルム中心地リネガータンのアパートに移すと、応接室はベルリンやローマなどヨーロッパ各地から転進して来た新聞社の特派員や商社マンが集うサロンのようになり、様々な情報が自然と集まるようになった。

一九四二年半ばにはストックホルムに海軍武官室もできたが、在留日本人は小野寺の陸軍武官室に集まり、小野寺を中心に情報交換した。

米英の連合国が、小野寺をエージェントを多数擁する日本軍および枢軸側情報組織のマスターとみなしたのは、こうした背景があった。

# 第五章　ドイツ、ハンガリーと枢軸諜報機関

## 七〇人の協力者の大部分と恋愛関係に

ポーランドやエストニアの情報将校を中心に展開していた小野寺のインテリジェンスが、大戦後半になると枢軸国のドイツとハンガリーにも広がった。小野寺が庇い続けたリビコフスキーがストックホルムを去ると、ドイツ情報機関との関係が好転したからだ。裏を返せば、それだけリビコフスキーの存在が大きかったといえる。

リビコフスキーがストックホルムを退去したのは一九四四年春だった。ドイツからの圧力に抗しきれず、スウェーデン政府が「ペルソナ・ノン・グラータ」(好ましからざる人物)として同年一月、国外退去を命じる。「秩序を乱して好ましくない」との理由だった。小野寺は旧友であるポーランド亡命政府の在ストックホルム駐在武官であるブルジェスクウィンスキーに相談して、同年三月三十一日、リビコフスキーを亡命ポーランド政府があるロンドンに見送った。

スウェーデン政府から「ペルソナ・ノン・グラータ」と判断されたリビコフスキーは一体、何をしていたのだろうか。

「単に女の問題だ」。リビコフスキーの退去について、小野寺は百合子夫人にこう説明している。中立国では外国の情報機関の諜報活動を厳しく監視している。北欧唯一の中立国だったスウェーデンも例外ではなく、秘密警察がリビコフスキーや小野寺の行動を念入りにチェックしていた。戦後、判明したスウェーデン秘密警察などの調査によると、リビコフスキーはストックホルムで七〇人にも及ぶ協力者がいて、その大部分は恋愛関係となった女性だったという。彼は、愛国心が強く職務に忠実な女性、とりわけ反ナチスの女性を利用して諜報活動を行なっていたのだ。大柄で男気のあるリビコフスキーに女性は魅了されたのだろう。鉱石を輸出する会社に勤務していたユダヤ系スウェーデン人のミスM・Sもその一人だった。リビコフスキーから指示を受けて、指定されたドイツ国内の目的地と月日を故意に間違えて、銅と錫の鉱石の輸出を妨害した。リビコフスキーは恋愛関係に陥った女性を巧みに操り、ストックホルムからドイツに対してサボタージュやヒューミントを仕掛けていたのである。

やがてドイツの情報機関が北欧からの異常な秘密工作を察知する。ドイツのヴァルター・シェレンベルク親衛隊情報部（ＳＤ）国外諜報局長自らがストックホルムに乗り込み、陣頭指揮して暗躍するリビコフスキーを突き止め、スウェーデン当局に圧力をかけた。スターリングラードの決戦以降、苦しい戦局だったが、ドイツはまだ中立国スウェーデンに対する発言力はあった。シェレンベルクが驚いたのはポーランドの情報士官であるリビコフスキーが日本のパスポートを持って日本陸軍武官室にいたことだった。そこでスウェーデン当局にリビコフスキーの国外退去を告げさせたのだった。

退去にあたり、リビコフスキーは小野寺と約束を交わした。ロンドンに逃れた後も、亡命ポーランド情報部が入手した情報をストックホルム駐在武官であったブルジェスクウィンスキーを経由して小野寺に届けるというものだ。この約束通り、終戦まで約一年半にわたってロンドンのポーランド参謀本部から機密情報が送り届けられた。日本と中立条約を結んでいたソ連が裏切って対日参戦を決めたヤルタ密約情報も、十一カ月後の一九四五年二月、このルートでロンドンから小野寺に提供されることになる。

## 情報「等価交換」が奏功した枢軸インテリジェンス連合

ドイツが目の敵にしたリビコフスキーを武官室で匿っていたため、ストックホルムではドイツ情報機関と協力関係が築けなかった小野寺だが、リガ時代に知遇を得たアプヴェール長官のカナリスとは交流を続けていた。小野寺がSSUの尋問に語ったところによると、ベルリンを訪問した際、カナリスがベルリンにいる時は必ず面談して、戦局やインテリジェンスの必要性などについて意見交換した。互いに仲良くやろうと交遊するうちに親友になった。

小野寺のリクエストでカナリスは、ドイツ国防軍最高司令部（ＯＫＷ）が作成した報告書を外交部門が検閲する前の原本の状態でストックホルムの小野寺まで送ってくれた。小野寺は、このOKW報告書をベルリンの日本陸軍武官室の小松武官に送付していた。小松武官は、一九四三年にドイツに着任して以来、小野寺のカナリスとの接触が、ベルリンにおける日本の情報活動の中で最も価値あるものだったとみなしたという。なぜなら、かつて大島大使とアプヴェールとの間で構築された協力関係が崩壊していて、ナチス・ドイツは日本の情報活動を心から信用していなかったためか、ベルリンの武官室に渡される情報はすでに賞味期限が切れた価値がないものばかりだったためだ。小野寺はカナリスとの個人的な関係でドイツから機密情報を得ていたのである。

なぜ、小野寺はカナリスと昵懇（じっこん）になれたのだろうか。SSUの尋問に小野寺は、小野寺が緊密な関係を築いていたエストニアのマーシングやヤコブソンと、カナリスが親しい友人だったことが距離を縮めたと語っている。ここでもエストニア人脈は奏功したのである。

リビコフスキーが退去すると、小野寺と在ストックホルムのドイツ情報機関との関係が好転した。そのきっかけを作ったのは、ハンガリーの駐在武官補佐官、ヴェチケンジーだった。あまり知られていないが、ドナウ川の流れる東欧の小国、ハンガリーも枢軸国の一員であった。ポーランドやバルト三国と同様に西にヒトラーのナチス・ドイツ、東はスターリンのソビエトという巨大な軍事大国に挟まれ、苦難の歴史を辿ってきた。第二次大戦が勃発すると「矢十字党」といわれる親ナチスの政権が誕生し、枢軸国に加わり、第三帝国が始めたバルバロッサ（ソ連侵攻）作戦を「十字軍」と捉えて参加。赤軍と戦っていた。したがって日本とはドイツと同様、同盟国だった。

ハンガリーは、アジアからやって来たフン族の末裔といわれるマジャール人が多い国である。日本の小野寺に親近感を持っていたことは間違いない。

ヴェチケンジーが紹介したのが、ドイツのカール・ハインツ・クレーマーである。序章でも紹介したように、ロンドンにある英国立公文書館にはMI5が監視して調査した人物の個人別のファイル（KV2）があるが、クレーマーのファイルは一四冊もある。ハンガリーのヴェチケンジーのファイルはないが、ポルトガルのリスボンからクレーマーにアーネム作戦（マーケット・ガーデン作戦）を伝えた同じハンガリーのインテリジェンス・オフィサー、ジョセフ・フィリップの個人ファイル（KV2／242）はあった。

小野寺は枢軸国のヴェチケンジー、クレーマーと緊密に連携して三者共同で英米やソ連情報を多角的に集め、共有した。これは大戦末期の欧州戦線を優位に進めていた連合軍には屈辱的だったようで、「枢軸情報網」として警戒したのだった。

なぜドイツ、ハンガリーとの枢軸インテリジェンス協力が奏功したのだろうか。小野寺がリビコフスキーやマーシングから提供された「自前の独自情報」を彼らに提供し、彼らから新たな機密情報を得る「ギブ・アンド・テイク」（情報交換）が成立したからであった。言い換えれば、起点となるリビコフスキー、マーシングから提供された情報が極めて確度が高く、価値あるものだったのだ。

インテリジェンスの世界では貴重な情報は「等価交換」でやりとりされる。自前の独自情報がなければ、情報は得られない。小野寺のように自前の情報を持つことがインテリジェンスの要諦なのである。

ドイツ随一のインテリジェンス・オフィサーと言われたカール・ハインツ・クレーマー（英国立公文書館所蔵）

ドイツのクレーマーとの協力は格別だった。戦後、小野寺はクレーマーについて十七歳年下にもかかわらず、「ドイツの情報機関のスウェーデンでの親玉。軍人ではないが、ドイツの諜報部長（長官）

シェレンベルクの直属の部下」（『偕行』一九八六年四月号「将軍は語る〈下〉」）と賛辞を呈し、家族にも「おそらくドイツ一流の情報家だ」と最大級の評価をして、「当初から非常に信頼してくれた。そこでクレーマーが西側（英米）の情報を集め、日本側（小野寺）は東側（ソ連）を分担して共同で情報収集した。ギブ・アンド・テイクが非常によくいった」と共同で諜報を行なったことを告白している。

## 聡明で語学堪能、そして強い愛国心と法学博士号を持つ弁護士

小野寺はクレーマーを「ドクター・クレーマー」と記憶していた。ロンドンの英国立公文書館の秘密文書（ＫＶ２／２４３）などによると、ドイツ北西部ニーダザクセン州オーベルキルソンに生まれたクレーマーは、法学博士号を持つ弁護士だった。ドイツ政府法務部門の公務員だったが、英語、フランス語、スペイン語に通じていたため、外交官に転身してロンドンのドイツ大使館に派遣される。一九三九年九月に第二次大戦が勃発すると、ハンブルクでドイツ国防軍情報部（アプヴェール）からスカウトされた。インテリジェンス・オフィサーには高い学識と語学力が不可欠だが、聡明で語学堪能な二十五歳のクレーマーは、アプヴェールが求めたピタリの人材だった。

戦後、クレーマーはドイツ海運業界の大立者に転身するのだが、一九七三年にラ

ディスラス・ファラゴーが出版した『ザ・スパイ――第二次大戦下の米英対日独諜報戦』で、軍属としてインテリジェンスの世界に身を投じた経緯について、「母国を救うため（インテリジェンスを）行なったに過ぎない。米英人でも同じ（戦争という）状況に置かれればやったことでしょう」と語り、祖国ドイツを救いたいという強い愛国心から諜報の世界に身を捧げたことを告白している。

語学、学識とともに、愛国心も優れたインテリジェンス・オフィサーの必須条件である。米中央情報局（ＣＩＡ）でシギントと呼ばれる通信を傍受・解析するインテリジェンス活動に従事していた技術職員、エドワード・スノーデンはアメリカが世界中の市民を対象に地球規模で行なっているシギントを内部告発して、二〇一三年八月にロシアに一時亡命した。しかし、「国家がなくても人類は生きていくことができる」というアナーキズム思想を信じて、「アメリカ政府が世界中の人々のプライバシーやインターネット上の自由、基本的な権利を極秘の調査で侵害することを我が良心が許さなかった」など独特の〝正義感〟を語るハッカーをソ連国家保安委員会（ＫＧＢ）で辣腕を振るったプーチン大統領は容易に受け入れようとせず、一言で切り捨てた。

「元インテリジェンス・オフィサーなど存在しない」

そこには、「インテリジェンス機関に身を投じた者は、生涯を通じて『諜報の世界』

の掟に従い、祖国のために一生尽くすべきだ。この約束事に背いた者は命を失っても文句は言えない」という、プーチン大統領の厳格な倫理観と哲学があった。国家のために全てを捧げるのがインテリジェンス・オフィサーの職業的良心である。だから国家に反逆して祖国を裏切り、愛国心のかけらもないアナーキストのスノーデンをプーチン大統領が嫌悪して、亡命を容易に認めなかったのである。やはりインテリジェンス・オフィサーには祖国に身を捧げる愛国心が必須だろう。

さて、祖国ドイツを愛したクレーマーである。彼がストックホルムに赴任したのはスターリングラード攻防戦がいよいよ佳境に入る一九四二年十一月。ドイツ公使館の書記官として広報部に配属され、空軍武官補佐官も兼任した。スウェーデン外務省から外交官として信任され、外交官パスポートを保有する一方、空軍武官事務室に個室を持ち、空軍武官室のテレタイプを使ってベルリンに報告した。外交官とインテリジェンス・オフィサーの二つの顔を持っていたのだった。

## 007のようにハンサムでスマート

ハンサムでスマートなクレーマーは、とても目立つ存在だった。

「ブルーの目をした大男で、赤ん坊のようなピンクの肌をした、並はずれてハンサムなクレーマーは、とびきり魅力的で、雄弁で、明るさがおのずと備わっており、こと女性に関しては、かなり親切にふるまった」（『ザ・スパイ』）という。まるで映画の007、ジェームズ・ボンドである。実際に「スウェーデン秘密警察は、彼の色恋沙汰について一つ残らず知るようになるが、スパイ活動はほとんど見抜けなかった。遊び人で、アプヴェールの金食い虫とみなし、まがいものだから、といって放っておいた（中略）それが最高の隠れ蓑だった。もしもイアン・フレミングが彼を知っていたならば、ジェームズ・ボンドのモデルにクレーマーを使ったに違いない」とラディスラス・ファラゴーは『ザ・スパイ』で書いている。

英国立公文書館に保存されているクレーマーの写真を見ると、確かに長身瘦軀で端正な顔立ちはスマートである。

プレイボーイを偽装して諜報活動を行なったクレーマーを、英秘密情報局（ＭＩ６）も当然ながら警戒した。『MI6：The History of the Secret Intelligence Service 1909-1949』（キース・ジェフリー、邦訳名『ＭＩ６秘録』）によると、「英米に対する情報活動のためスウェーデンに配置されたアプヴェール空軍情報セクション（ルフトI）のインテリジェンス・オフィサーであり、ＭＩ６は彼がアプヴェール情報士官であることを特定したが、排除するだけでなくイギリス国内の情報活動から手を引かせる目的があった」。

そして「いつもスポーツカーを猛スピードで乗り回す派手な人物で、防諜要員が尾行しようとしても、すばやく移動するためなかなか捕捉できなかった。（中略）一九四三年十二月頃から、クレーマーの自宅で働くメイドを協力者にして、クレーマーの机、ごみ箱、コートのポケットから、メッセージや書類を入手。さらに施錠されている机の引き出しの鍵を持ち出し、バター皿の中で複製したうえで、一九三八年以来の彼のパスポート八冊を手書きで写し取った。そこには大戦勃発前月に短期間イギリスに行っていた情報も含まれ、当然ロンドンに警鐘が鳴らされた」とＭＩ６が厳重に警戒していたことがうかがえる。

とりわけ「オーバーロード作戦」（ノルマンディー上陸作戦。一九四四年六月六日）前の緊迫した数週間に彼の行動に、いっそう不安が募ったと記されているところが興味深い。連合軍にとって大一番の史上最大の上陸作戦を是が非でも成功させようと、「天敵」だったクレーマーから情報が漏れることを徹底マークしたのである。

### ストックホルムにおける最も重要なニュースソース

では、小野寺はクレーマーとの情報協力をどのように語っているのだろうか。ＳＳＵの尋問に語ったところでは、「アプヴェールで最も成功したインテリジェンス・オフィサー」と手放しの評価である。

「彼がストックホルムに赴任してきたことを知ったのは一九四三年初め頃。しかし親しく協力するようになったのはリビコフスキーが退去後の四四年八月頃から。引き合わせたのは、ドイツのフォン・ハイマン空軍武官だった。以来、週に一度ドイツ公使館か日本の陸軍武官室で、時にはアシスタントのアパートで密かに会って、頻繁に情報交換をした。当方（小野寺）はいつも一人だったが、クレーマーは時折、ソ連専門家の同僚ハインリヒ・ウェンツラウを同席させた。当方（小野寺）は、情報を渡す際、ニュースソースは隠していたが、クレーマーはドイツ空軍の公式刊行物を除いて情報源を堂々と明かした。英米とりわけ空軍の情報に長けていたクレーマーから、英米空軍の配置や兵器などの情報を得た」

クレーマーも、小野寺を最大級の言葉で回顧している。

ロンドンの英国立公文書館が所蔵している英情報局秘密情報部（ＳＩＳ）が尋問した調書などの秘密文書（ＫＶ２／１４４―１５７）によると、クレーマーは、小野寺を、「ストックホルムにおける最も重要なニュースソース」と答えている。クレーマーがベルリンから喝采を受けた情報源「ジョセフィーヌ」「ヘクター」「Ｓ・Ｚ・Ｖマン」（信頼できる情報筋）は小野寺だった。またクレーマーがストックホルムからベルリンに送った機密電報のおよそ七割が小野寺から提供された情報だった。ＭＩ

6が戦後の一九五九年に作成した「クレーマーに関するマッカラン報告」（KV2／157）では、「尋問で語ったところでは、クレーマーの主要な情報源は日本の小野寺であった。ハンガリーのインテリジェンス・オフィサー、ヴェチケンジー、フィリップのほかスウェーデン航空の友人やハンガリー人ビジネスマン、ドイツとフィンランドのジャーナリストもニュースソースとして持っていたが、やはり小野寺がメーンで、彼ら（小野寺とクレーマー）は相互に情報交換するシステムを作っていた」と結論づけている。

クレーマーが最初に小野寺と出会ったのは、一九四三年四月に日本公使館で開催された（昭和）天皇誕生日の祝賀パーティーだった。赴任以来、欧州全域から情報を集めている小野寺の評判を聞いていたクレーマーは、小野寺から情報交換を提案され、ベルリンの上司のゲオルグ・ハンセン大佐に相談した。ところがヒトラーに忠誠を尽くす参謀本部は、「日本と情報交流しても、得るものはない」と却下する。同盟国でありながら、ナチス・ドイツは、日本のインテリジェンス能力を全く信用していなかった。

しかし、同年十一月、クレーマーはベルリンの空港で偶然再会した小野寺からインドや中東におけるイギリス軍の状況報告をもらい、これをベルリンに送ったところ高い評価を受けた。再度、ハンセンに小野寺との情報交換を打診すると、「小野寺の情報源を知る機会になるならばよい」と許可が出た。ここでようやくクレーマーは小野寺と情報交換するようになった。同盟国ながらポーランドの大物スパイ、リビコフスキーを匿っていた小野寺の諜報活動をナチス・ドイツも一目置いて警戒して、情報源を探ろうとしていたことがうかがえる。

連合軍がノルマンディー上陸に成功すると、敗色濃厚のドイツでは祖国崩壊前にヒトラーを排して英米と講和する「黒いオーケストラ」活動が活発になった。「ワルキューレ」と呼ばれたヒトラー暗殺未遂事件が起きたのは一九四四年七月二十日だ。長官のカナリスはじめ幹部の多くがワルキューレに関与したアプヴェールは事件後、親衛隊情報部（SD）国外諜報局（第六局）に吸収され、「黒いオーケストラ」の一員だったハンセンも処刑される。ハンセンが死去したことで、小野寺との情報交換はドイツ政府公認となり、協力関係は本格化する。この時期は小野寺が回想した四四年八月頃だ。この事件以降、クレーマーの所属はアプヴェールから親衛隊情報部（SD）国外諜報局（第六局）に変わり、上司もカナリスからSD国外諜報局長だったヴァルター・シェレンベルクとなる。

### クレーマーと小野寺はいかに情報を共有したか

週に一回か二回、当初は小野寺の事務所で、後にクレーマーの事務所で会い、小野寺から得た情報は、シェレンベルク局長に直接、報告されることがあった。リビコフスキーの件があってからシェレンベルクは小野寺に注目していたのだ。

「等価交換」が原則の情報の世界で、クレーマーは、自分が小野寺に与える情報より、小野寺から得る情報の質が高かったと証言している。そして小野寺情報によって、クレーマーは「ドイツ情報部門の北欧での第一人者になった」とまで告白。諜報においてクレーマーは小野寺に敬服していたことになる。その最たる例が一九四四年九月にフィンランドから譲り受けたソ連の暗号資料である。これを小野寺はクレーマーを通じてドイツに無償提供している。等価交換が原則であるが、質量ともに小野寺から提供される情報のほうが高いことが多かったため、クレーマーは提供された情報がとても高いと判断した場合、小野寺に一万から二万クローネの報酬を支払うようになった。

小野寺が「ニュースソースを明かさなかった」と回顧している通り、親しくなったクレーマーに情報源を明かしていない。クレーマーは幾多の価値ある情報の提供を受けた際にも「ロンドンのポーランド亡命政府参謀本部筋」と「亡命エストニア情報将校」と聞かされただけで、名前は一切知らされなかった。

日本の武官室で打ち合わせをしている際にたまたま鉢合わせしたマーシングを小野寺は「エストニア陸軍武官のベルグマン」と呼び、リビコフスキーも「ロンドンの亡命ポーランド参謀本部でロシア語が達者な学者のような軍人」とだけ紹介していた。リビコフスキーやマーシングの立場を守るために、同盟国の盟友クレーマーに彼らの本名を隠していたのだ。したがってMI6が作成したクレーマーの秘密文書にマーシングは「エストニアのベルグマン」と書かれている。こうした細やかな心配りが彼らとの大きな信頼関係につながったことはいうまでもないだろう。

　小野寺とクレーマーは情報を共有し合い、相似形のごとく、本国に報告した。小野寺がクレーマーから得た情報を「K情報」として東京に送れば、クレーマーも小野寺情報を「ジョセフィーヌ」などとしてベルリンに打電した。このパラレル関係をロンドンのブレッチリーパーク（政府暗号学校、現政府通信本部）は注目、警戒した。

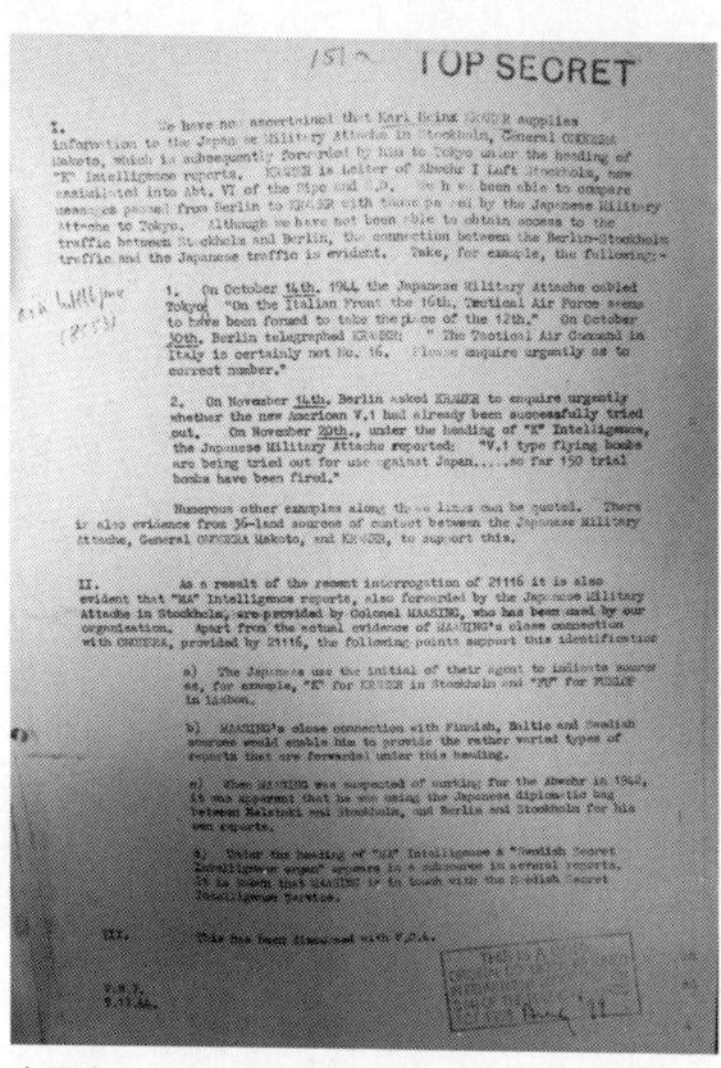

TOP SECRET

I. We have now ascertained that Karl Heinz KRAMER supplies information to the Japanese Military Attache in Stockholm, General ONODERA Makoto, which is subsequently forwarded by him to Tokyo under the heading of "K" Intelligence reports. KRAMER is leiter of Abwehr I Luft Stockholm, now assimilated into Abt. VI of the Sipo und S.D. We have been able to compare messages passed from Berlin to KRAMER with those passed by the Japanese Military Attache to Tokyo. Although we have not been able to obtain access to the traffic between Stockholm and Berlin, the connection between the Berlin-Stockholm traffic and the Japanese traffic is evident. Take, for example, the following:-

1. On October 14th. 1944 the Japanese Military Attache cabled Tokyo: "On the Italian Front the 16th. Tactical Air Force seems to have been formed to take the place of the 12th." On October 30th. Berlin telegraphed KRAMER: " The Tactical Air Command in Italy is certainly not No. 16. Please enquire urgently as to correct number."

2. On November 14th. Berlin asked KRAMER to enquire urgently whether the new American V.1 had already been successfully tried out. On November 20th., under the heading of "K" Intelligence, the Japanese Military Attache reported: "V.1 type flying bombs are being tried out for use against Japan.....so far 150 trial bombs have been fired."

Numerous other examples along these lines can be quoted. There is also evidence from [illegible] sources of contact between the Japanese Military Attache, General ONODERA Makoto, and KRAMER, to support this.

II. As a result of the recent interrogation of 21116 it is also evident that "MA" Intelligence reports, also forwarded by the Japanese Military Attache in Stockholm, are provided by Colonel MAASING, who has been used by our organisation. Apart from the actual evidence of MAASING's close connection with ONODERA, provided by 21116, the following points support this identification

a) The Japanese use the initial of their agent to indicate source as, for example, "K" for KRAMER in Stockholm and "FU" for [illegible] in Lisbon.

b) MAASING's close connection with Finnish, Baltic and Swedish sources would enable him to provide the rather varied types of reports that are forwarded under this heading.

c) When MAASING was suspected of working for the Abwehr in 1942, it was apparent that he was using the Japanese diplomatic bag between Helsinki and Stockholm, and Berlin and Stockholm for his own reports.

d) Under the heading of "MA" Intelligence a "Swedish Secret Intelligence agent" appears as a subsource in several reports. It is known that MAASING is in touch with the Swedish Secret Intelligence Service.

III. This has been discussed with V.C.A.

[illegible]
9.12.44.

小野寺とクレーマーが同じ情報を相互に本国に打電したと分析するMI6の秘密文書（44年12月9日作成）（英国立公文書館所蔵）

「小野寺が東京に打電した情報とクレーマーがベルリ

ンから受けた指令電報（クレーマーからベルリンへの電報は未解読）を比較すると、数多くの関連性が浮かび上がった。例えば、①（四四年）十月十四日に小野寺が『イタリア戦線に第十二戦略空軍に取って代わり、第十六戦略空軍が配置される』と東京に打電すると、（クレーマーも同様にベルリンに打電したことに対して）同二十日付電報でベルリン（ＳＤ）はクレーマーに『イタリアに配置された戦略空軍は間違いなく第十六ではない。直ちに正確な部隊の番号を報告せよ』と指令を出している。また、②十一月十四日、ベルリンはクレーマーに『アメリカが新型Ｖ１ロケット（巡航ミサイル）の開発実験にすでに成功したかどうか緊急に報告せよ』との電報を送ると、（クレーマーがアメリカ軍の開発情報を入手し、本国に返電するとともに小野寺に伝え、）同二十日、小野寺は『アメリカは対日戦に使用するためのＶ１ロケット（巡航ミサイル）型の爆弾の開発実験中で、これまでに百五十回の発射訓練が行なわれている』と参謀本部に報告している」（英国立公文書館所蔵、一九四四年十二月九日ＭＩ６作成の秘密文書〈ＫＶ２／１５４〉）

## 最高機密、ノルマンディー上陸作戦の情報が漏洩していた

四四年後半から四五年五月八日にドイツが降伏するまでの約半年間、ヨーロッパでドイツ敗北の影が日増しに強まる中で、スウェーデンを舞台に日独が展開した濃

密なインテリジェンス協力は、連合国軍の脅威の的だった。リビコフスキーとマーシングから提供されたソ連、ドイツ情報などが評価され、四三年八月に少将に昇進した小野寺にとって、クレーマーがもたらす英米情報は新鮮だった。

連合国にとって第二次大戦の勝利を決定づけたのは四四年六月六日、ドーバー海峡を渡り、フランスのノルマンディーに約三〇〇万人の兵士を上陸させた世紀の「オーバーロード作戦」だろう。このノルマンディー上陸作戦で小野寺は予測情報を得ている。

上陸作戦直前の五月、小野寺は、「遅くとも秋までに必ず実行される」との情報を得て参謀本部に伝えている。ニュースソースは連合国フランスのドゴール派（ロンドン亡命政府）のストックホルム駐在武官補のピエール・ガルニエ少佐だった。ただしガルニエ少佐はマーシングが親しくしていたエージェントで、小野寺はほとんど接触していない。小野寺は信頼するマーシングを通じて連合国の機密情報を入手していたのである。

ロンドンの英国立公文書館に、小野寺が四五年五月十一日付で「マ情報」として送った電報を解読した秘密文書（ＨＷ３５／８６）がある。

「マーシングから得たガルニエ少佐の情報として」

「ヨーロッパの第二戦線を開くため連合軍は欧州で大規模な反攻作戦（上陸作戦）を計画している。しかしその上陸作戦開始の日時、場所、規模などについては、アメリカとイギリスの最高司令部が協議して決定するため、その他の連合国（フランス）は、その決定に従うだけなので、わからない。またガルニエ少佐が在ストックホルムソ連公使館から招待を受け、ソ連側と接触したところでは、英米側とソ連側の緊密な連携はできていない様子だが、大規模作戦は遅くとも今年秋前までには必ず決行される」

この電報を傍受した連合国はドゴール派のフランスの武官から、最高機密の作戦情報がマーシングを通じて日本の小野寺に漏れていたことに衝撃を受ける。MI6（英情報局秘密情報部）はガルニエ少佐を日本のエージェントとみなし、以降枢軸側と通じた「第二七情報源」と名付けて秘かに監視を続けるのである。連合軍の弱い脇腹に深く潜入する小野寺を英米が「インテリジェンス・ジェネラル」と呼んで警戒した理由はここからも読み取れる。

## 結果的に協力者となったドゴール派の情報士官

二人の協力は単なる情報交換に留まらず、やがて共同でインテリジェンスを行なうまでに発展する。フランスのガルニエ少佐は結果的に協力者となった。ノルマンディーに上陸した連合国軍がドイツ軍に一敗地にまみれた同年十二月のアルデンヌ（ベルギー、ルクセンブルク、フランスにまたがる森林地帯）の戦いで、貴重なオシント（公開情報諜報）情報を提供することになるからだ。その後、ヒトラーはアルデンヌの森に霧が立ち込める冬に最後の大反撃となるバルジの戦いに挑んだ。

ガルニエ少佐は連合軍の戦闘配置を伝える現地のフランス、ベルギー、オランダの新聞を入手してマーシングに渡したのである。この新聞がマーシングから小野寺に渡り、小野寺はドイツのクレーマーに渡した。この新聞情報を元にドイツ軍は連合軍の戦闘配置を知り、局地戦とはいえアルデンヌで反攻に成功する。オシントで得た情報が実戦で奏功した形だが、連合軍側は、マーシングから小野寺を経由してクレーマーに渡った枢軸側のインテリジェンス協力が敗北に結びついたことを重要視して戦後、ガルニエ少佐を情報漏洩容疑で処分するとともに、小野寺に対してもナポリから帰国する際や巣鴨プリズンの尋問で、ガルニエ少佐との関係について、しつこく厳しく問い詰めている。

ＳＳＵが小野寺にガルニエとの関係を尋問する前に作成した秘密文書が米国立公文書館で公開されており、連合国側が連合国内にまで深く築いた小野寺諜報網を警戒したことがわかる。

質問は「マーシングを通じて、フランスのガルニエ少佐から提供された情報は信頼できるものであったか。彼は意図的に日本のエージェントになっていたのか。彼に報奨金を支払っていたか。ならば、現金か贈答品か」とガルニエとの関係を細かく問いただすものだ。

ガルニエ少佐はエストニア人マーシングと親交があったが、枢軸国の小野寺とはほとんど面識はなかった。友人としてマーシングに提供した情報や新聞が、敵国の小野寺、さらにドイツのクレーマーに渡るとは考えていなかったのかもしれない。ならばガルニエと親しい信頼関係を作り、ドイツに渡ることを知らせることなくガルニエから公開情報を得たマーシングのインテリジェンス能力が相当に高かったことを裏付ける。小野寺がマーシングを通じて行なった諜報の成功例と言っていいだろう。

連合国側は、小野寺のネットワークの一端にフランスのドゴール派の情報士官が関わっていたことに衝撃を受けた。秘密文書の作成者（ロンドンのSSU関係者）は「我々はドイツのクレーマーが小野寺とマーシングを経由してガルニエからインテリジェンスの提供を受けていたことを示す証拠を持っている。ガルニエが意図して日本のエージェントではなかったか懸念している。もし、そうであったら、なぜか。例えば、以前に早い段階で小野寺かマーシングに脅されていなかったのだろうか」

とのメモを加え、警戒感を露わにしている。小野寺がマーシングを通じてガルニエを動かしたインテリジェンスに、英米が右往左往したことは間違いないだろう。

## 「遠すぎた橋」――マーケット・ガーデン作戦の情報を摑め

もう一つ、クレーマーとの諜報協力が奏功した例を紹介しよう。正確には日独の二人に加えてイベリア半島のスペインとポルトガルで暗躍していたハンガリーの情報士官が関与していたから、枢軸国連合のインテリジェンスが成功したと言ってもいい。

ドイツ国境に近いオランダ南東のヘルダーラント州にあるアーネムを舞台に、連合軍が第二次大戦を通じて最大規模の敗北を喫した激戦があったことをご存じだろうか。ノルマンディー上陸作戦から三カ月後の一九四四年九月、第三帝国の首都ベルリンを目指す連合軍の補給路が伸び切り、燃料・物資不足から進撃が停滞する状況に陥っていた。連合軍は状況打開のためにオランダをドイツ軍から奪還しようと、ライン川にかかる五つの橋を占拠すべく、大がかりな「マーケット・ガーデン作戦」を決行した。五〇〇〇機の戦闘機と三万人の空挺（パラシュート）部隊を投入し、戦車など二万の車両と、約一二万の兵士を動員した地上部隊が一気にライン川を越えて、「ソ連よりも早くベルリンに入り、クリスマスまでに戦争を終わらせる」

狙いだった。ナチス・ドイツのお株を奪う電撃戦を、連合国側が仕掛けたのである。ロバート・レッドフォードやショーン・コネリーらが主演して一九七七年にリチャード・アッテンボロー監督により『遠すぎた橋』（邦題）として映画化された史上最大の空挺作戦といえば、「あれか」と膝を打たれる方も少なくないかもしれない。

この「マーケット・ガーデン作戦」の情報を、クレーマーが小野寺とハンガリー人のインテリジェンス・オフィサーでエージェントだったジョセフ・フィリップから事前に得ていたと戦後、連合軍の尋問に答えている。

ハンガリーのフィリップは、もともと日本陸軍に協力する情報提供者だった。日本の大本営陸軍部が一九四四（昭和十九）年十一月二十七日付で世界の情報提供者の名前と確度をまとめた「在外武官（大公使）電情報網一覧表」によると、フィリップはスペイン陸軍武官の諜報者で、「従来はポルトガル武官の使用しありハンガリー人諜者」と書かれている。そして評価は、「確度は乙程度なるも、英米情報として価値大なり」とされている。英米情報では日本軍の貴重な情報源だった。小野寺がクレーマーと共同で情報収集を行なうようになり、日独双方のエージェントとして、イベリア半島にある中立国のポルトガルのリスボンとスペインのマドリードを拠点に連合軍の英米情報を集めて、二人に報告するようになったようだ。

マーケット・ガーデン作戦は同年九月十七日、日曜日の朝に始まった。アメリカ一〇一空挺師団、八二空挺師団、イギリス第一空挺師団、ポーランド第一空挺旅団の三万人が一斉にパラシュートで降り立ちライン川の五つの橋を目指した。ところが四つの橋を占拠した連合軍は最後のアーネム橋を死守するドイツ軍と壮絶な闘いとなり、橋を確保できず、イギリス第一空挺部隊が壊滅するなど作戦は失敗した。ライン川を越せたのは半年後の一九四五年三月だった。

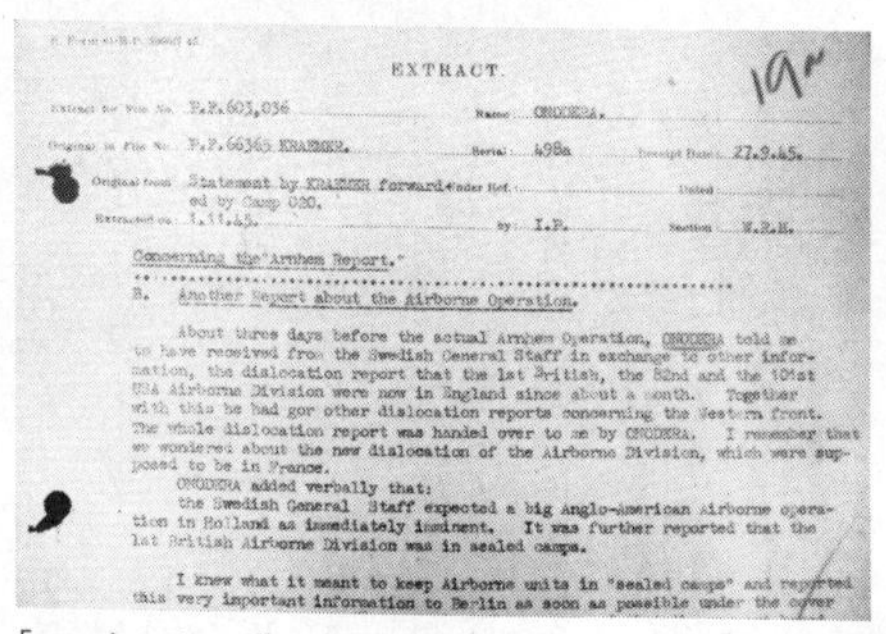
EXTRACT.

Extract for File No. P.F.603,036　Name: ONODERA.
Original in File No. P.F.66365 KRAEMER.　Serial: 498a　Receipt Date: 27.9.45.
Original from: Statement by KRAEMER forwarded by Camp 020.
Extracted on: 1.11.45.　by: I.P.　Section: W.R.B.

Concerning the "Arnhem Report."

B.　Another Report about the Airborne Operation.

About three days before the actual Arnhem Operation, ONODERA told me to have received from the Swedish General Staff in exchange to other information, the dislocation report that the 1st British, the 82nd and the 101st USA Airborne Division were now in England since about a month. Together with this he had gor other dislocation reports concerning the Western front. The whole dislocation report was handed over to me by ONODERA. I remember that we wondered about the new dislocation of the Airborne Division, which were supposed to be in France.

ONODERA added verbally that:
the Swedish General Staff expected a big Anglo-American Airborne operation in Holland as immediately imminent. It was further reported that the 1st British Airborne Division was in sealed camps.

I knew what it meant to keep Airborne units in "sealed camps" and reported this very important information to Berlin as soon as possible under the cover

「マーケット・ガーデン作戦」３日前に小野寺から情報を得たとするクレーマーの供述調書の抜粋
（英国立公文書館所蔵）

この戦史に残る「マーケット・ガーデン作戦」を、クレーマーは事前にキャッチしていたのである。英国立公文書館所蔵の秘密文書（ＫＶ２／１４４―１５７）によると、「クレーマーが取得した連合軍の情報の大半は虚偽や再利用されたものだったが、アーネム作戦（マーケット・ガーデン作戦）の予告情報は唯一の大手柄だった」と世紀の機密情報を盗られたことをＭＩ６は認めている。

どのように入手したのだろうか。連合軍の尋問に枢軸連合の成果を語っている。

「アーネム作戦が実行される二、三日前に小野寺から、スウェーデン参謀本部筋の情報として、アメリカ一〇一空挺師団、八二空挺師団が一カ月前からイギリスに移り、イギリス第一空挺師団とともに西部戦線の最前線に移動しており、英米の大規模空挺作戦がオランダで今まさに行なわれようとしていることを聞いた。直ちにベルリンにスウェーデン参謀本部筋情報として打電した」

「また（作戦二日前の）十五日金曜日の夜、リスボンの諜者フィリップから外交クーリエを使った特別郵便が届き、翌十六日土曜日朝から、同封のマイクロ写真を見て、アーネム作戦計画の全貌を知った。『連合国軍最高司令部がオランダのアーネム、ティルブルフ、アイントホーフェンの近郊に大規模空挺作戦を計画、目的はライン川を渡ること。アメリカ一〇一空挺師団、八二空挺師団、イギリス第一空挺師団がイギリスから向かう。作戦は十七日の日曜日から二十日の水曜日に実行される』。直ちに空軍武官室のテレックスを使って『最重要』情報としてドイツに打電した。作戦が始まる前日の土曜日に打電した」

「ところが、ベルリンの参謀本部内でいくつかの人為ミスが重なり、受け取った後、暗号解読に手間取り、上司に渡ったのは日曜日の朝、空挺作戦が始まった直後になった。不幸にもせっかくの情報を実戦で生かすことはできなかった。その後、ベルリンで上司のシェレンベルクから『私（クレーマー）にミスはなかった』と言われたが、複雑である」

## オノデラとフィリップからの情報は生かされていた？

情報源は、日本の小野寺とハンガリーのフィリップだった。事前情報を得たものの実戦には生かせなかったと尋問で答えている。しかし、連合軍の作戦は失敗に終わっている。このつまずきで、ノルマンディー上陸以来破竹の勢いだった進撃が止まる。作戦失敗は、クレーマーが送った情報をドイツ軍が活用したからではないだろうか。そんな疑問を抱いた尋問官がクレーマーの供述に疑問を呈して情報漏洩を問題視するメモを添付している。

「クレーマーがアーネム作戦の情報を事前入手し、警告していたことには疑いの余地はない。どのように情報を知り得たか。どこかから作戦情報が漏れていた可能性は拭えない」

日本の大本営の情報士官たちも戦後、連合軍の尋問に全ての事実を語らなかった。小野寺も無二の親友リビコフスキーを案じて「（リビコフスキーの情報は）質の悪い偽情報が多かった」と偽って答えている。それを真に受けて連合軍はリビコフスキーが二重スパイだった疑いがあると分析しているくらいだから、インテリジェンスの世界は複雑怪奇で魑魅魍魎である。

だから尋問官が疑念を抱いたようにクレーマーが「予告情報を実戦で生かせなかった」との供述は額面通りに受け取れない。敗走を重ねていたドイツ軍が偶然の産物でアーネム橋を守り通せたわけではないだろう。連合国側は、敗因の一つとして空挺降下地点であるアーネム橋周辺に、不運にもドイツ軍の有力な実戦部隊である第九SS装甲師団や第一降下猟兵軍などが一時駐留していたことを挙げている。ならば枢軸連合から得たクレーマーの予告情報が何らかの形でドイツの作戦行動に生かされ、一矢報いたと考えるのが合理的ではないだろうか。

クレーマーが尋問で、「スウェーデン参謀本部筋」と語った小野寺の情報を考えてみたい。これは小野寺がスウェーデン参謀本部関係者から直接聞いたのではなく、マーシングを経由してスウェーデン参謀本部関係者から入手した機密情報だろう。戦後、小野寺はスウェーデン軍関係者との間で直接、情報交換をやっていなかったと家族に語っている。

前に記したようにマーシングはエストニア参謀本部情報部長時代から、スウェーデン情報機関員あるいは参謀本部員と親交があり、インテリジェンスについて指南したこともあった。マーシングから教えを受けた彼らは、大戦中、スウェーデン当局の要職にいた。また小野寺とマーシングの間には絶対の信頼関係があった。マーシングが旧知のスウェーデン参謀本部関係者から機密情報を得て、それを極秘で小野寺に提供していたのである。英国立公文書館に残る機密文書によると、MI6は、マーシング情報の多くがスウェーデン参謀本部のケンプやアンダーセンらの関係者からもたらされ、最終的に小野寺に提供されていることを解明している。

世紀のアーネム情報は、スウェーデン参謀本部筋→マーシング→小野寺→クレーマーに伝えられたと考えるのが自然だろう。これも小野寺が北欧の地でエストニア人マーシングを介して行なったインテリジェンスの成果といえる。こう考えると、マーシングはリビコフスキーとともに小野寺のヒューミントで八面六臂（はちめんろっぴ）の活躍をして、小野寺を支えたことは間違いない。

## 「ハンガリーは同じアジア人として日本を尊敬してくれた」

大戦末期に枢軸国連合で摑み、連合軍側に大きな衝撃を与えたアーネム情報にハンガリーの情報士官が関わっていたことに驚かれた方も少なくないだろう。ポルトガルで暗躍するハンガリーのフィリップのほかにも小野寺はハンガリー人諜者を利用していた。小野寺が一九四五年三月二十日付で桜井敬三駐マドリード陸軍武官宛に打った電報に出てくる。

「ハンガリー人のエージェント、コバッツ・ギュウラがポルトガルからマドリードに向かい、グランドホテルに投宿するので彼を訪ね、彼から諜報計画を聞いて報告してほしい」（英国立公文書館所蔵秘密文書、「HW35／89」）

この電報から欧州で小野寺ら日本陸軍は、ハンガリーのインテリジェンス・オフィサーたちと組織的に連携をしていたことがうかがえる。アーネム情報をもたらしたフィリップ、そしてギュウラ。彼らの背後には、ストックホルムで小野寺、クレーマーと面識あるハンガリー駐在武官補のヴェチケンジー少佐が介在していたのだろう。

戦後、小野寺は家族に「ハンガリーは同じアジア人として日本を尊敬してくれた」と回想している。ドイツとソ連の大国に挟まれた中欧の小国ハンガリーも日本に対して親近感を抱いていた。彼らの祖先は遥か遠い昔に、中央アジアからドナウの河畔に移り住んだと言われている。大戦末期の欧州で日本とドイツ、ハンガリーを加えた枢軸国三国で緊密なインテリジェンス協力が展開され、枢軸国情報機関が完成する。

四三年八月に少将に昇進していた小野寺はクレーマー、ヴェチケンジーより階級が上だったため、この枢軸情報機関の機関長と呼ばれるようになる。当然ながら連合軍は、機関長・小野寺に最も眼を光らせたのである。

戦後、小野寺は、クレーマーが「エジプトで情報活動をしている」とドイツ軍関係者から聞いた。しかし一度も再会することはなかった。前述の『ザ・スパイ』は、ドイツ海運業界の大立者に転身したと伝えているが、消息は定かではない。

## ドイツの諜報機関のエージェントだった特派員

ここで小野寺のインテリジェンス活動には直接関係ないが、大戦末期、小野寺の周辺にいた怪人、毎日新聞の戦争特派員、榎本桃太郎についてふれておきたい。榎本が一九五一年にインドで命を絶って五年後の一九五六年に、大阪毎日新聞記者時代の同僚だった井上靖が同年八月号の『中央公論』に寄稿した短編小説『夏の草』で、榎本（小説では、樫村蛍太郎）をアナーキストとして破天荒な人生を送った不世出の新聞記者だと描いている。

井上が描いた『夏の草』によると、東京に生まれた榎本は、医者だった父親とともに香港に行き、幼年期の大半を過ごした。ところが患者から伝染した伝染病で父親が他界したため、母親が大阪で再婚するにあたって東京の遠縁に引き取られ、育った。浦和高校時代に退学させられ、その後私立大学に籍を置くが、自主退学する。

語学がよくできたため、翻訳の下請けもやっていたが、間もなく上海に渡り、そこの邦字新聞の記者になった。一九三七年、日中戦争が起こると同時に毎日新聞社の上海支局に引き抜かれる。

入社後、榎本を有名にしたのは取材活動の豪胆さだった。弾丸雨飛の中を平気で飛び回り、周囲はみな「弾丸は榎本を避けて通る」との感を深くしたという。また、相手の懐に食い入る才にも長けていた。「玄人の新聞記者仲間を驚かせたのは、彼の軍部の幹部に食い入る才能だった。どちらかと言えば、平凡な目立たない顔立ちと風采を持っていたが、その中に、軍人たちをも驚かせた豪胆さと、もう一つこれはと思う人物に食い入って自分を信用させて行く誰もがちょっと真似のできない日本人離れのした才能を隠し持っていた」。

上海支局勤務一年で大阪本社の英字新聞に配されたが、すぐに特派員としてメッカに派遣される。メッカでイスラム教の洗礼を受けたとも、イスラム教徒になりすましてメッカに入ったとも言われるが真偽は不明だ。その後東京本社の政治部に移り、外務省を担当。そして異例の抜擢で一九四〇年九月、妻子を東京に残してパリ特派員として北米回りでフランスに赴任する。ところが、ナチス・ドイツの占領で、トルコのアンカラ、イスタンブール、ブルガリアのソフィア、ハンガリーのブダペストに逃れ、赤軍のドイツ反攻に追われるように最後は大戦末期の一九四五年に北欧の中立国ストックホルムに移ったのであった。

## 「一流の新聞記者は自分で事件を起こしてそれを報道する」

特派員の先輩たちの眼に映った榎本は一様に、新聞記者としては逸脱した生活を送っている一人の国際バガボンド（漂流者）だった。

英語はじめ、ドイツ語、フランス語など五カ国語を操る榎本は、「語学が極めて堪能で、日本人離れした天性の如才なさから、外人とすぐ親しくなり、各国の政治家や新聞記者の間に多くの知己を持ち、彼らにその才能を高く買われていた。彼が新聞記者としての生活以外にいかなる生活を持っていたかは日本の新聞記者たちには詳しく判らなかった。ただ新聞記者としてだけで満足している男ではないという印象だけを誰もが与えられていた」という。

例えば、アンカラ特派員時代、トルコの外相と会い、口止めされたことを報道し、国外退去命令をもらったとか、ハンガリー時代は政府の要人に取り入り、そのためかどうか判らないが、ブダペスト市内の一二、三室を持つ豪壮な大邸宅に住んでいたとかである。また毎日新聞の欧米特派員は、榎本が出先の日本の軍人と結んで、スパイ的な役割をしている人物に見えたという。「実際に彼は日本の軍人たちに取り入り、新聞記者としてではなく彼らと親しく交わっていた。そして陸軍軍人と親しくすることは『陸さんとつるむ』、海軍軍人と親しくすることは『海さんとつるむ』という彼独特の言い方をしていた。彼は出先の軍人たちと親しく交わることによって、彼らから情報も取り、また彼らへ情報も提供していたようだった」。

日本の軍人のみならず、それ以上に外国の政治家たちとつるんでいたようだった。東洋の志士的な行動も取っていた。ハンガリーでは反共工作に新聞記者の職域を越えた情熱を示していたし、ローマではインドの志士チャンドラ・ボースらと交際していたという。

また、一種の生まれつきの策動家ではなかったかとの見方もあった。井上は榎本がこのようなことを実際に言ったことがあると記している。

「一流の新聞記者は自分で事件を起こしてそれを報道する。単に事件が起きるのを待ち構えていて、それを報道するのは二流の新聞記者だ」

日本に妻子を残した単身赴任でありながら、イスタンブール時代に旧伯爵夫人と称するハンガリー人と結婚、女児を儲けた。戦局の変化で、バルカン諸国が連合国側に寝返りを打ち始めると、榎本は購入した自動車に夫人と女児を乗せてウィーン、ドイツ、デンマークを経てストックホルムに入った。大戦末期の一九四五年初めの一月か二月頃だった。

ストックホルム時代の同僚だった向後英一（小説では後川）の証言では、榎本はストックホルムでも陸軍武官の一人（小野寺とみられる）とつるんで、彼から情報を得て東京へ電報を打っていたが、記事としては新聞記者の見方を逸脱したものであったという。またスウェーデンに紙の出物があるが、買ったほうがよかったら買うから至急返事を頼むといった東京本社宛に電報も打っていた。「榎本はその時、紙で一儲けしようと考えていたのではないか」。向後は井上に語っている。

「何というか、新聞記者らしからぬ抜け目のない、こういう一面も彼（榎本）にはあったですよ」

「表面はおとなしかったが、金には相当なものだったと思いますね。それに開き直ると怖い面もあったと思います。白無垢鉄火という言葉があれ程ぴったりする人物はなかったんじゃないですか。豪胆だし、才気はあるし、あの時期では確かに抜群の新聞記者だと言えると思うんですが」

そしてストックホルムで敗戦を迎え、小野寺ら欧州に残った邦人らと一九四六年に帰国するのだが、その途中、ハンガリー人夫人との間に生まれた女児を病気で失い、セイロン（現スリランカ）で葬っている。

日本に帰ると、榎本は毎日新聞社（小説ではM社）を退社する。日本に残した家族とハンガリー人夫人の二組の家族の生活を支えるには新聞記者の仕事だけではとてもやって行けなかったからだという。退職後榎本はハンガリー夫人に銀座（正確には日本橋）に洋裁店を持たせたという。

そして一九四九年、インドの家内工業を指導するという名目で、二人の夫人を日本に残したまま一〇人の技術者を連れてインドに向かう。インドから当時のネール首相の娘の名を取ったインディーラという象が贈られ、東京都からその答礼使節としての役も引き受けて渡印したというが、真偽は定かではない。そして一九五一年六月、インドのダージリンの滝で謎の自殺を遂げたニュースが日本に伝えられたのである。

## 商業メディア関係者としては異色の存在

同業他社である特派員仲間には、榎本は、どう映ったのだろうか。読売新聞の元パリ支局長、松尾邦之助が『無頼記者、戦後日本を撃つ』で回想している。

「若いころから彼は（ロシアの思想家で哲学者、無政府主義者、革命家でアナーキストに影響を与えたミハイル・）バクーニンに心酔した革命的な闘士であり、世界を股にかけての冒険家であったと聴いていたが、他面、生き馬の眼をぬくような利口ものであった。その彼が自殺する（中略）彼らしい最期であり、同時に最も彼らしくない死に方のように思われた。彼は、パリの陥落した頃、忽然と姿を現したが、このとき、どこでどう拾ったのか、眼の覚めるほど美しい金髪の若いドイツ系の麗人と自家用車で一緒に旅していた。フランスがナチスに敗れた直後、われわれ日本人記者団が、落ちのびていた南仏ボルドオを去って、ドイツ軍に占領されてしまったパリに戻るとき、謎の金髪美人、ドイツ娘は、つねに榎本とともにあり、彼女は占領下の仏国内地方諸都市に屯するドイツ憲兵に直接折衝し、われわれのために通行許可の検印をもらってくれた。

　この得態の知れない水際立った怪美人は、一体、何者であったのだろうか？」

「また、わたしがトルコのイスタンブールに特派されていたとき、当時の朝日新聞特派記者前田義徳とともに、榎本も一緒だった。当時、榎本の妻君、前述のハンガリー婦人（ママ）は妊娠していたが、彼は運悪くスパイとして睨まれ、トルコ官憲に捕えられて国外に追放された。わたしは、トルコのイスタンブールに残っていたハンガリー婦人にたのまれ、榎本のいたブルガリアのソフィアに度々連絡電話をしたことがあるが、彼は、スパイ扱いされるだけあって、国際新聞人としては、異色の天才的『探り屋』であり、流暢なアメリカ語を喋るばかりか、独・仏語にも通じたポリグロト（多言語話者）であった。また、ニュースを嗅ぎ出し、打電することも素早く敏腕で、スマートな記者であった。しかし彼の日常生活は異常であり、同業者としてわたしは親しく交際しながらも、彼は私生活については一言も漏らさず、風変わりな謎の人物であった。フランスでわれわれが見たドイツの金髪美人も、イスタンブールで紹介された、彼の『恋人』ハンガリーの旧伯爵婦人なる女性も、正体のつかめない不思議な女性であった」

特派員仲間にも正体を明かさなかった榎本は、一体欧州で何をしていたのだろうか。英国立公文書館に所蔵されているMI6の秘密文書によると、榎本は実際に赴任した先々で、ドイツやハンガリーの諜報機関に協力していた。つまり新聞記者でありながら外国の諜報活動に手を染めていたのである。例えばアンカラでは青木盛夫書記官（ペルー日本大使公邸人質事件の青木盛久大使の実父）とともにドイツの情報機関アプヴェール（国防軍情報部）の空軍部門である「KLATT」に協力して活動していることをMI6は突き止め、記録に残している。

インテリジェンス・オフィサーがジャーナリストをカバーにして秘密工作を行なうのは、旧ソ連国家保安委員会（KGB）の少佐でありながら、ソ連の国際問題週刊誌『ノーボエ・ブレーミャ』の東京特派員として、日本の政界や財界、マスコミ関係者と接触し、日本の世論や政策が親ソ的になるよう工作したスタニスラフ・

レフチェンコが記憶に新しいが、レフチェンコのみならずソ連（ロシア）や中国の共産主義国家では珍しくない。メディア自体が国営であるためだ。しかし、民間の商業ジャーナリズムが確立されている日本を含む西側のメディア関係者が国家のために情報活動を行なうことはあまりない。だから大戦中にドイツやハンガリーの情報機関に協力したという榎本は異色の存在であった。

大戦を通じて小野寺の情報活動を支えた百合子夫人は、戦後、榎本について、「ベタベタ（情報を得ようと小野寺に擦り寄り）して気持ちが悪かった」と家族に語っている。また小野寺も、榎本から機密情報の提供を受けたり、情報活動で相互協力したりしたことは一切なかったと回想している。つまり井上靖が記したように榎本は小野寺から情報を得ても、小野寺の諜報活動に貢献することはなかったのである。むしろ百合子夫人は、日本に来たハンガリー人の夫人が日本橋で始めた外国人相手の洋裁店の仕事を手助けするなど戦後、榎本夫妻の面倒を見たと家族に語っている。

米国立公文書館所蔵のＣＩＡファイルに小野寺が巣鴨プリズンで行なわれたＳＳＵ（戦略諜報部隊）の尋問で、榎本について答えた記述があった。

そこでは「諜報活動の適性を持った優れたジャーナリストであったが、日本の大本営の意向とは異なり、金銭目的で独自に外国のインテリジェンスの活動をしており、つまるところ危険人物だった」と証言している。井上が書いたように、榎本は

「一流の新聞記者として自ら事件を起こすため」に諜報活動を行なったのだろうか。元同僚の記者が井上に語った通り、榎本は金銭に対する欲求が強かったことは間違いないだろう。大戦中、派手な活躍をした有能な戦争特派員であっても国家のためではなく金銭目的で諜報を行なっていたのなら、ジャーナリストの風上にも置けない。海外特派員を経験した同じ新聞記者として強く想う。

## 祖国を愛する心に欠けたがゆえに危険人物に

SSUが一九四六年十月七日付で作成した榎本に関する小野寺の尋問調書によると、榎本がストックホルムに着任したのは一九四五年の一月か二月頃だった。着任から二週間して榎本は、小野寺の親しい友人でもあるハンガリー駐在武官補のヴェチケンジーやアンドリアンスキーの手紙を携えて小野寺を表敬訪問した。

そこで榎本は、自分がイスラム教徒であり、メッカを巡礼した経験があり、回教徒たちとの人脈など特異な経験を語った。これを聞いた小野寺は即座に日本でイスラム運動を行なっていた右翼の若林半と関係があるのではないかと思い、若林について榎本に問うと、榎本は「若林先生の弟子でした」と返答したという。小野寺は和平工作に奔走した中国・上海で若林の知遇を得ていた。若林は中国そしてアメリカとの直接和平の必要性を説き、意気投合した小野寺と協力してアジア主義の巨頭で黒龍会顧問の頭山満と接触するなど、蔣介石との直接和平にともに奔走している。戦後、復員した小野寺に東京・世田谷の自宅を斡旋したのも若林だった。

若林という共通の知人がいたため、榎本は打ち解けて小野寺の指令を喜んで聞くようになった。何度か武官室を訪問するうちに、榎本は小野寺に大戦前半での出来事を話し始めた。イスタンブール特派員を務めていた時に、パレスチナの大僧正を枢軸側にして中東で反英米活動を起こそうとしてトルコ警察に摘発され、国外追放処分を受けたこと。そしてヨーロッパ南西部でドイツの情報機関アプヴェール（国防軍情報部）の空軍部門である「KLATT」のウィーン支局に協力したことを打ち明けた。さらにスウェーデンには「KLATT」からの命令で派遣されたとも語った。「KLATT」はイベリア半島からアメリカ国内に三人の潜入工作員を送る計画があり、工作員と連絡を取るための通信システムを組織するのが彼の任務であると小野寺に語った。

榎本は小野寺に無線機や暗号表などを見せて協力を依頼したが、小野寺は無線機を所持していたものの操作する無線士がおらず、ドイツの全面協力がないと不可能であると断り、榎本も同意した。そこで小野寺はドイツの盟友、クレーマーに協力依頼した。ところが、クレーマーが確認したところ、榎本の説明とは異なり、実際にスウェーデンで通信業務の活動をしていたのは「KLATT」とは別のアプヴェールのエージェントだった。このためクレーマーは怒って、小野寺に事実関係の説明を求めた。小野寺は榎本に釈明をするよう求め、その結果をクレーマーに手紙で報告したという。

そもそも小野寺は出会った当初から榎本を信用していなかった。しかし小野寺は、榎本の「ＫＬＡＴＴ」コネクションに興味を覚えた。なぜなら独占的な「ＫＬＡＴＴ」の情報源を通じてコーカサス地方への情報ルートが確立できる可能性を見出したからだった。そこで、トルコのアンカラ駐在武官の立石方亮やハンガリーのブダペスト駐在の林太平武官に連絡を取って、榎本の背景についてさらに調べようとしたが、中央ヨーロッパにおいて日本とトルコ関係、あるいは日本とソ連の外交関係が悪化して連絡が取れなかった。

後日、ベルリンからストックホルムを訪問した桜井信太武官に榎本について尋ねると、ハンガリーで榎本は、林武官よりもハンガリー情報部と密接な関係を築き、闇のブラックマーケットで闇金を操作するなど暗躍していたと聞いた。戦火に見舞われたヨーロッパでは、闇の金は、どの国にも存在し、例えば、ドイツでスイスフランを持っていれば、これをスイスに持って行って、そこでマルクを買ってドイツに持って帰れば、公定ルートの二倍から三倍、あるいは四倍になった。こうした闇金の売買で榎本は、自家用車を購入するなど欧州で豪勢な暮らしを行なっていたようだった。

小野寺は、桜井敬三駐マドリード陸軍武官に連絡を取り、潜入工作員とされる三人にあたるように依頼。桜井は三人に意思確認したところ、一人は計画を実行することを渋り、二人は行方不明だった。この事実を榎本に伝えると、彼は失望するどころか安心した様子を見せ、再度計画を実行する意思も見せなかった。そこで小野寺は「KLATT」がエージェントらをスウェーデン、スペイン、ポルトガルの中立国に脱出させたのは、諜報活動を実行するというよりも、むしろ戦後に彼らに安全な場所を用意するためではなかったのかと考えるようになった。これ以来、小野寺は榎本の行動を注意深く監視するようになり、スウェーデンにおいて榎本が「情報筋」を組織化することを、なるべく穏便に行なうように指導した。

榎本は、ドイツ降伏前にイギリス内閣が秘密の会合を開いたことや、ハンガリー政府が金を保管しようとする動きなどの情報を少しだけ小野寺に提供したが、いずれも散発的なもので、その情報源はイギリスの飛行士（パイロット）と外国人ジャーナリストだったと榎本は語ったという。

日本が降伏して仕事上のつながりは終わったが、榎本は小野寺に積極的に接触しようとした。そして今度は擦り寄る相手をドイツから戦勝国のアメリカの在ストックホルム米大使館のリウム書記官に変えて、彼の要請で小野寺に接触を続けたようだった。帰国にあたって榎本は在留邦人とアメリカ側との交渉役となった。リウム書記官は語学が極めて堪能な榎本を信用しているようだったので、小野寺は仕方なく榎本の交渉役を認めた。案の定、榎本は自家用車の日本への持ち帰りを画策して特別にリウム書記官に要請した。米国立公文書館には榎本がリウム書記官に依頼した手紙が保存されている。こんなリクエストはもちろん認められるはずはないが、日本人離れした語学力と権力者に取り入る特性を併せ持っていた榎本であれば、特例となる可能性があった。井上靖が「戦時中の特派員として最も派手に活躍した一人」と評した榎本の才能の一部であった。

そのような榎本が外国人に評判が良かったのは、何となく理解できる。しかし、日本人離れしたゆえに日本人の同胞には受け入れられなかった。イタリア・ナポリから出航した帰国船の船上で、榎本とハンガリー人夫婦は最も不人気だった。船上で小野寺はアンカラ駐在だった立石武官から、イスタンブール特派員時代の榎本について詳しく聞いた。義理の姉がギリシャのイギリス大使館に勤めていて、そこから重要な英国情報を入手していたという。

尋問の中で、小野寺は、榎本が日本のジャーナリストの中で唯一と言っていいほど、インテリジェンス活動に必要な、かなりの才能の持ち主であったことは認めている。それは日本人らしくなく、数カ国語の言語を流暢に話し、多くの外国人と容易に打ち解けて仲良くなれるコミュニケーション能力が奏功している。そして陸軍参謀本部や外務省など政府からのミッションも持たない一介の民間の新聞記者でありながら、ドイツのアプヴェールやハンガリー情報部の「奥の院」に入り、彼らの信頼を得て共同作業をしていたことに小野寺は驚かされた。また小野寺がストックホルムでハンガリー駐在武官補のワギーに提供した秘密文書を、ハンガリーの情報部でアンドリアンスキーから受け取っていたことに衝撃を受けたと語っている。

ストックホルムで榎本は、ソ連軍の侵攻でハンガリーから逃れて来た数多くのハンガリーの銀行家やビジネスマンと接触していた。そこで小野寺は推測した。「おそらく彼はインテリジェンス活動と言うより、闇金の取引により深く関与していたのだろう」「また難民保護活動に従事していたのかもしれない」。

そして結論付けた。「榎本は確かにプロとして諜報活動を行なっていたことは疑いようもない。しかし、その目的は金銭であった。そして否定できない類まれな諜報の才能と広範な人脈は、要するに、彼を危険人物とさせたのである」。

バクーニンを信奉した無政府主義者の榎本はインテリジェンス・オフィサーに不可欠な祖国を愛する心に欠けていたことは確かなようだ。その意味で小野寺やリビコフスキー、クレーマーらとは対極にあったと言っていいだろう。

## 小野寺から提供を受けた二つの最有力情報

米国立公文書館で保管されている「小野寺信ファイル」にも、小野寺に先立ちドイツ国内で行なわれたクレーマーの尋問記録がある。それによると、クレーマーは、小野寺とスウェーデン国内外で互いに入手した非合法の情報を交換したが、「小野寺から、①四四年秋と②四五年二月か三月の二回、欧州における連合軍の極めて重要な情報の提供を受けた」と語っている。二つの情報ともに小野寺がスウェーデン国内で入手した機密情報であった。

小野寺が①「四四年秋」頃にクレーマーに渡した重要情報といえば、九月十七日に連合国軍が展開した史上最大の空挺作戦（マーケット・ガーデン作戦）のアーネム情報にほかならないだろう。結果的にドイツは一矢報いている。

さらに②「四五年二月か三月」に渡した重要情報といえば、小野寺がロンドンの亡命ポーランド参謀本部から入手した、ソ連が対日参戦することを決めたヤルタ密約情報以外にありえないだろう。

英国立公文書館で探すと、興味深い機密文書（HW12／309、310）があった。ヤルタ会談直後の四五年二月十四日と二十四日に、ドイツ外務省はストックホルム発の最重要電報として全在外公館宛に、「ロンドンを発信地とする情報によると、ヤルタ会談でソ連が対日政策を転換（参戦することを決めた）」と二回打電した電報をブレッチリーパーク（政府暗号学校）が傍受して最高機密文書「ULTRA」にして保存していたのである。ドイツ外務省もストックホルム情報でヤルタ密約情報を入手していたのである。

では、この最高機密情報をストックホルムからベルリンにもたらしたのは、誰だろう。

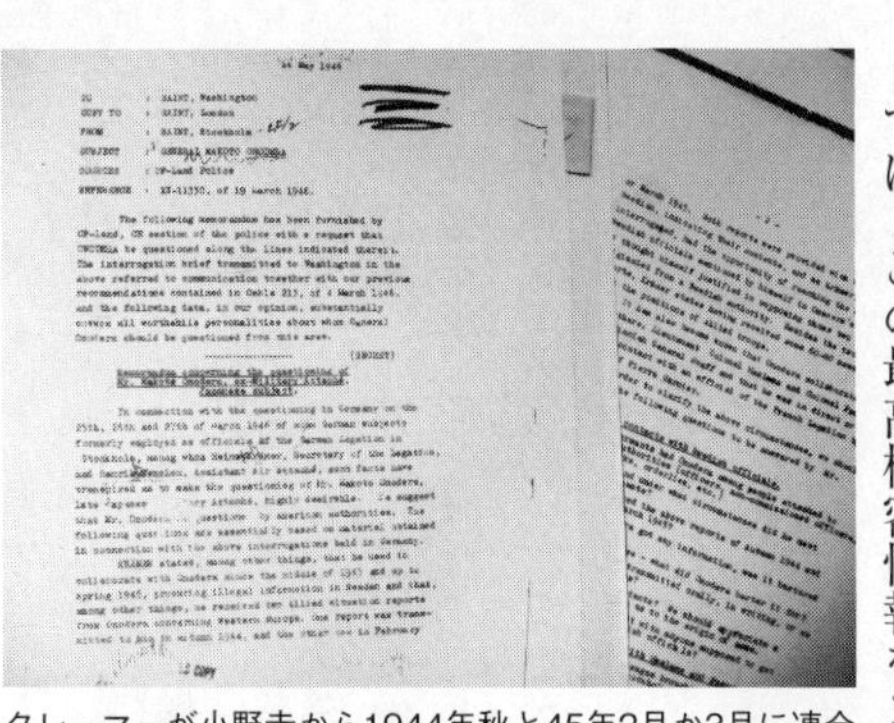

クレーマーが小野寺から1944年秋と45年2月か3月に連合軍の有力情報を得たと供述したメモ（46年5月14日付）（米国立公文書館所蔵）

「ドイツの情報機関のスウェーデンでの親玉。シェレンベルクの直属の部下」というクレーマーに対する小野寺の証言やMI6がクレーマーを「北欧で最もマークしていた人物」（キース・ジェフリー『MI6秘録』）と評価していたことなどから、クレーマーをおいていないだろう。そんな推測は容易に成り立つ。英国立公文書館を二〇一四年五月に再訪して、推測は事実となった。一三冊に及ぶクレーマーの個人ファイルをしらみつぶしにあたると、一二冊目のファイル（KV2／

155）からブレッチリーパーク（政府暗号学校）が解読したヤルタ会談中の二月八日と二月二十一日（ヤルタ会談後）にクレーマーが「ロンドン情報によると、ヤルタ会談でソ連が対日参戦する政策に転換した」と伝える電報を解読した機密文書が見つかったのである。

さらに驚いた。HW12の外交電報を傍受したファイルを探すと、二月八日、同二十一日にベルリンの情報機関である親衛隊情報部に打電したクレーマー電報をドイツ外務省が二月十四日、二十四日にそっくりそのまま世界各地にあるドイツの全在外公館に一斉電報で伝えていたのである。先に見たドイツ外務省の電報のソースはやはりクレーマーだった。

ストックホルムからベルリンに送ったクレーマーのソ連参戦情報が、親衛隊情報部の分析官によって極めて重要なインテリジェンスと判断され、これがドイツのインテリジェンス・コミュニティの中でドイツ外務省に渡り、ドイツ外務省が即座に世界中にある大使館、公使館など全在外公館に知らせ、情報共有したのである。さらにドイツ外務省は二月十九日、二十一日、三月十日にもクレーマー情報を基に、ソ連が最終的に対日参戦に転じることを詳しく全在外公館に一斉電報で伝えている。合計すると五回にわたり、クレーマーが摑んだ最高機密情報をドイツ全体で共有するということは、第三帝国がインテリジェンス・オフィサーとしてのクレーマー

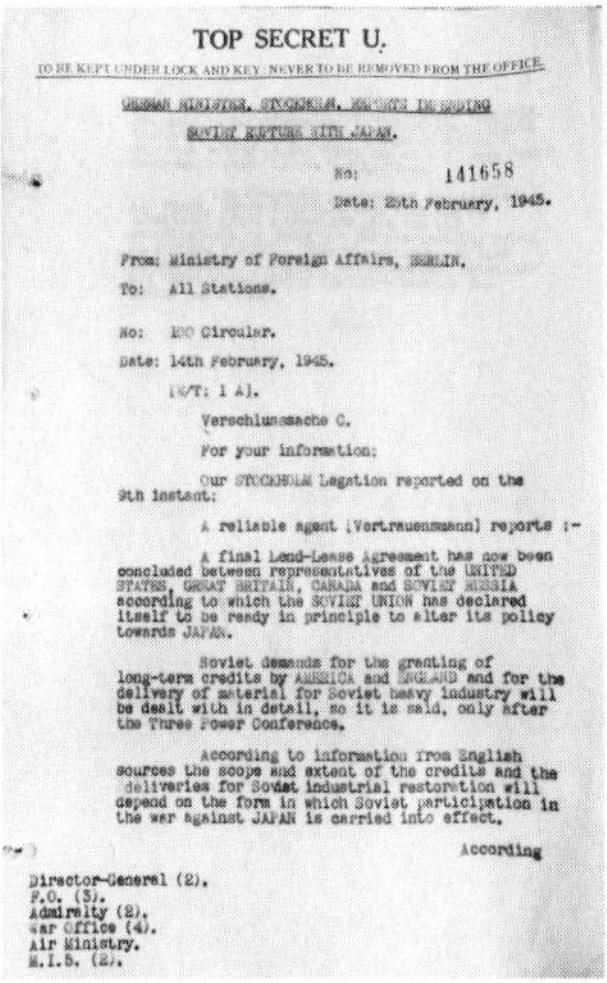

TOP SECRET U.

TO BE KEPT UNDER LOCK AND KEY: NEVER TO BE REMOVED FROM THE OFFICE.

GERMAN MINISTER, STOCKHOLM, REPORTS IMPENDING SOVIET RUPTURE WITH JAPAN.

No: 141658

Date: 25th February, 1945.

From: Ministry of Foreign Affairs, BERLIN.

To: All Stations.

No: 120 Circular.

Date: 14th February, 1945.

[W/T: I A].

Verschlussache C.

For your information:

Our STOCKHOLM Legation reported on the 9th instant:

A reliable agent [Vertrauensmann] reports :-

A final Lend-Lease Agreement has now been concluded between representatives of the UNITED STATES, GREAT BRITAIN, CANADA and SOVIET RUSSIA according to which the SOVIET UNION has declared itself to be ready in principle to alter its policy towards JAPAN.

Soviet demands for the granting of long-term credits by AMERICA and ENGLAND and for the delivery of material for Soviet heavy industry will be dealt with in detail, so it is said, only after the Three Power Conference.

According to information from English sources the scope and extent of the credits and the deliveries for Soviet industrial restoration will depend on the form in which Soviet participation in the war against JAPAN is carried into effect.

According

Director-General (2).
F.O. (3).
Admiralty (2).
War Office (4).
Air Ministry.
M.I.5. (2).

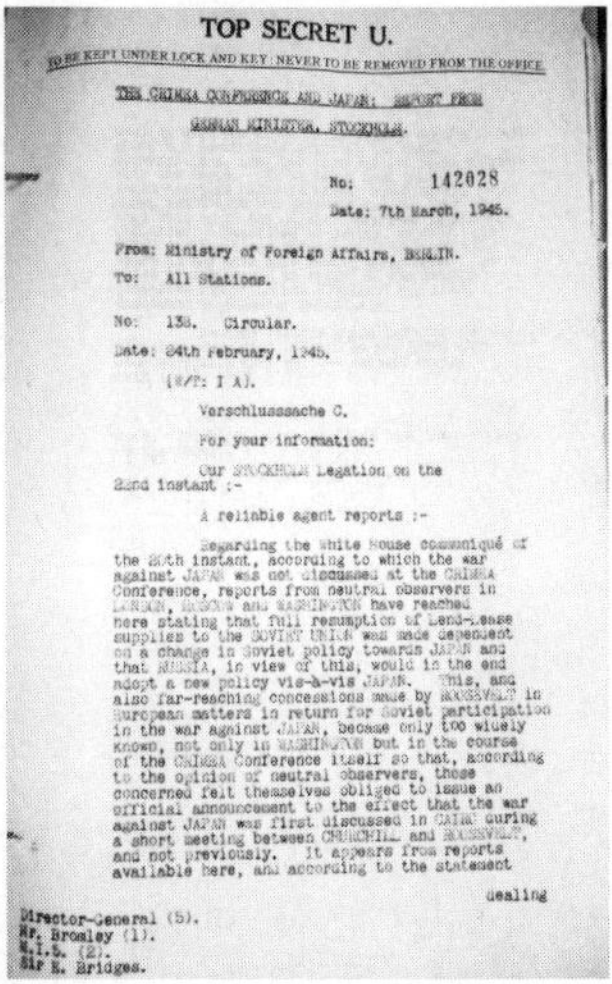

TOP SECRET U.

TO BE KEPT UNDER LOCK AND KEY: NEVER TO BE REMOVED FROM THE OFFICE.

THE CRIMEA CONFERENCE AND JAPAN: REPORT FROM GERMAN MINISTER, STOCKHOLM.

No: 142028

Date: 7th March, 1945.

From: Ministry of Foreign Affairs, BERLIN.

To: All Stations.

No: 138. Circular.

Date: 24th February, 1945.

[W/T: I A].

Verschlussache C.

For your information:

Our STOCKHOLM Legation on the 22nd instant :-

A reliable agent reports :-

Regarding the White House communiqué of the 20th instant, according to which the war against JAPAN was not discussed at the CRIMEA Conference, reports from neutral observers in LONDON, MOSCOW and WASHINGTON have reached here stating that full resumption of Lend-Lease supplies to the SOVIET UNION was made dependent on a change in Soviet policy towards JAPAN and that RUSSIA, in view of this, would in the end adopt a new policy vis-à-vis JAPAN. This, and also far-reaching concessions made by ROOSEVELT in European matters in return for Soviet participation in the war against JAPAN, became only too widely known, not only in WASHINGTON but in the course of the CRIMEA Conference itself so that, according to the opinion of neutral observers, those concerned felt themselves obliged to issue an official announcement to the effect that the war against JAPAN was first discussed in CAIRO during a short meeting between CHURCHILL and ROOSEVELT, and not previously. It appears from reports available here, and according to the statement

dealing

Director-General (5).
Mr. Bromley (1).
M.I.5. (2).
Sir E. Bridges.

ドイツ外務省から全在外公館にあてた1945年2月14日付ヤルタ密約電報（左）と1945年2月24日付電報（右）（英国立公文書館所蔵）

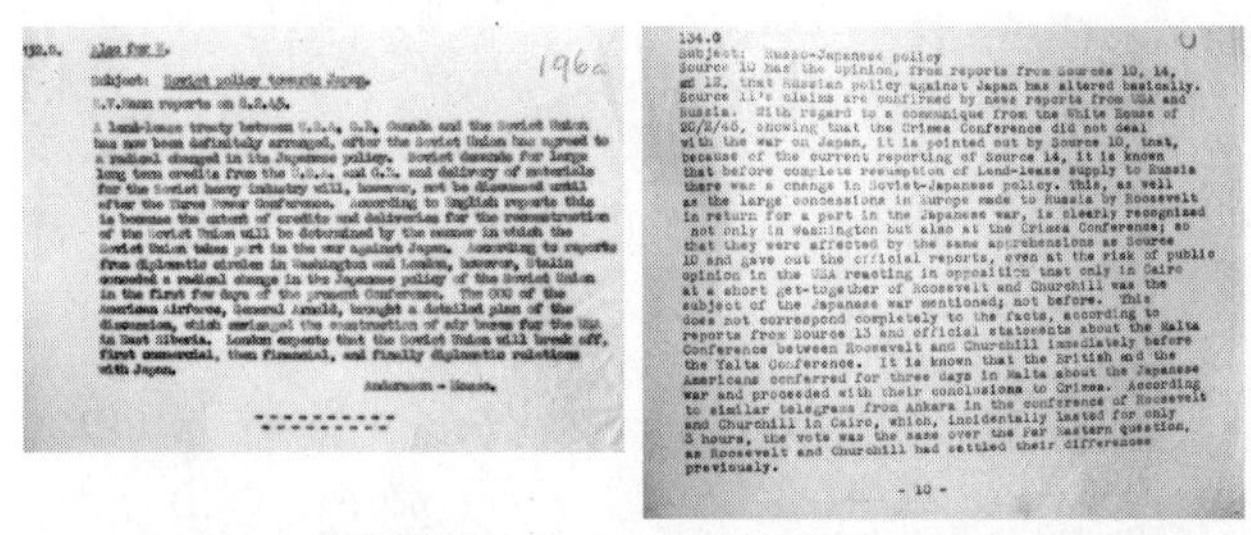

132.G. Also for E.

196a

Subject: Soviet policy towards Japan.

E.V.Mann reports on 8.2.45.

A lend-lease treaty between U.S.A., G.B., Canada and the Soviet Union has now been definitely arranged, after the Soviet Union has agreed to a radical changed in its Japanese policy. Soviet demands for large long term credits from the U.S.A. and G.B. and delivery of materials for the Soviet heavy industry will, however, not be discussed until after the Three Power Conference. According to English reports this is because the extent of credits and deliveries for the reconstruction of the Soviet Union will be determined by the manner in which the Soviet Union takes part in the war against Japan. According to reports from diplomatic circles in Washington and London, however, Stalin conceded a radical change in the Japanese policy of the Soviet Union in the first few days of the present Conference. The CCS of the American Airforce, General Arnold, brought a detailed plan of the discussion, which envisaged the construction of air bases for the USA in East Siberia. London expects that the Soviet Union will break off, first commercial, then financial, and finally diplomatic relations with Japan.

Andersson - Mann.

134.G

Subject: Russo-Japanese policy

Source 10 has the opinion, from reports from Sources 10, 14, and 12, that Russian policy against Japan has altered basically. Source 11's claims are confirmed by news reports from USA and Russia. With regard to a communique from the White House of 20/2/45, showing that the Crimea Conference did not deal with the war on Japan, it is pointed out by Source 10, that, because of the current reporting of Source 14, it is known that before complete resumption of Lend-lease supply to Russia there was a change in Soviet-Japanese policy. This, as well as the large concessions in Europe made to Russia by Roosevelt in return for a part in the Japanese war, is clearly recognized not only in Washington but also at the Crimea Conference; so that they were affected by the same apprehensions as Source 10 and gave out the official reports, even at the risk of public opinion in the USA reacting in opposition that only in Cairo at a short get-together of Roosevelt and Churchill was the subject of the Japanese war mentioned; not before. This does not correspond completely to the facts, according to reports from Source 13 and official statements about the Malta Conference between Roosevelt and Churchill immediately before the Yalta Conference. It is known that the British and the Americans conferred for three days in Malta about the Japanese war and proceeded with their conclusions to Crimea. According to similar telegrams from Ankara in the conference of Roosevelt and Churchill in Cairo, which, incidentally lasted for only 3 hours, the vote was the same over the Far Eastern question, as Roosevelt and Churchill had settled their differences previously.

- 10 -

クレーマーのヤルタ密約を伝える1945年2月8日付電報（左）と1945年2月21日付電報（右）（英国立公文書館所蔵）

の能力を高く評価していたことを裏書きしている。

では、クレーマーの「ヤルタ情報」の情報源は誰だろうか。

ストックホルムで、クレーマーは陸軍武官や外交官など公職を持った情報士官のほかにドイツやフィンランドのジャーナリストとも親しく情報交換していた（日本の榎本は面識はあったが親しく付き合ってはいない）。ドイツ紙のジャーナリストでありながらソ連の赤軍のスパイだったゾルゲのように、この時代はジャーナリストが諜報活動で暗躍していた。だが、それはソ連が国家のために養成したインテリジェンス・オフィサーの身分を隠すためにカバーとしてジャーナリストの肩書を使ったケースが多い（もっともゾルゲはジャーナリストとしての能力も高かったようだが）。

国家のために尽くすインテリジェンスは公職である外交官や武官らが行なうのが主流で、必然的に彼らが扱う情報の信頼度も高かった。やはりソースは、クレーマーが当時最も頻繁に接触していた小野寺ではなかったか。米国立公文書館の史料でクレーマーが四五年二月か三月に小野寺から極めて重要な情報の提供を受けたと供述していることは前に記した。さらにクレーマーは「ヤルタ情報」のソースを「ロンドン情報」としている。ロンドンの亡命ポーランド参謀本部から小野寺に送られた情報を、クレーマーがストックホルムで小野寺から得たためと解釈すれば、辻褄が合う。それをストックホルムで入手したため「ストックホルム情報」とベルリンに報告したのではなかろうか。

もう一つ傍証がある。CIAの「小野寺ファイル」にCIAの前身であるOSS（戦略情報局）が小野寺の行動を監視したメモがあった。OSSは真珠湾攻撃から一年後の一九四二年十二月頃から、エージェントを使って小野寺の行動を厳しく監視し、その特記事項をメモとして残しているが、四五年二月十五日に作成したメモに「ポーランドのインテリジェンスリポートを元に小野寺は頻繁にドイツ情報局の事務所を訪問している」と記してある。

ONODERA, Makoto (Major-General) Col. JAP-IS Sweden Page No. 5

Memo from Cameron to Pfaff
2/15/45

Subject, the Japanese Military Attache in Stockholm, is a frequent visitor of the counter-espionage office of the German Intelligence.

Memo to Valakis
2/10/45

Based upon IN-24742, IN-25014 and the Polish Intelligence Report.

XX 5175
Pouch 188
2/5/45

Source: "General Summary of Jap. Intel. Activities in SCANDINAVIA"
When Italy was still a belligerant on the Axis side, this liaison was carried out by Sub. who contacted the Italian Minister RENZETTI, Giuseppe (ev-SWE) and Mil. Att. Marquis G. ROERO (av-SWE). It was also believed that MISHINA Iori (ev-SWE), Jap. NA, used to contact his Italian opposite number, Carlo de ANGELIS (ev-SWE). As now no recognized Fascist rep. in Stock. this liaison has naturally come to an end.

af/erb

「小野寺がポーランド情報でドイツ諜報事務所を頻繁に訪問している」とする1945年2月15日付OSS行動監視メモ（米国立公文書館所蔵）

小野寺が数多く接触していたドイツの情報士官といえばクレーマーである。大戦後の世界分割を協議したヤルタ会談が行なわれたのが四五年二月四日から十一日までだった。ポーランド問題は主要な議題だったから、ポーランド関係者が自分たちの運命を決める会談の行方に関心を持っていたのは間違いない。そのポーランドのインテリジェンスレポートをめぐって、小野寺がクレーマーと頻繁に会合したというのだから、小野寺がポーランド参謀本部から得たヤルタ密約情報をクレーマーに伝えたと推察するのが自然だろう。

クレーマーが小野寺から得た情報は史上最大級の機密情報であったことは間違いない。

## 「ヒトラーの死亡が確認され次第、スウェーデンで和平交渉に入れ」

情報収集に加えて小野寺とクレーマーには、もう一つの共通点があった。ともに国家の命運をかけ、祖国を終戦に導く終戦工作に関わっていることだ。表舞台の外交で解決できないため、極秘にバックチャンネル（裏ルート）として裏交渉に乗り出そうとしたのである。一九一九年のヴェルサイユ条約以降、外交機関が秘密外交を行なうことは困難となったため、裏の「汚れ仕事」は情報機関が担うようになった。戦争が終盤に来て、枢軸国を代表するインテリジェンス・オフィサーだった小野寺とクレーマーに白羽の矢が立ったのも当然の成り行きだった。

ノルマンディー作戦が成功して第三帝国の敗北が色濃くなった一九四四年七月、独裁者ヒトラーに対する暗殺未遂事件が東プロイセン州ラステンブルク（現ポーランド領ケントシン）にある「狼の砦」と呼ばれる総統大本営で起きた。幕僚であった国内予備軍司令部参謀長の伯爵、クラウス・フォン・シュタウフェンベルク大佐は、ヒトラーが臨席する会議室に時限爆弾を仕掛け、予備軍参謀長だったオリブリヒト少将ら高級将校らと「ワルキューレ作戦」と呼ばれた国内反乱鎮圧計画を利用してヒトラーを暗殺、政権を奪取する計画を立てた。

ところが、時限爆弾は爆発して四人が死亡、七人が重傷を負ったものの、ヒトラーは軽傷に終わり、暗殺は失敗に終わった。

この事件にはカナリス長官はじめアプヴェール（国防軍情報部）が組織的に関与していた。情報を扱う彼らは敗戦を覚悟して、祖国を滅亡の危機から救おうと立ち上がったのだが、幹部多数が処刑され、組織は解散に追い込まれた。この計画の一端にクレーマーも関わっていたのだ。

ロンドンの英国立公文書館所蔵のイギリス情報局秘密情報部（ＳＩＳ）による尋問調書などの秘密文書（ＫＶ２／１４４－１５７）によると、ヒトラー暗殺計画を上司、ハンセン大佐から知らされたクレーマーは、事件直前の同月十七日と十八日、ストックホルムから帰国しベルリンで待機していた。そこに突然、別の上司から極秘指令を受け、急遽ストックホルムに戻る。

「暗殺計画が予定通り実行されるので、ヒトラーの死亡が確認され次第、中立国スウェーデンで、英米側の代表者と和平交渉に入れ」

「和平工作の準備をして待機せよ」との命令である。クレーマーはヒトラー死亡後、英米とスウェーデンで和平交渉を実行する予定だった。暗殺は未遂に終わり、ストックホルムで待機していたクレーマーは事件への関与を疑われることはなかった。だが、クレーマーは尋問にこう答えている。

「アプヴェールの主要な指導者は、事件に関わっていた。なぜならスターリングラードの敗退で皆、祖国ドイツの敗北を覚悟したからだ」

クレーマーが、ヒトラー殺害後、英米との和平交渉を行なう指令を受けていたのは英米側と幅広い人脈を持っていたからである。小野寺もドイツから独ソ和平仲介を依頼されたり、日本の和平工作に乗り出したりするのだが、親密な関係にあった二人が別々の和平工作を目論んでいたことは、ともにバックチャンネルとして期待されたためだった。

ヒトラー暗殺未遂事件の末端に関わったクレーマーは、ホロコーストを行なったナチズムには背を向けていたのだろう。同盟国ドイツの高官と積極的に交流を重ねた小野寺だが、ナチス・ドイツには、一定の距離を置いていた。日独を代表する情報士官の二人が「盟友」として特別に協力し合えた背景に、ナチズムへの嫌悪という共通項があった。

## リッベントロップ外相から小野寺への和平仲介要請

ヤルタ会談から一カ月余りたった三月二十八日のことである。小野寺は突然、べルリンの日本大使館に呼び出された。

小野寺は空港からティアガルテン通りの日本大使館に向かうと、大島浩大使はじめ、河原畯一郎参事官、内田藤雄一等書記官、小松光彦陸軍武官、甲谷（こうたに）悦男補佐官が待ち構えていた。会議の冒頭、大島大使が切り出した。

「ドイツのリッベントロップ外相から、小野寺武官に要請が来ている。『一九三九年の秘密協定に戻すことでソ連と至急、休戦してドイツを救いたい。これをやるのは外相として政治家としての義務である。ついては、ストックホルム在勤のソ連公使マダム・コロンタイを通じて、モロトフと会談の斡旋をお願いしたい』とのことだ」

第三帝国は小野寺に和平交渉役として白羽の矢を立て、非公式に中立国スウェーデンでソ連側に打診するよう要請して来たのだった。小野寺は仲介役を受けるべきかどうか逡巡（しゅんじゅん）した。

「この情勢下で、果たしてスターリンはドイツの誘いに応ずるだろうか」「そもそも、このような和平工作は、本来、東京の参謀本部主導で行なうべきではないか」

しかし、小野寺は最終的に同盟国のために一肌脱ぐことを決断して承諾する。すると大島大使は、リッベントロップ外相を訪問して回答した。

「小野寺が喜んで仲介をお引き受けしたいと申しております」

和平工作は、中立国に頼むか、中立国を舞台に第三国が相手国と行なうのが一般的だ。ドイツから見て有力な中立国は、スイスとスウェーデンだった。このうちスイスはソ連と外交関係がなく、スウェーデンに絞られた。しかし、中立の立場を保ちながらスウェーデンは戦局の推移を見て連合国側に重心を移していた。そこでドイツは、スウェーデンで活発に活動していた日本の駐在武官、小野寺に一縷の希望をつないだのだった。

大戦末期、非公式な終戦交渉を行なうには表の外交では困難だった。アメリカでは米戦略情報局（OSS）欧州総局長だったアレン・ダレスが主導したように、外交官よりもインテリジェンス・オフィサーがその役割を果たしたのである。リッベントロップは、ストックホルムで外交官を務める岡本季正公使ではなく、日本を代表する情報士官である小野寺が最適と判断したのだった。ドイツ側ではストックホルムにおいて小野寺が岡本公使よりも地元事情に通暁し、各方面に人脈を築き、信頼を得ていたことを熟知していた。

翌日も会議を再開し、仲介工作の細部を検討した。しかし夜になって大島大使がリッベントロップ外相から再び呼び出される。

「休戦工作は固く断る。ドイツは必ず勝つから心配なく」

崩壊が迫っても、世紀の独裁者は、唯我独尊だった。進言を受け付けなかった。リッベントロップ外相は大島大使を通じて小野寺に伝言した。

「小野寺にくれぐれもよろしく。仲介工作の可能性は絶無ではないから、その節に備えて準備しておくように」

ストックホルムに戻り、ソ連公使館の様子を調べると、ドイツ側から指定されたコロンタイ公使は病気療養中だった。交渉するとしたらセミヨノフ書記官となる。しかし、リッベントロップ外相から再度の要請はなかった。

このリッベントロップ外相からの依頼とは別に、小野寺はドイツとソ連の和平について四四年後半から模索していたことが米戦略情報局（OSS）の行動監視メモの二番目に四四年十一月八日付で記されている。ベルリン出張からストックホルムに戻った小野寺が、OSSエージェントに和平について語っている。

「小野寺はベルリンに行っていた。小野寺いわく、『日本はソ連とドイツが和睦できる道を懸命に探している。そのチャンスは十分あるので、日本は成功すると期待している』。小野寺は、ドイツとソ連が和平をすれば、ドイツ軍とソ連軍が一緒になって西部戦線（第二戦線）に向かうことを期待している。そして『ベルリンに最初に入ったソ連軍がドイツの責任者となり、西側の連合軍との争いは次第に大きくなるだろう』と語っている」

この監視メモを読んだ連合国側の当局者は、肝を冷やしたことだろう。独ソが単独講和すれば、やがて欧州戦線で英米の連合軍と干戈を交える可能性も出てくるからだ。その仲介を果たそうとしている小野寺を連合国側が最優先で警戒したのは、当然のことだった。

小野寺がベルリンで独ソの和平工作をしていた相手は、親衛隊情報部（SD）のシェレンベルク国外諜報局長と見られる。赤軍がベルリンに迫った四五年四月、ハインリヒ・ヒムラーがシェレンベルクに説得され、スウェーデン王室の一員でスウェーデン赤十字副総裁のフォルケ・ベルナドット伯爵と会合を持った。ベルナドット伯爵は、スウェーデン国王の甥であり、しばしばアメリカを訪問し、英米とパイプがあった。ヒムラーはヒトラーに無断で、休戦・和平に向けて英米と講和を画策したのだった。

亡命ポーランド政府の大物情報士官リビコフスキーを保護していた小野寺のインテリジェンス能力を高く評価していたシェレンベルクは、スウェーデン王室にも知遇を得ていた小野寺の人脈を裏ルートとしてドイツの和平交渉に活用しようとしていたことがうかがえる。

## バックチャンネル（裏ルート）の先駆け

大戦後、表の外交交渉で行なえない事案についてインテリジェンス・オフィサーを通じて調整することが一般的となった。小野寺らが終戦工作を行なったことは、その先駆けだった。

冷戦時代、バックチャンネルが有効に機能して幾度かあった第三次大戦の危機を脱している。一九六二年十月、キューバ危機が発生した際、駐ワシントンのソ連大使館書記官だった国家保安委員会（KGB）のインテリジェンス・オフィサー、ゲオルギー・ボルシャコフが、ケネディ大統領とフルシチョフ書記長をつなぐバックチャンネルとして暗躍し、極秘に解決する糸口となった。また米ソの軍拡競争が再過熱した一九八三年には、外交ルートが機能しない中で、アメリカ側はイギリス情報局秘密情報部（SIS）のダブルエージェントのKGBロンドン支部のオレグ・ゴルディエフスキー、ソ連側は東独の情報機関、シュタージが利用していた北大西洋条約機構（NATO）の高官レイナー・ラップを通じて、互いに戦争を始める意図がないことを確認し、核戦争の危機から脱している。

近年では、インテリジェンス・オフィサーによるネットワークは、外交関係が機能しない場合の安全弁や、外交関係がない国とのパイプとして活用されている。情報士官がバックチャンネルを確保しておくことの重要性について、大戦中、ナチス・ドイツの諜報活動の中枢を担い、戦後、アメリカに協力して西ドイツに最強の対ソ諜報網である連邦情報局（BND）を設立したラインハルト・ゲーレンは、「情報機関にとって、敵側情報機関と情報交換するためのチャンネルをつないでおくことは義務でさえある」（『諜報・工作――ラインハルト・ゲーレン回顧録』）と回想している。中立国スウェーデンで敵国とつながるバックチャンネルを確保していた小野寺とクレーマーは、情報士官としての義務を忠実に果たしていたことになろう。

## フィンランドからソ連暗号資料を買い取る

「エストニアと同様に東洋系フィン族であるフィンランド人は、日本に尊敬と敬意を持っていた」。戦後、小野寺は家族に回想したように、バルト三国と同様にフィンランドの情報士官とも協力関係を築いた。利害が共通したのは、やはり帝政時代から圧政に苦しめられた隣国ソ連の存在だった。

戦後、小野寺がSSUの尋問で語ったところによると、彼らと面識を得る契機となったのはリガ武官時代で、フィンランド参謀本部情報部長を務めたパーソネン大佐と暗号のスペシャリスト、ハラマー大佐とは、ともにラトビアに駐在した武官仲間だった。大戦前半は、フィンランドの首都ヘルシンキに同僚の小野打寛武官がいたため、直接の協力関係はなかったが、フィンランド情報部を主導する旧友のパーソネン大佐とハラマー大佐は、ストックホルムの小野寺との個人的な関係を失わないようにフィンランドの駐スウェーデン海軍武官ウィルマン少佐を通じて接触を続け、小野寺は良き友人関係を続けた。パーソネン大佐とハラマー大佐は、それぞれ別々にフィンランド情報部が得た対ソ情報、対英米の機密情報を報告書にまとめてウィルマン海軍武官を通じて小野寺に毎週届けた。

ストックホルムにはスティーウェンという陸軍武官も駐在していて、小野寺は友人として付き合い、情報の等価交換を行ない、時には報酬を支払った。スティーウェン陸軍武官は同じ枢軸国のドイツを毛嫌いしていたが、日本人にはいつも友好的だった。スウェーデン参謀本部に数人の素晴らしい情報源を持っていた彼から得た機密情報に対して、合計して一〇〇〇クローネ（現在の価値で一〇〇万円）を払ったという。

同様にウィルマン海軍武官もスウェーデン参謀本部から情報を得て小野寺に提供していた。小野寺は、ウィルマン海軍武官についてスティーウェン陸軍武官より情報の質は劣っていたが、知的で尊敬できると考えていた。ウィルマン海軍武官は、小野寺とどんなに親しくなっても英米の情報士官から得た情報を漏らすことなく、枢軸国のドイツの情報士官と協力しようとはしなかった。戦後、共産化してソ連の勢力圏に入ることなく北欧五カ国の一員として独立と自由を保った国家フィンランドらしい立ち居振る舞いだった。

こうした人間的なつながりが背景にあったため、先に記したように小野寺は降伏する直前のフィンランドからソ連の暗号資料の提供を受けたのだった。

ノルマンディー上陸作戦が成功するやソ連は四四年六月九日、枢軸国の一員だったフィンランドに再攻勢を開始。フィンランドは、軍の最高司令官のマンネルハイムが大統領になって激しく抵抗したが九月十九日、休戦協定を結び、降伏に至る。たちまち対独、対日断交を宣言させられてしまうのである。

ソ連の占領を恐れたフィンランド軍参謀本部は、降伏前に対ソ連暗号解読資料と暗号解読班の機材と人員をスウェーデン北部に避難させる「ステラ・ポラリス（北極星）作戦」を立てた。

小野寺がウィルマン海軍武官を通じて、フィンランドの諜報組織の接収とソ連暗号解読書の買い取り依頼を受けるのは、この直前の八月だった。旧友のパーソネン大佐とハラマー大佐からの要請だった。降伏後の占領に備える活動資金捻出が彼らの主目的だった。

「小野寺信回想録」によると、フィンランドから次の依頼を受けた。

●フィンランドが所有しているアメリカとソ連の暗号解読資料を、日本に引き取ってもらいたい。

●フィンランドの情報機関の中枢を北スウェーデンに移送することは、スウェーデン軍部から了解を得た。占領に備えてゲリラ部隊を編成したい。こうした費用捻出に三〇万クローネ（現在の価値で約三億円）援助して欲しい。

●責任者は、参謀本部第二部（情報部）長のパーソネン大佐とソ連課長のハラマー大佐で、暗号は暗号数学者のパレ大尉であり、連絡者としてウィルマンの秘書のマネキンをあてる。

小野寺は参謀本部に問い合わせた。参謀本部から許可が出たので、三〇万クローネをパレ大尉に渡す。間もなく、フィンランド側から、①アメリカの換字表、②ソ連軍の乱字表、③ソ連の暗号解読書類――などが武官室に持ち込まれ、参謀本部の指示により、ソ連暗号資料の重要な部分を抜粋して東京に送った。さらにウィルマンの了解を得て、小野寺が当時の原始式の複写機を使用してコピーを取って、ドイツのクレーマーに渡したのであった。

SSUの尋問でも、小野寺は、この枢軸国側の諜報組織の引き継ぎは特別任務であったと答えている。感謝したドイツ側は経費分担（一〇万クローネ、現在の価値で約一億円）を申し出たが、小野寺は断っている。このことをドイツは感謝した。英国立公文書館にあるクレーマー尋問調書などの秘密文書（KV2／144―157）によると、クレーマーは「原則的に暗号資料に対して（日本側に）報酬を払うつもりだったが、小野寺がすでに（フィンランドに）払ったと言って受け取らなかった」と語っている。クレーマーの上司だった親衛隊（ＳＤ）対外情報局長のヴァルター・シェレンベルクも敗戦後の四五年八月二十三日、連合軍の尋問で、これを「興味深いものだった」と感謝の気持ちを語っている。

「クレーマーは小野寺武官から、フィンランドが所有していた二つのソ連暗号資料の提供を受けた。暗号の専門家に調べさせると、あまり重要とはいえない基本的暗号だが、とても興味深かった。もう一つは現在（四五年八月）もなお調査中で評価はできないものの、ソ連がいぜん使用中のものがあると思う」

## ソ連暗号資料を米英にも引き渡した小国の知恵

しかし、フィンランドがソ連暗号資料の買い取りを持ちかけたのは、日本だけではなかった。名城大学の稲葉千晴教授の「北極星作戦と日本――第二次大戦中の北欧における枢軸国の対ソ協力」によると、フィンランドのパーソネン大佐は、四四年六月のソ連の大攻勢後、ハラマー大佐にストックホルムを訪問させ、秘かにスウェーデン軍参謀総長、エーレンスウェードに情報部の機材と人員の受け入れを要請、了承を得た。軍用輸送箱に資料で三五〇箱、機材で三五〇箱の計七〇〇箱と情報部員とその家族ら七〇〇人が同年九月二十五日、スウェーデン領へルネスンドに到着した。そして、ソ連の暗号資料をマイクロフィルムに撮り、それを焼き増しして、日本だけではなく、アメリカとイギリスにも売り込み、アメリカから五〇万クローネ（現在の価値で約五億円）、英国から一〇万クローネ（同一億円）を得ている。

ソ連の資料を、日本より二〇万クローネ高い値段で購入したアメリカでは、一九四三年から、アメリカ国内にいるソ連外交官や秘密情報部員と、本国ソ連との通信暗号を傍受して解読する「ヴェノナ」作戦が始まっていた。米英両国は、ソ連がドイツと単独講和を結ぼうとしているのではないかと疑念を深め、ソ連の外交電報の傍受・解読によって、その証拠をつかみ、交渉の内容を把握しておこうと、この作戦を始めたのだった。すでに冷戦の前哨戦が始まっていたのである。

この作戦の報告書をまとめたものが「ヴェノナ」文書であるが、二十世紀末に秘密解除され、親中容共のルーズベルト政権に二〇〇人を超すソ連のスパイや工作員が浸透していたことが明らかになった。とりわけ日米開戦に追い込んだ最後通牒「ハル・ノート」を作成したハリー・デクスター・ホワイトやヤルタ密約が結ばれたクリミアの三巨頭会談にルーズベルト大統領側近として同行した国務省のアルジャー・ヒスが、ソ連軍参謀本部情報総局（GRU）のエージェントであったことは全世界を震撼させた。

四二年から改造されたソ連の暗号は、ワンタイムパッドといわれる一回限りの使い捨て乱数表を使用し、さらに五桁数値を並べるサイファー化を加え、難解だった。「ヴェノナ」文書によると、アメリカは、日本陸軍の参謀本部とベルリンおよびヘルシンキの駐在武官の間の通信を傍受して、フィンランドに優れたソ連暗号解読スタッフがいることを把握していた。ソ連の外交暗号の完全解読には至らないが、部分的に理解して、大半のソ連の外交通信文をいくつかの種類に分類することはできていた。フィンランドから日本経由の情報を解読したアメリカの暗号解読官は、ソ連のワンタイムパッド暗号に五種類の使用方法があることを知る。「ヴェノナ」作戦はこうした努力から始まったのだ。

そのフィンランドから提供された暗号資料が「ヴェノナ」作戦に役立ったであろうことは、想像に難くない。

小野寺が入手したソ連の暗号資料は四一年に使用されていたもので、四四年時点で、解読困難なワンタイムパッド暗号に変わっていて、いずれの国でも活用することはできなかった。しかし、フィンランドは、これをスウェーデンはじめ日本、アメリカとイギリスに引き渡し、巨額の活動資金を得て、情報機関を戦後も保持したのである。

余談ながら、親日国といわれながら戦勝国の米英に売り込む際に日本陸軍の暗号書の一部も渡したのではないかとの説もあるが、定かではない。

いずれにしても共産主義の超大国ソ連と隣接して、その脅威を皮膚感覚で感じながら、共産陣営に入らず、冷戦時代も中立国として生き抜いたフィンランドのしたたかさをうかがわせる。

## 米国にエストニア人工作員を潜入させよ

ラトビアのリガに駐在していた時、エストニアの情報部と共同で工作員をソ連に潜入させたことがあった小野寺が、大戦末期に敵国アメリカに秘密工作員を潜入させる計画を進めていたことはあまり知られていない。工作員を送り出す予定だった日に広島に原爆を投下され、計画は中止を余儀なくされたが、ドイツとも協力して綿密な計画を立てて実行寸前まで進めていたことに戦後、連合軍が肝を冷やしたことはいうまでもない。

この気宇壮大な計画を発案したのはマーシングであった。リガ時代にソ連に工作員を送り込んだ際にエストニアのカウンター・パートだったマーシングは、エストニア人二人をアメリカに潜入させて情報収集させようと計画を立てた。エストニアはじめバルト三国は、ソ連に占領されながら、アメリカとの外交関係を維持し、首都ワシントンにあった大使館を処分せず、代表部がそのまま残っていた。外交団を存続させていたエストニア人なら、アメリカ政府からビザが簡単に発給され、入国できる、という読みだった。だが、工作員候補がなかなか見つからなかった。

転機は、枢軸国として奮闘していたフィンランドが四四年九月にソ連に降伏したことだった。ヘルシンキを舞台に暗躍していたドイツの諜報機関が撤収することになり、小野寺は同機関のセラリウス海軍少佐から、部下のオット・クメニウス大尉を紹介される。スウェーデン系フィンランド人で、もともとフィンランドの警察に勤めていたというクメニウスは、フィンランド軍に籍を置きながらドイツ諜報機関の仕事も行ない、スウェーデンとドイツの二重スパイの疑いがあった。小野寺は頭から信用していなかったが、四四年後半からストックホルムに難民として逃れて来た彼と防諜目的の情報提供者として付き合い、アメリカの雑誌などの情報提供を受けた。しかし、ドイツの情報士官にも同時に情報を流していたため警戒は怠らなかった。

このクメニウスが工作員として、元エストニア外務省の儀典官であるエルマル・キロタロを紹介したのだった。キロタロは、エストニア参謀本部情報部ソ連課長の義理の兄で、ソ連情報に精通していて工作員としてアメリカに潜入することに同意する。その謝礼などの意味合いを込めて、クメニウスに小野寺は総額一万クローネ

（現在の価値で約一〇〇〇万円）の報酬を渡したと戦後の尋問で語っている。

小野寺はキロタロに会って、渡米後の情報伝達手段を話し合い、雑誌『タイム』を使って字を拾い読みする方式の暗号化を申し合わせた。さらに小野寺は、同年七月十三日、キロタロに切手サイズの暗号表と工作資金として一万八〇〇〇クローネ（現在の価値で一〇八〇万円）と一〇〇〇ドル（当時の一ドルは四・二五円で現在の価値で約四二五万円）を渡し、対日作戦やポツダム会談でのアメリカの動向などの情報を探り送るように依頼した。ところがキロタロがアメリカに出発する予定の日（八月六日）に広島に原爆が落とされ、終戦も間近という判断から、潜入計画も中止となったのだった。

この潜入計画にはドイツも関わっていた。クレーマーの同僚だったウェンツラーは、小野寺からアメリカで使用する無線送信機を依頼されたことを戦後の四五年十月十六日に行なわれた尋問で答えている。英国立公文書館に保存されている尋問調書（ＫＶ２／２４３）には、こう記されている。

「四五年の年明け直後だった。エストニアのベルグマン（マーシング）の呼びかけで小野寺は二人のエストニア人をアメリカ国内に諜者として潜入させることになった。一人はエンジニアだった。小野寺からドイツ側に彼らに持たせる無線通信機の提供の依頼があった。ドイツ側は明確な拒否はせず、計画が煮詰まるまで待つことにしたが、その後、具体化することはなかった。（枢軸国側の敗色が色濃い）状況ではアメリカまで向かい、潜入することは大きな困難を伴ったからだ」

アメリカに諜者を潜入させる工作を日独協力の下で進めようとしていたのである。出発寸前で工作員潜入作戦は取りやめになったが、戦争が長引けば、実行されていたかもしれない。この枢軸側の潜入工作計画をアメリカは沽券にかかわる重大事と受け止めたのだろう。巣鴨プリズンで行なわれたＳＳＵの尋問で、キロタロを潜入させる工作について小野寺を厳しく問い詰めている。

戦後二十九年を経た一九七四年、身を細めて生き延びていたクメニウスがスペインで見つかり、大戦中は五カ国にまたがる多国籍スパイだったことを告白した。日本の小野寺は、そのうちの一人だったらしく、スウェーデン・ラジオの記者がインタビューを求めて東京・世田谷の自宅まで小野寺を訪問している。

## 黙ってこの地に置く――スウェーデン当局が与えた手厚い保護

ここで大きな疑問を感じる読者の方もいるかもしれない。ポーランドの大物インテリジェンス・オフィサー、ペーター・イワノフことミハール・リビコフスキーを武官室で匿い、元エストニア参謀本部情報部長リカルト・マーシングやドイツのアプヴェールで最も成功した情報士官のドクター・クレーマーと協力して「枢軸側情報機関の機関長」として活発なインテリジェンスを展開していた小野寺を、中立国のスウェーデン当局は警戒しなかったのだろうか。

交戦国同士であるはずの日本とポーランドの情報士官二人がストックホルムで協力することを、両国の当局は二人を絶対に信頼して黙認したのだが、スウェーデン当局も二人の行動を全て把握したうえで、見て見ぬふりをしたのである。いわば暗黙の了解である。

戦後明らかになった資料によると、スウェーデン秘密警察は二人の行動を逐一監視しており、武官室の金庫も小野寺が不在の間に週に一度開けて、打電した電報の内容を入念にチェックしていたという。しかし、当時の二人の行動には一切干渉せず、二人とも監視されていることに気づかなかった。しかし監視しながら干渉しないのは、言い換えれば、手厚い保護でもあった。

戦後、小野寺は家族にスウェーデン当局との関係について、「スウェーデン軍部に対して希望したのは、自分の行動を妨害せず黙ってこの地に置いてくれることだった。スウェーデンは本当に希望通り快くそっとしておいてくれた」「総軍司令官トルネル大将、総参謀長エーレンスウェード中将、陸軍長官ダグラス中将、海軍長官ストレムベック中将たちが儀礼を越えて並々ならぬ好意を示してくれたことを感謝する」と述べている。

情報活動はスウェーデンの座敷を借りて行なったため、スウェーデン当局と円満な関係を保つことが何よりも重要だった。陸軍武官でありながら小野寺が軍関係者にとどまらず政財界からスウェーデン王室にまで広い人脈を築いていたことは注目されてよいだろう。

小野寺がスウェーデン当局との間で直接の情報活動をほとんどやらなかったことは、以前に記した。赴任直後に参謀本部のアードラクロイツ大佐とわずかな交流があったが、彼がフィンランドに転進してから後任者とは関係が途切れた。その後は同じ参謀本部のピーターセン少佐が、スウェーデンの書店では販売されていない英米の新聞や雑誌を絶えず日本の敗戦まで届けてくれて、ドイツのクレーマーと重宝してオシント情報として共有していたくらいだった。特別に親しくなり機密情報を直接提供されたことはなかった。

小野寺が得ていたスウェーデン参謀本部筋からの有力情報は、もっぱらマーシングを通じてスウェーデン当局から得た情報だった。英国立公文書館に保管されている秘密文書によると、このマーシングを通じて小野寺が得ていたスウェーデン参謀本部情報を連合国、とりわけイギリス情報局秘密情報部（ＳＩＳ）は格別の警戒感を持って観察し、事実上の情報源が参謀本部の情報士官であったことを突き止めている。しかし、小野寺はマーシングと彼らの立場を守るため、戦後、スウェーデン当局とは情報活動をほとんどやらなかったと語っていたのかもしれない。

いずれにしても小野寺が望んだのは、干渉されず自由に活動できること。その意味では円滑な交流を行ない、手厚く保護してくれたスウェーデン当局との関係も成功したといえる。

## 米軍暗号解読の成功につながった暗号機購入

総力戦となった第二次大戦は、情報戦の側面も持っていた。敵の通信を傍受して暗号解読により機密情報を得るシギントといわれる課報活動が勝敗の鍵を握っていたともいえる。ブレッチリーパーク（政府暗号学校）が難攻不落といわれたナチス・ドイツの「エニグマ」を解読して得た「ウルトラ」情報によって、イギリスは大西洋の戦いを優位に進め、太平洋では日本海軍の暗号を解読したアメリカがミッドウェーで勝利し、山本五十六連合艦隊長官機を撃墜させた。

相手の暗号通信を傍受して、その意図を読み解き、さらに味方側の狙いを秘匿するシギントは、実際に実行するにはかなりの困難が伴う。大戦で連合国は、このシギントに力点を置いて勝利に結びつけたといわれるが、必ずしもワンサイドゲームでなかったことは先に記した通りである。日本陸軍参謀本部特殊情報部が、アメリカのストリップ暗号を解読しており、小野寺はその成功につながる暗号機械をストックホルムで入手し、日本に搬送している。

日米開戦前後の頃だった。暗号機械製造会社クリプトテクニク（現クリプト）社長とあるパーティーで知り合い、「アメリカもイギリスもフランスも、クリプトテクニクを買って使用している。アメリカに勝つためには、日本も購入を」と勧誘された。参謀本部に連絡して最新の三台を購入することにして、ドイツから潜水艦で日本に運んだ。『暗号を盗んだ男たち』（檜山良昭）によると、その後、参謀本部の暗号解読班が、このクリプトテクニクの構造を数理的に解明し、アメリカが改造していることも突き止め、一九四四年九月、解読に結びつけたという。

陸軍参謀本部第二部（情報部）の情報参謀だった堀栄三も、「（陸軍の）対米軍暗号解読は、明らかに対ソ、対支解読に遅れていた。十九（一九四四）年七月、例の在スウェーデン武官小野寺信大佐を経て入手したM―二〇九暗号機が入ってから、陸軍特情部は急ピッチで研究し、十九年八月頃から米軍第一線部隊の暗号解読に成功しだした」（『大本営参謀の情報戦記』）と証言している。

英国立公文書館には、一九四一年十一月二十八日付で小野寺が参謀本部宛に「アメリカ陸軍が暗号機を購入した」と報告した電報の解読文書（解読は戦後の一九四五年九月三十日）がある。小野寺はヒューミントのみならずシギントにも着目していたのである。

「アメリカ陸軍が最近、スウェーデンのクリプトテクニク社と総額四〇〇万ドルで暗号機械を購入する契約を結び、製造されている。暗号機はアメリカ国内で組み立てられる予定だが、日本が購入するものと全く同じである」

## ピアノ線とボールベアリングを調達する

情報戦のほかに小野寺は兵器製造における資材となるピアノ線とボールベアリングの調達にも尽力している。

スターリングラードの戦いで敗北したナチス・ドイツの後退が始まると、日本の武官や外交官、新聞社特派員が、北欧唯一の中立国スウェーデンの首都ストックホルムに集まり、四四年半ばになると、ストックホルムは、日本課報機関の最重要拠点となった。四四年十二月になると、陸軍武官室には伊藤清一大佐、木越安一少佐、佐藤達也少佐の補佐官三人が任命され、活動費も増額された。「この期に及んではじめてストックホルム武官室に対する中央の信頼と依存度が示された」（「小野寺信回想録」）のである。

参謀本部から、スウェーデン製のピアノ線とボールベアリングを購入して、日本に搬送するよう指示があったのは、この頃だった。ピアノ線とボールベアリングは、武器製造用の資材であり、スウェーデン製は世界最優秀の品質だった。当然ながら連合国側、枢軸国側ともに武器生産に必要としたが、日本が敗戦するまで中立を守り通したスウェーデンは、表向き輸出しないという建前だった。ところが、緒戦の優位を誇ったドイツが次第に劣勢になると、秘かに英米側に売っていたといわれる。

敗色が濃厚になった日本も局面打開のため、参謀本部は秘かに小野寺にボールベアリングの買い付けを命じたのだった。四四年五月三日付でベルリンとストックホルムの陸軍武官室に「ボールベアリングと高品質の工業用ダイアモンドをスイスフランでの買い付けを命じる」陸軍省の秘密電報を解読した秘密文書（ＨＷ３５／９２）が英国立公文書館に保存されている。

この指示通りに小野寺は同年夏、ボールベアリングを買い付け、参謀本部宛に同年八月三日報告している電報の解読文書（ＨＷ３５／９４）もある。

「個人的に電話会社を通じてＳＫＦのボールベアリングの購入に成功した。総額一万七七七五クローネ（現在の価値で約一七五五万円）。九月に日本に運べる」

同年十二月にも再度、参謀本部から購入の指示があり、「回想録」によると、小野寺の采配で「ピアノ線とボールベアリングと鋼ボールをスウェーデンから購入してドイツから潜水艦で日本へ運んだ」という。

ピアノ線は、ベルリン武官室がスウェーデンの商社から買い付け、ドイツの潜水艦基地まで運ばせたので、小野寺は代金の立て替え払いをしている。

ボールベアリングと鋼ボールについては、枢軸の同盟国ハンガリーのヴェチケンジー武官を通じて、SKFから購入した。三井物産の本間次郎の日記によれば、四四年十二月十五日、一二万円（現在の価値で約一億二〇〇〇万円）で購入を決め、武官室で受け取った。四五年一月五日、木越補佐官と本間がトランク九個に詰めてキール港で海軍側に渡した。当時、日本と欧州の連絡は潜水艦が唯一で、およそ三カ月かけて日本まで運んだ。

このボールベアリングの購入は、小野寺を監視していたOSSエージェントの眼にも止まり、OSSの行動監視メモの六番目の四五年三月十七日付で記されている。

「エージェントが小野寺を訪問すると、小野寺はボールベアリングがたくさん入った八つの大きいスーツケースを見せた。小野寺は、スウェーデンでは、今、（劣勢となった）ドイツと日本はボールベアリングを購入できないので、秘かに代理人を通じて入手したと大変饒舌に語った。しかし、その取引はあまり話したがらなかった。おそらく外交用として日本に輸出するのだろう」

ところが戦後、巣鴨プリズンで行なわれたSSUの尋問で小野寺はボールベアリングの購入を否定している。「参謀本部から緊急命令が出て三回購入を試みたが失敗した」と答えた。スウェーデンでは輸出禁止命令が出されていた中で、骨を折って支援してくれたハンガリーのヴェチケンジーやスウェーデン商社の立場に配慮し、意図的に偽の回答を行ない、尋問を切り抜けたのだろう。恩人も守る信義に厚い小野寺らしい一面だった。

## ソ連共産主義の世界制覇への野望を警告

大戦末期、日本の中枢では対米英戦の敗色が濃厚になるにつれ、中立条約を結んでいたソ連を頼って終戦を模索しようという動きが表面化した。一九四四年十一月の革命記念日の演説でスターリンが日本を初めて「侵略国家」と批判しても、四五年四月五日にソ連が日ソ中立条約の不延長を通告しても、日本はソ連を「救世主」として崇め、ソ連が米英との和平の仲介者として乗り出す工作を進めた。

ヤルタでソ連がドイツ降伏後三カ月で対日参戦する密約を交わしたことをポーラ

ンド亡命政府からの情報で知る小野寺だが、米国立公文書館所蔵の秘密文書（OSSが四五年六月十八日に作成）によると、連合軍がノルマンディー上陸作戦を成功させた後の四四年八月の終わり頃、すでにOSSエージェントにソ連の脅威を力説している。

「連合軍が勝利すると、ヨーロッパのあらゆるところで革命的闘争によるプロレタリア独裁を目指すボルシェビキの政治思想であるソ連共産主義の脅威にさらされるだろう。ロシアはゆっくりではあるが確実に（ヨーロッパ）大陸を支配しようとしている。スカンディナヴィアでは、ソ連はすでに大西洋に到達して、大西洋側から、またバルト海からスウェーデンを包囲し、デンマークを脅迫している。ドイツ北部を征服すれば、イギリス海峡に向けて進軍することもできる。またロシアは、すでにバルカン諸国を支配しており、そこを足場に中東に脅しをかけている。イベリア半島でも、フランスでも、イタリアでも、ソビエトプロパガンダが円滑に機能して、革命を呼び起こすあらゆることが起こり得る状態だ。そしてヨーロッパの南西部は共産主義の浸透問題に決然と取り組んでいる。また北アフリカにおけるソビエトの行動はますます危険なものになり、最終的にはイギリスだけが膨張するソ連と立ち向かうことになるだろう。なぜならアメリカはアジア極東問題に深く関与しているので、ヨーロッパ問題に関わる時間がないためだ。日本はかつてない困難を伴って、アメリカと立ち向かわなければならない。そしてアメリカ軍を抑えなければいけない。

一方でソ連は、占領したドイツのエリアから四〇〇〇万人の軍事的増員を補強し、疲労したドイツの大衆に強い共産主義プロパガンダをさせるだろう。ひとたびソ連で破壊された農業が再編成され、工場がフル操業できる時が来ると、ソ連は大変国力が強靭化されてヨーロッパで対抗する国はなくなるだろう」

さらに小野寺は、OSSエージェントに日本人はソ連人を毛嫌いしながら、日本の基本的な敵はアメリカであることを強調している。そして「四四年中にソ連は対日参戦を仕掛けては来ないだろう」との見通しを語った。「なぜなら戦争で荒廃した農業や工業をリハビリする必要があるからだ。ソ連のコルフォーズ、ソフォーズの集団農場を再生させ、トラクターを増やし、農業の仕組みを改良させなければいけない」とも語った。

四四年にヨーロッパに忍び寄るソ連共産主義の膨張の萌芽を察知していた小野寺は、ファシズムの解放と言いながら次々に小国に侵攻して勢力圏にしているスターリンの野望を見抜いていたのである。

ヤルタ会談から二カ月後の四五年四月二十七日の電報（HW35／95）では、連合国内で、英米とソ連の間で政治的対立が生じて来たことを指摘している。

「（ドイツ敗北を目前にして）国際情勢に変化が出てきている。英米とソ連の間で政治的対立が生じて、今後、残念ながら武力衝突に発展する懸念すら出てきている。多分にドイツのプロパガンダの影響もあることは確かだが、バルト三国の人たちの間では、（ドイツが敗北して第二次大戦が終われば英米陣営とソ連陣営の間で）第三次世界大戦に発展すると懸念する声も出ている」

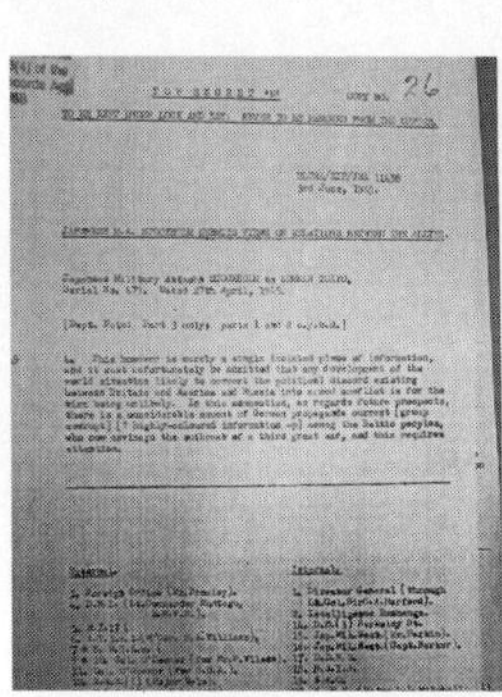
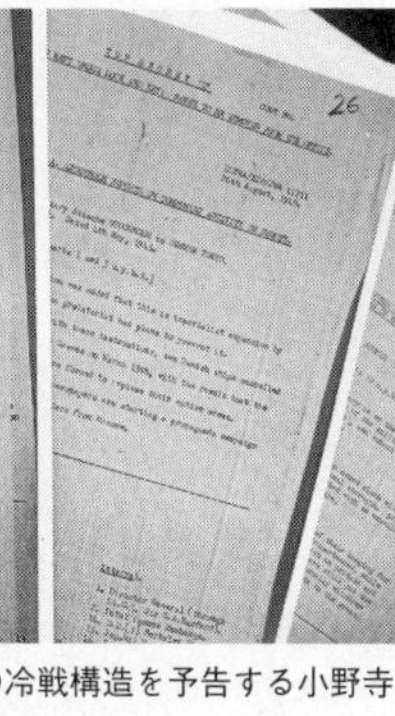

ソ連と米英の角逐から、戦後の冷戦構造を予告する小野寺の電報（英国立公文書館所蔵）

さらに同年五月四日の電報（HW35／99）では、「ヨーロッパにおける共産主義者の行動」と題して、連合国内のソ連とイギリスによる対立を伝えている。ソ連のクレムリンの命を受けて、スウェーデン共産党機関紙がチャーチルを攻撃するネガティブキャンペーンを始めたというのである。

「イギリスの帝国主義的拡張をプロレタリアートのソ連が妨害する計画がある。そしてスウェーデン共産党機関紙はモスクワの指令を受けて当地で、チャーチルを攻撃するプロパガンダを始めた」

連合国間に激しい角逐が生じたことを見抜いた小野寺は、ソ連の共産主義が世界に拡大して大戦後、アメリカが主導する自由主義陣営とソ連を盟主とした共産主義陣営による対立が生じる、つまり冷戦になることを予測していたのだ。

## 東京からの指令は「ソ連とより良好な関係を構築せよ」

こうしたソ連の野望を見抜いた小野寺のインテリジェンスに、東京の参謀本部は、ソ連を警戒するどころか逆に「中立条約がある」ソ連とより友好な関係を構築するように一九四五年五月三日、小野寺に電報を送っている（HW35／96）。

「(降伏寸前の) 現在のドイツの状況を鑑みて適切な対応を取ってほしい。ドイツ敗北という厳しい情勢下で、今後ソ連との関係がますます重要になる。中立維持するのみならず、より友好関係を構築していくことが求められる。よって貴官も熟慮して行動してほしい」

判断能力を失い、盲目的にソ連に頼ろうとしていた参謀本部の見通しの甘さを浮き彫りにしている。

これに対して小野寺は、そのソ連が共産主義拡張を目論み、領土拡大の野心を抱いており、日本がソ連に傾斜するのは危険と警鐘を鳴らし続けた。

ドイツが崩壊直前の同年五月七日の電報（HW35／100）では、「ドイツ敗戦後の欧州情勢は、ロシア（ソ連）が台頭して英米と対決となる。ソ連と英米間で強い緊張が生じる」とソ連の拡大による英米との対立を予告。さらに同年六月七日の電報（HW35／96）では、「ソ連が領土拡張の野心を露わにして、それを警戒する英米と緊張が高まっている」と連合国内でソ連と英米に不和が生じていることを伝えている。

さらにポツダム会談直前の七月十一日に打った「英米のロシア（ソ連）政策」と題する電報（HW35／98）は、欧州で急拡大するボルシェビキの脅威を伝えた。

「イギリスは、ギリシャ、トルコ、イラン、イラクを除く欧州で共産主義の拡大を図るソ連にさらなる譲歩を余儀なくされる。なぜならイランから共同で撤退を呼び掛けたイギリスに対して、ソ連はこれを拒否したばかりか極秘にイランで共産革命を起こす準備をさせ、イギリスは結果的に緊急避難せざるをえなかった」

大本営に、早くソ連の「陰謀」に気づいてほしい——電報には、小野寺の意図があった。しかし、大本営は小野寺の警告電報を無視し続け、ヤルタで対日参戦の密約を交わしたソ連に過度な期待を寄せて、実現しない和平仲介に望みを託したのである。ソ連は同年四月五日に日ソ中立条約破棄の通告をしていたが、「なお一年間は自動延長だから日本への宣戦布告はありえないだろう」と希望的観測をした挙句に、八月九日に赤軍の戦車によって満洲の荒野を蹂躙（じゅうりん）され、大どんでん返しを受けることになるのである。

## 「日本中枢が共産主義者に降伏している」

当時の日本の中枢は、なにゆえ小野寺の警告情報を無視して不毛のソ連仲介和平工作に国運をかけたのだろうか——。この謎を解く機密文書が英国立公文書館にあった。スイスのベルンに駐在する中国国民政府の陸軍武官、Robert Chitsun（中国名・斎焌（チッン））が一九四五年六月二十二日付で重慶に打った電報である。

「米国からの最高機密情報」

「国家を救うため、現在の日本政府の重要メンバーの多くが完全に日本の共産主義者たち（原文では日本共産党だが、日本共産党は党組織が壊滅していたため、日本に存在した共産主義者たちの地下ネットワーク、あるいはコミンテルン諜報網と訳す）に降伏している。あらゆる分野部門で行動することを認められている彼ら（共産主義者たち）は、全ての他国の共産党と連携しながら、モスクワ（ソ連）に助けを求めようとしている。日本人は、皇室の維持だけを条件に、完全に共産主義者たちに取り仕切られた日本政府をソ連が助けてくれるはずだと（和平仲介を）提案している」

ベルン駐在中国武官は、皇室の維持を条件に、ソ連に和平仲介を委ねようとしている日本の中枢が「完全に共産主義者たち（国際共産主義コミンテルン諜報網）に取り仕切られている」と判断していた。日本中枢にコミンテルンの工作が浸透し、水面下で操られていることを見抜いたのだ。

ソ連に傾斜して戦争を終わらせる政策を進めていた中枢がソ連、コミンテルンの影響を受けていたとしたら、どんなに欧州の最前線からソ連が参戦する警告を発しても聞く耳を持たなかっただろう。ソ連に通じた政策を否定する情報は最初から抹殺される運命にあったことになる。完全に共産主義者たちに取り仕切られていたなら、日本の中枢が実現不可能な国家的妄想を抱いたとしても不思議ではない。

そんな盲目的にソ連に傾斜する日本の中枢の「異変」に、小野寺は気づき、北欧の首都ストックホルムから、スターリンと共産主義の脅威を訴えていたのである。

余談ながら、「米国からの最高機密情報」とある電報の情報源は、戦後、米中央情報局（ＣＩＡ）長官となる米国の情報機関、戦略情報局（ＯＳＳ）欧州総局長、アレン・ダレスかその部下だろう。ダレスはベルンで五月頃から日本側と和平交渉を始めており、この電報は米国ＯＳＳが見立てた見解となろう。少なくとも米国と中国国民党政府が「日本中枢が共産主義者に降伏している」と判断していたと解釈できる。

# 第六章

# 知られざる日本とポーランド秘密諜報協力

## バッキンガム宮殿近くのクラシックホテルにて

イギリスの首都ロンドンで、エリザベス女王の公邸であるバッキンガム宮殿に最も近いホテルといえば、ルーベンスホテルだ。オープンしたのがあの豪華客船タイタニック号が沈没した悲劇が起きた一九一二年というから二〇一二年に百周年を迎えたクラシックホテルである。英国王室の公式行事に欠かせない馬車や自動車を保存する王室の厩舎、ロイヤルミューズのちょうどはす向かいに位置するため、午後になると、宮殿で近衛兵交替のセレモニーなどを鑑賞した観光客が、ラウンジでアフタヌーンティーを楽しんでいる。日系の旅行会社がアフタヌーンティーのミールクーポンを発売しているので、ホテルに足を運んだことのある方も少なくないことだろう。

このホテル正面入り口に、あるプレートが掲げられているのはご存じだろうか。プレートには「第二次大戦中、ポーランド亡命政府首相で最高司令官、ヴワディスワフ・シコルスキが滞在、亡命政府の本部として使用された」と書かれている。一九四〇年から独ソの侵攻でパリを経てロンドンに逃れた、シコルスキ将軍率いるポーランド亡命政府の本部オフィス兼宿舎として使用されていたのである。

それはホテルが元々王室の関係者のための宿舎として使用されていたという格式

ルーベンスホテル（左）と同ホテルをポーランドのシコルスキ亡命政府が使用していたことを記したプレート（右）

の高さと、「ナンバー10」と呼ばれるダウニング街一〇番地の首相官邸や、チャーチル首相が大戦中に寝泊まりして戦争の指揮を執った地下壕・チャーチル戦時内閣執務室へも徒歩十数分で行けるアクセスの良さから、イギリス政府からポーランド亡命政府に提供されたのであった。

ちなみにパリ陥落後、「自由フランス」を樹立し、ロンドンに亡命してレジスタンスとともに大戦を戦い抜いたフランスのシャルル・ドゴールの寓居でもあった。

第一章などでも紹介した「日本の恩人」であるポーランド亡命政府参謀本部情報部長、スタニスロー・ガノも、このルーベンスホテルを拠点にアフリカ、アジア、欧州とインテリジェンスの指揮を執っていた。そして、運命のヤルタで密約されたソ連参戦情報をストックホルムの小野寺へ発信したのも、このホテルからだった。また小野寺の右腕となったミハール・リビコフスキーが一九四四年春、ストックホルムから転進したのがこのホテルにあったポーランド陸軍参謀本部であった。

いわば、日本にとってもゆかりのホテルである。第二次大戦を通して日本の陸軍参謀本部はポーランド参謀本部とインテリジェンスで密接に協力関係を結んでいたからだ。

## 欧州情勢は複雑怪奇なり

戦前の日本にとってポーランドは、まさにヨーロッパという荒野に咲いた一輪の花のような存在であった。

昭和六(一九三一)年の満洲事変、さらに翌昭和七(一九三二)年の満洲国建国の結果、国際社会から非難されて、日本は昭和八(一九三三)年に国際連盟を脱退。国際社会から孤立する。しかし、その後にすがろうとした第三帝国は、もう一つ「信用しきれない同盟国」だった。

「欧州情勢は複雑怪奇なり」。こんな名言、いや迷言を残して平沼騏一郎(きいちろう)首相が内閣総辞職するのは昭和十四(一九三九)年八月二十八日のことだった。

よりによって昭和十一(一九三六)年に「反ソ」で日本と防共協定を交わし、さらに軍事同盟締結交渉を進めていたヒトラー率いるナチス・ドイツが、不倶戴天の敵、ソ連と同月二十三日に電撃的に不可侵条約を結んでしまったからだ。この年の四月から、日本は国境線をめぐりノモンハンでソ連と戦火を交えていた。欧州を共産主義から守ることを使命だと自負していた頼みのドイツが「同盟国」に一切の相談も連絡もなくソ連と野合したことが「寝耳に水」と衝撃を受けたのである。

いずれ雌雄を決する宿敵と認めた相手と手を握ったのは、ソ連の前にまず英仏をたたいて二正面作戦を避けたいヒトラーと、ドイツと英仏を戦わせ、両陣営が消耗するのを待って欧州制覇に乗り出したいスターリンの思惑が一致したためだった。二人の独裁者は、やがて正面衝突は不可避であるが、勢力を拡大する前段階として時間稼ぎのため、一時的に協定を結んだに過ぎないと考えていたのである。様々な利害が交錯する欧州の同盟関係は常に複雑で、狸と狐の化かし合いと言っても過言ではない。日本は魑魅魍魎の国際情勢を読み解けず、「共産主義ソ連」と「防共の砦ドイツ」というステレオタイプの判断を下し、深い混迷に陥ったのだった。

そんな日本が、欧州のパートナーとして協力を求めたのがポーランドである。キュリー夫人やショパンの名曲で知られる中欧の国ポーランドと日本の間に、善意に基づく友好の歴史があったことを意外に思う人も少なくないだろう。しかし、その結びつきは、遠くにありながら深く強力だった。ドイツとロシア・ソ連という二つの大国に挟まれたポーランドは、日本にとって仮想敵国ロシア・ソ連を牽制し、かつ同盟国ドイツの本音を探る貴重な存在だったからだ。

第二次大戦では、とりわけ情報で結びついていた。宿敵ソ連を東西から挟む両国は、互いの情報がきわめて有益だった。

とはいえ、両国の関係が「打算」や「利害」だけで成り立っていたわけではなかった。インテリジェンスの根底にあるのは、「信頼」である。心が通じない相手には、重要な情報を渡さない。心の底から信頼してこそ、初めて本当の情報の交換ができる。日本とポーランドには、日露戦争以来、友情があった。両国は互いに尊敬し合っていたと言ってもいいだろう。だから国交が断絶して交戦関係となっても終戦まで協力が揺らぐことはなかった。

## ポーランド独立の英雄・ピウスツキ将軍と明石元二郎

ポーランド側にも日本に接近する理由があった。十八世紀末にロシア、プロイセン(ドイツ)、オーストリアの大国に三分割され、世界地図から消えたポーランドに勇気を与えたのが日露戦争に勝利した日本だったのである。帝政ロシアを倒した東洋の日本はポーランドの独立運動を支援し、ポーランドの政治家も日本に心酔して、ロシア弱体化のために日本の助力を期待したのである。

戦後、小野寺が米戦略諜報部隊(SSU)の尋問に語ったところでは、ポーランド陸軍と日本陸軍参謀本部との軍事協力は、日露戦争を起源とし、常に共通の敵であるロシア・ソ連が共通基盤だった。この発端は、諜報でロシア革命を支援して日露戦争を勝利に導いたストックホルム駐在武官、明石元二郎とポーランド独立の英雄として敬愛されるヨゼフ・ピウスツキ将軍の友好関係だった。

「日本とポーランドが手を携えてロシアと闘おう」

日露戦争の最中に日本を訪れたピウスツキ将軍は、明治政府に呼びかけた。ピウスツキは日本の援助を受けて武装蜂起を行なう計画を立て、代わりに「東部ロシアおよびシベリアの鉄道・橋梁を破壊する」などの提案を行なった。諸事情から武装蜂起は実現には至らなかったものの、最終的に「同志」日本が仇敵ロシアを打ち破ったことにピウスツキらポーランド人は驚き、日本を畏敬するようになった。

またピウスツキの嘆願を受けて、日本はロシア軍に徴兵された数千人とされるポーランド人捕虜の取り扱いに特別配慮した。日露戦争で日本がジュネーブ条約を遵守して捕虜を厚遇したことはよく知られている。愛媛県の松山ではポーランド人捕虜だけの収容所を作り、ロシア人将兵と区別して、彼らからの虐待を未然に防いでいる。捕虜は礼拝所や学校の自主運営を認められ、自由に外出して温泉や観劇を楽しむ、人間らしい生活を送ったという。

司馬遼太郎の『坂の上の雲』では、劣勢となったロシア軍兵士が、「マツヤマ」

と叫んで、次々と日本軍に投降したことが記されているが、投降した兵士のほとんどが、ロシアに併合され、不本意にも「ロシア兵」として戦争に参加したポーランド人将兵だった。松山での寛容な対応を伝え聞いた彼らは武器を捨て、積極的に投降したのだった。日本軍はピウスツキらポーランド側の協力を得てロシア軍内のポーランド人兵士に向けて、ロシア軍からの離脱を促す声明を作成。そして「マツヤマと声を上げながら投降する敵兵を撃ってはならない」という命令を出して、捕虜となったポーランド将兵らを保護していたのである。ロシア軍内にいたポーランド将兵は秘かにサボタージュに協力したとも言えるだろう。

帰国したポーランド人捕虜が親日家となったことはいうまでもない。日本の収容所での人道的対応を語り継ぎ、「いつの日か日本人に恩返しをしよう」と誓い合ったという。友好関係は戦後も続き、日露戦争で捕虜になり、日本で厚遇されたポーランド人将校らが、帰国後にクラブを作り、外交使節としてポーランドを訪れた日本人将校を歓待したとの秘話を小野寺はＳＳＵに語っている。

日露戦争で敗れたロシアにボルシェビキ革命が起きて内戦状態になると、ポーランド人は独立を求め、幾度も武装蜂起を繰り返したが、失敗を重ね、捕らえられた者はシベリアに流された。

彼らの一部は、祖国独立のために、チューマ司令官以下約二〇〇〇人の義勇軍を結成し、シベリアで反革命政権を樹立したロシアのコルチャック提督の白軍を助けてボルシェビキと戦った。しかし失敗し、ウラジオストクに逃げ込んだ。この時、このポーランド人義勇軍を救出し、祖国に帰還させたのがシベリアに出兵していた日本軍だった。

## シベリア孤児、七六五人の奇跡の物語

最も心温まるのは、日本がポーランドのシベリア孤児を救出したことだ。

第一次大戦が一九一八年十一月十一日に終結すると、ヴェルサイユ条約の民族自決の原則により、ドイツ、ロシア、オーストリアの三大帝国に分割されていたポーランドは、ピウスツキ将軍を国家元首として、ようやく独立を回復する。

しかしシベリアには、ロシアの支配下でシベリアに送られた者やその家族など数十万人ものポーランド人がおり、多くの子供も生まれていた。ボルシェビキ軍はポーランド人を見つけるや反乱分子とみなし、相次いで迫害、虐殺した。ポーランド人は東へ逃げ、その苛酷な逃避行の最中に多くの子供が親を失った。加えて独立を果たしたばかりのポーランドが一九二〇年四月二十五日、ソ連と戦争を始めたため、シベリア鉄道で孤児たちをポーランドまで運ぶことができなくなった。結果として多くのポーランド孤児（シベリア孤児とも言われる）が取り残されたのである。

「せめて両親を失った子供たちだけでも祖国に帰したい」。惨状を知ったウラジオストク在住ポーランド人は「孤児救済委員会」を組織し、世界各国に救援を依頼した。ところが各国は新生ソ連に配慮してか冷淡だった。そこで会長となったアンナ・ビエルケビッチは、最後に日本に期待をかけた。日露戦争で捕虜になった叔父から、日本人から親切にされたことを聞いていたからだった。

「チューマの義勇軍をポーランドへ帰還させてくれた。日露戦争で勝利した日本なら助けてくれるかもしれない」

ビエルケビッチは一九二〇年六月、日本に渡り、外務省に孤児救済を訴えた。国交を結んだばかりのポーランドからの依頼に即座に応じて、外務省は日本赤十字社に依頼して人道的見地から支援を決める。そして同年七月から、シベリア出兵中の陸軍がポーランド孤児の救出に乗り出し、一九二二年八月まで合計七六五人を救い出し、日本に迎えた。栄養失調になり、伝染病に罹患した子も多かったが、日本では東京・広尾の日赤本社病院に隣接する仏教系の児童養護施設「福田会」などで受け入れ、国をあげて孤児たちを温かく接し、癒した。日本全国から、寄付が集まり、その額は七二万円（現在の価値で五億円近く）となった。また玩具、菓子類などが寄せられ、歯科治療、理髪、慰問演奏、慰安会などがボランティアによって行なわれた。皇室から貞明皇后も行啓され、励まされている。

そして二年後までに、全員を祖国に無事帰還させた。帰国した孤児たちは、日本で温かく親切にされた体験を終生忘れることがなく、多くの人たちに語り継がれたのだった。孤児たちの帰国を成功させたポーランド救済委員会副会長で医師のユゼフ・ヤクブケヴィチは、次のように語っている。

「ポーランド国民は日本に対し最も深き尊敬、最も深き感恩、最も温かき友情、愛情を持っているということを告げたい。我らはいつまでも日本の恩を忘れない。そして、我らのこの最も大なる喜悦の言葉でなく、行為をもって、いずれの日か日本に報いることとあるべしと」

七十五年の歳月が流れた一九九五年の阪神・淡路大震災で、いち早くヨーロッパから救援活動に駆けつけたのがポーランドだった。そして震災で孤児になった日本の子供たち三〇人を、翌一九九六年にポーランドへ招待した。シベリア孤児救出の返礼であった。

「ポーランドでは昔から日本文化に対する憧れがあり、親日的な感情を国民の大多数が持っている。約百二十年ぶりに独立を果たしたばかりで非力だったポーランドに救いの手を差し伸べてくれた日本の好意をポーランド人は決して忘れることはない。孤児たちは日本の人々の温かい心に触れることで、未来に希望があることを実感したからだ。このことを両国の永遠の友好関係のシンボルにしたい」

ツィリル・コザチェフスキ駐日ポーランド大使は、孤児らを受け入れた東京・広尾の児童養護施設「福田会」に交流の記念としてポーランドの芸術家ツィリル・ザクシェフスキの彫刻作品を贈呈するとともに「日本とポーランドの感動的な歴史を、より多くの人に知ってもらいたい」と記念碑を建設することを計画している。

## 「日本人の親切を忘れない」——インテリジェンス分野での協力

日本がシベリアからポーランド孤児を救ったことをワルシャワの新聞も絶賛した。

「私たちは、日本人の親切を絶対に忘れてはならない。われらも彼らと同じように、『礼節』と『誇り』を大切にする民族だからだ」

誠実なポーランド人の日本を視る眼は温かで、「偉大なる〝サムライ〟」——と、尊敬の念を寄せ続けた。孤児らは帰国後も日本への想いを育み、「極東青年会」「シベリア協会」を結成し、日本人への多大な感謝と好意を表する活動を続けたのである。

そんなポーランドの人々の想いは時を置かずして、形となって表れる。

孤児救出直後から、ポーランド軍は日本陸軍との協力関係をいっそう強固にする。顕著だったのが、「インテリジェンス」分野だった。シベリア出兵で暗号解読の重要性を認識した日本陸軍の課題はソ連暗号の解読だったが、暗号解読技術が最も先進的だったポーランドから技術指導を受けるようになった。ポーランドはとりわけロシア・ソ連に対する暗号解読において、他国の追随を許さなかった。

日本陸軍は一九二三年、ポーランド軍参謀本部で暗号解読の主要人物だったヤン・コワレフスキ大尉を公賓として東京に招き、講習を受け、やがて将校をポーランド参謀本部の暗号解読班に送り、技術を学ばせるようになる。大正十四（一九二五）年の第一回では百武晴吉（ひゃくたけはるよし）中佐と工藤勝彦大尉が派遣される。百武を幅広い人脈で支えたのが駐在武官を務めていた樋口季一郎（ひぐちきいちろう）だ。一九三五年には桜井信太少佐と深井英一少佐が派遣された。百武らが暗号解読技術を高めた背景には、ポーランド軍のレクチャーがあった。

日本陸軍にとってポーランドは、ソ連情報を獲得するとともに、諜報活動についての技術上の知識を深めるうえで、とても重要だった。このような歴史を育んできたからこそ、日本が枢軸側の三国同盟を結んでも、さらに真珠湾攻撃で連合国ポーランドが日本に宣戦布告して国交が断絶しても、両国の非公式な課報協力は第二次大戦を通じて秘かに続いたのである。

ストックホルムで大きな成果をあげた小野寺のインテリジェンスの背景に、この両国の協力関係があったことは間違いない。

ＳＳＵの尋問で小野寺もポーランドとの協力関係を答えている。第三帝国のヒトラーと共産主義国家ソ連のスターリンが野合する独ソ不可侵条約を結んでからわずか八日目の一九三九年九月一日、独ソが電撃侵攻してポーランドが世界地図から消えるまで日本の対ロ、ソ連インテリジェンス活動の拠点は、ワルシャワの武官室だった。

そしてコワレフスキ大尉らポーランド軍から学んだ成果として、第二次大戦中、日本軍は新聞や文書の公開情報を分析してインテリジェンスに活用するオシントの技術が飛躍的に向上したという。さらに数人のポーランド人将校が満洲のハルビンを訪問して関東軍情報部員に講じたり、日本軍からは、ソ連の傍受暗号と極東で入手した文書をポーランド側に提供したりしている。

独ソが電撃侵攻した際、ポーランド参謀本部情報部を主導していたスタニスロー・ガノ（後に情報部長）から日本陸軍のワルシャワ駐在武官、上田昌雄に対ソ連諜報組織の接収の依頼があったことは前に記した。手塩にかけた諜報組織の受け入れを申し入れるのだから、日本に対する信頼と期待は相当なものだった。同じ欧州のフランスやイギリスでなく、東洋の日本に提案したところに注目していただきたい。

ガノは、後にロンドンの亡命政府で情報部長を務め、ストックホルムでの小野寺のインテリジェンスに貢献する。上田も帰国後、中野学校の幹事（副校長）を務め、マレー作戦でパレンバン油田攻略計画に関わるなど日本陸軍の諜報の中心だった。第二次大戦中の両国の協力関係は諜報活動に集約される。

ドイツとの同盟（この当時は日独伊防共協定）が障害となり、ポーランドからの接収の提案は拒否された形となったが、宿敵ソ連と電撃接近したドイツに不信が募り、ソ連のみならずナチス・ドイツの動向も注視する目的から、最終的に両国が秘かに諜報協力を非公式に継続することで合意する。そして日本の武官や外交官がポーランド情報士官と極秘に接触を続けた。ワルシャワの日本大使館が極東青年会会長で占領下のレジスタンス部隊の司令官だった元シベリア孤児のイエジ・ストシャウコフスキらの地下抵抗運動を秘かに支援したのも、こうしたことが背景にある。

## ドイツ暗号「エニグマ」解読の基礎を作ったポーランド

ポーランドも日本を頼りにする理由があった。独ソから侵攻された際、頼みのフランスとイギリスから支援がなく、欧州で四面楚歌の状態だった。ポーランドもパートナーを求めていた。そこで日露戦争以来、民族独立に救いの手を差しのべた日本に傾斜したのである。ましてや日本は極東で関東軍がソ連に対する広範囲な諜報活動を展開していた。

ポーランドは首都ワルシャワが陥落し、またしても世界地図から姿を消してしまったが、降伏せず、首脳部はルーマニアに逃れ、亡命政府をパリ、やがてロンドンに設けた。そして陸海空の三軍を再編成し連合軍の一員としてアフリカからイタリアで戦った。第二次大戦を通じてドイツとソ連に最も激しく抵抗し続けた民族の一つとなった。

イギリス本土上陸作戦の前哨戦としてドイツとイギリスとの間で繰り広げられた航空戦「バトル・オブ・ブリテン」では、ポーランド亡命政府から参加したポーランド人パイロットが、イギリスの戦闘機を駆って数多くのドイツ軍機を撃墜した。またソ連軍から脱出したアンデルス将軍の部隊が、イタリアのモンテ・カッシーノ攻防戦などで活躍したことも有名だ。

占領された国内でも、留まった四〇万人以上が「国内軍」を結成、地下抵抗組織「武装闘争連合」を作り、ロンドン亡命政府の指揮下でレジスタンス運動を続けた。東部戦線（ソビエト連邦）へ向かうドイツ軍の鉄道輸送や道路輸送に対する破壊活動を行ない、多くのドイツ軍を足止めした。ドイツ軍の東部戦線への輸送物資の約八分の一が、国内軍により破壊されるか大きく遅延したともいわれる。

国内軍のレジスタンスの原動力となったのがインテリジェンスだった。共産主義と領土拡大を画策するソ連、第一次大戦で喪（うしな）った領土回復を目指すナチス・ドイツ。二つの大国に挟まれたポーランドが生き残るには、徹底して情報収集するしかなかった。

ドイツとソ連に諜報網を張り巡らせ、ドイツの暗号「エニグマ」解読の糸口を掴み取ったポーランドの諜報能力には目覚ましいものがあった。

ポーランドは初期型コンピュータの原型である機械式の暗号解読機ボンバを作製し、初期型の「エニグマ」暗号の解読に成功する。その解読方法とボンバの複製品をイギリスとフランスへ提供。これを元にイギリスのアラン・チューリングらが強化された「エニグマ」を完全に解読する。このことが第二次大戦における連合軍の勝利に大きく貢献したことはよく知られている。しかし、その基礎はポーランドが担っていたことを忘れてはならない。

イギリスは、このポーランドの「貢献」に敬意を表して大戦中の暗号電報の傍受、解読の拠点だったロンドン郊外のブレッチリーパーク（政府暗号学校、現在の政府通信本部）の敷地内に顕彰碑を建てて、ポーランドの功績を讃えている。

## 外交特権を切り札に、ポーランド諜報組織を守る

独ソ双方の情報を求めていた日本とポーランドが磁石のように結びつき、諜報協力が進んだのも当然の成り行きだった。

考えてみていただきたい。白人国家が多いヨーロッパでは、東洋人である日本人

が情報を集めることは容易ではなかった。

日露戦争を背後から勝利に導いた明石元二郎は、帝政ロシアに異を唱えるボルシェビキのほかにスウェーデン、フィンランド、ポーランドの革命家と気脈を通じて反体制運動を扇動した。第二次大戦で小野寺ら日本陸軍は、ポーランドの参謀本部と連携して、ポーランドが誇る諜報組織や地下抵抗組織が集めた極秘情報を公式に得ていたのである。

日本は、ポーランド諜報組織が安全で自由に活動できる環境を整備した。その際の切り札が外交特権である。とりわけ満洲国を最大限利用した。各地で暗躍するポーランドの諜報員に日本および満洲国の偽造パスポートを発行して与え、ドイツ、バルト諸国などの日本および満洲国の大使館、公使館、領事館で職員として雇い、保護した。さらに諜報組織や地下抵抗運動組織の報告書の運搬に、税関などの検査を受けない外交行嚢（こうのう）を使用した日本の外交クーリエも提供している。

これによりポーランド地下諜報網は、ポーランド国内とベルリンやストックホルム、亡命ポーランド政府があったロンドンを結ぶ連絡網を確立できたのである。

この協力関係をさらに発展させようと、一九四〇年初めには、パリに逃れるガノ大佐と帰国前の上田大佐は、対ソ連インテリジェンスのため、ポーランド諜報使節団を日本と満洲の関東軍に派遣する協定を結んでいる。ところが一九四一年六月二十二日、ドイツがソ連に侵攻したため、計画は頓挫する。さらに日米関係が悪化した一九四一年後半から、日本は、ヨーロッパにおけるドイツの政策を支持せざるを得なくなり、同年十月、東京のポーランド大使館が閉鎖される。太平洋戦争が始まると、その直後の同十二月十一日、イギリスの同盟国ポーランドは日本に宣戦布告して、国交は断絶となった。当然ながら使節団の多くは駐在武官とともに帰国した。

国交が断絶したものの、水面下で両国の諜報協力は続けられた。満洲に派遣されていた暗号将校のルベトフ大佐とスコラ中尉らは関東軍に留まったのだった。二人はリビコフスキーを通じてストックホルムの小野寺に身の振り方を尋ねた。小野寺が、リビコフスキーを介して、ロンドンにあった亡命政府参謀本部に電報で問い合わせると、当時の亡命政府首相かつ最高司令官、ヴワディスワフ・シコルスキ将軍から次のような回答が寄せられた。

「差し支えないから、そのままお使いください。日本とポーランドの関係は、永久に続くであろうから、歴史が続く限り、対ソ協力は続くというのが我々の見解です。どうぞ、いままで通り、お使いください」

この返事を東京の陸軍参謀本部に伝えると、梅津美治郎（よしじろう）参謀総長は感激して、「ご好意を謝す」との電報を打った。小野寺によれば、スコラ中尉がその後も満洲にいたという。

この秘めたる協力が終戦まで続き、最終盤になって実りある大きな成果を生むのである。

## ヒューマニズムとインテリジェンス

欧州で、この協力関係を築いたのが偉大なヒューマニストとして知られる外交官だった。

大戦勃発直後の一九四〇年七月、リトアニアのカウナスにあった日本領事館で「命のビザ」を独断で発給し、六〇〇〇人を超えるユダヤ難民を救った領事代理・杉原千畝（ちうね）その人である。杉原に救われたユダヤ難民は、シベリア鉄道を経てウラジオストクに至り、やがて敦賀（つるが）から日本の土を踏み、上海の租界やアメリカに脱出し、「幾多のスギハラ・サバイバル（生存者）」を送り出した。杉原が人道主義によって行動した〝日本のシンドラー〟であったことは紛れもない。

しかし、杉原はヒューマニズムだけで、あれほど大量のビザを発給したわけではなかった。ドイツとソ連という大国に狭まれたリトアニアに駐在していた日本の外交官であると同時に、優れたインテリジェンス・オフィサーであった杉原は、独自の情報網を戦時下の欧州に築き上げていく過程で、亡命ポーランド政府の情報士官と密接に協力して、周到な判断のもとで大量のビザを発給し、ドイツ占領下のポーランドから逃れて来たユダヤ難民を極東に逃がしたのだった。

そもそも日本人居住者のいないカウナスに大戦勃発直前の一九三九年七月、日本領事館が設けられた理由を考えてみていただきたい。宿敵ソ連ともう一つ信用できない同盟国ドイツの観察が必要になったためだ。そこで、ポーランドがヨーロッパに張り巡らせていた諜報網に白羽の矢を立てたのである。

ポーランド情報士官が諜報活動を行なううえで、最適地がリトアニアだった。バルト海に面して並ぶバルト三国の一つである小国リトアニアは、北にラトビア、南にポーランド、東にソ連邦の構成国だったベラルーシ、南西に東プロイセンのドイツ（現在はロシア）と国境を接している。辛くも独立を保っていたが、隣接する大国ドイツとソ連の関係者が活動していて、彼ら周辺から情報収集したり、密かに両国に潜入したりすることもできた。宗教がポーランドと同じカトリックであるため、信仰に根ざした生活習慣が近く、ポーランド情報士官が紛れ込んでも違和感がなかった。とりわけ、ポーランドからの難民が数多く押し寄せた首都のカウナスは、諜報には格好の地となり、世界的な諜報戦の主戦場となった。

日本はドイツとソ連の情報収集のためだけに、ポーランドの諜報活動の重要拠点であるカウナスに領事館を設けたのだ。いわば日本が合法的に設けた、インテリジェンスの最前線基地であった。ここに陸軍参謀本部の強い意向があったことは言うまでもない。そして領事代理として選ばれたのは、ロシア通の有望株、杉原だった。

カウナス赴任の背景に、陸軍参謀本部主導のインテリジェンスがあったことを杉原自身も戦後、回想している。一九六七年、杉原はリビコフスキーの要請に応じてロシア語で報告書を提出しているが、その中で当時の任務について、「日本陸軍参謀本部は関東軍、すなわち満州に駐留していた日本軍の最精鋭部隊をできるだけ早くソ満国境から南太平洋諸島へ転進させることを望んでおり、ドイツ軍による西方からの電撃的な対ソ攻撃に並々ならぬ関心をもっていたというわけである。ドイツ軍出撃の日時を迅速かつ正確に特定すること——これが公使の主たる任務であった（中略）日本人居住者もいないカウナスの領事（代理）となってみて、私は国境付近のドイツ軍の集結状況を参謀本部と外務省に伝えることがわが使命であると自覚したのである」（エヴァ・パワシュ＝ルトコフスカ、アンジェイ・タデウシュ・ロメル『日本・ポーランド関係史』）と書いている。

杉原一家が勤務していたフィンランドのヘルシンキからカウナスに到着するのは、独ソ不可侵条約が締結された五日後の一九三九年八月二十八日のことだった。奇遇だが、この日東京では、平沼首相が「欧州の情勢複雑怪奇なり」と内閣を投げ出している。

杉原を待ち受けていたのは日本の国家存亡に関わる重大任務だった。

白人が多いヨーロッパで、東洋人の日本人が自ら動いて情報収集することは容易ではなかった。そこで杉原が頼ったのが友好関係にあるポーランドの諜報機関だった。祖国を追われたポーランド情報士官たちも、ゲシュタポやソ連の秘密警察から保護してくれるパートナーを求めていた。

前出の『日本・ポーランド関係史』によると、ポーランド陸軍参謀本部情報部、アルフォンス・ヤクビャニェツ大尉と同僚のレシェク・ダシュキェヴィチ中尉は一九四〇年の春、三、四月頃、杉原に接触し、協力関係ができた。かつてハルビン時代に白系ロシア人の人脈を築いた杉原が、ヨーロッパでは、ポーランドの亡命政府傘下の軍事組織「武装闘争同盟」と接触し、短期間で関係を構築したのである。外交官杉原の本当の任務は、ポーランド軍のインテリジェンス・オフィサーと協力関係を結び、彼らから機密情報を得ることにあった。

杉原の助手となったヤクビャニェツらの直接の上司は、後にストックホルムで小野寺の右腕として活躍するリビコフスキーだった。ポーランドの諜報機関がソ連のスモレンスクやミンスク（現ベラルーシ）で収集したソ連情報や旧ポーランド領でのドイツ情報を、杉原に惜しげもなく提供した。その見返りとして、杉原は日本や満洲国のパスポートを発給し、彼らを領事館の職員に雇い、保護した。そして武装闘争同盟などの報告書を日本の外交クーリエを使ってポーランド国内やリビコフスキーがいたストックホルム、さらにはロンドンの亡命政府に送ったのである。

## ポーランド軍将校や避難民をいかに救出するか

もう一つ、ヤクビャニェツらが見返りとして求めたことがあった。

ポーランドは一九三九年九月、独ソに完全に分割占領されると、行き場を失った数多くの避難民や軍人が、隣国リトアニアに脱出した。とりわけポーランドが支配していたヴィリニュス（現在の首都）をソ連がリトアニアに返還したため、返還前に中立国リトアニアを期待して多数の避難民が移った。この時点からヤクビャニェツらポーランド軍将校は、軍人を含むポーランド難民をリトアニアからアメリカなどへ脱出させ、軍を再建させる任務を担った。

そこでヤクビャニェツが杉原に要請したのは、軍人はじめ押し寄せたポーランド難民への日本通過ビザの発給だった。ワルシャワ大学のエヴァ・パワシュ＝ルトコフスカによると、彼らが当初、依頼したのは、軍将校を救出して亡命を支援することだった。実際に杉原は「命のビザ」発給前に数多くの将校を日本に脱出させている。当時、隣国のラトビアのリガ日本公使館の陸軍武官室にいたリビコフスキーに満洲国のパスポートを給付したのも、その一環だったと考えられる。

ところが、リトアニアもソ連軍が進駐してソ連に併合される動きが出てきた。そうなれば、亡命したポーランド人がシベリアの収容所送りになることが予想された。四〇年六月のことだ。ソ連に併合されれば、国外に出る自由は奪われてしまう。そこでパレスチナやアメリカなどに脱出するビザを求めて避難民が首都カウナスに慌てて殺到したのである。

ドイツが追撃していた西方に退路はなかった。トルコ政府もビザ発給を拒否したため、トルコを経由してパレスチナに避難するルートも閉ざされた。残るはソ連のシベリア鉄道を経て極東アジアに逃れるルートだけだった。日本以外の国の領事館はほとんどが閉鎖されていた。そこでカウナスに辿り着いた難民たちが日本領事館を取り囲んだのである。

ところが、ビザ発給の期日がせまると、カティンの森で数多くの将校が虐殺され、訪れた軍人は意外に少なかった。実際にこぞって申請に詰めかけたのは、ユダヤ人難民だった。

ポーランド王国は一二六四年に「カリシュの法令」を発布して、ユダヤ人の社会的権利を保護した。ユダヤ人に寛容だったポーランドは十字軍の時代から、欧州のユダヤ人にとって大変住みやすい国だった。第一次大戦後、ポーランドが再び独立を果たすとユダヤ人が押しかけ、再び世界最大のユダヤ人を抱える独立国家となった。その数は三〇〇万人とも四〇〇万人ともいわれる。第二次大戦前、ヨーロッパで最も多くのユダヤ系住民が生活していた。

軍人を脱出させるというヤクビャニェッの要請は結果的にユダヤ系避難民の亡命支援に変わり、杉原が救ったのはユダヤ人となった。

## ポーランド軍が用意したゴム印と偽造ビザ

エヴァ・パワシュ＝ルトコフスカ、アンジェイ・タデウシュ・ロメル『日本・ポーランド関係史』は、ヤクビャニェツと同僚だったダシュキェヴィチが戦後に書いた報告書を掲載している。これを読めば、「命のビザ」を大量発給したゴム印と偽造ビザはポーランド情報士官が用意したものだったことがわかる。

「私は、ソ連領内からの情報を（杉原）日本領事に提供するほかに、（ユダヤ系難民のための）日本の通過ビザ発給の決定に関する回答を領事から受け取ることになっていた」

四〇年七月末、杉原は外務省の許可なしにビザを出し始める。ソ連がリトアニアを併合すると、やむをえず領事館を閉鎖して、九月一日にベルリンへ退去した。

人道的な立場に基づき杉原は難民にビザを発給し続けたのだが、最初の動機は、情報の見返り。つまり諜報任務のためだったと言っていいだろう。それを求めた亡命ポーランド政府参謀本部の狙いは、「難民を北米大陸などに逃がし、亡命ポーランド軍に加わらせ、軍を立て直すこと」（ルトコフスカ教授）にあった。予定を上回るビザを発給することになった杉原だが、ダシュキェヴィチは報告書で「それもまた、我々の工作の賜物だった」と告白している。

難民が殺到すると、ペン書きでビザを出し続けた杉原は手が痛くなった。日本語でビザを書くのは面倒で、発給の障害になった。

『日本・ポーランド関係史』によると、そこでダシュキェヴィチが提案した。

「ゴム印を作って残りの部分と署名だけを書き入れるようにはできないか、と提案してみた。彼（杉原）は私の考えに賛成し、雛型をくれた。私（ダシュキェヴィチ）はそれをヤクビャニェツに渡し、ヤクビャニェツはゴム印を注文したのだが、このとき私たちはゴム印を二個作るよう言いつけた。そのうちの一個はヴィルニュスへ送られ、そこでも日本の通過ビザが発行されたのである。ただし、それは日本領事（杉原）がカウナスを退去したあと、それより前の日付を打って作成したものだった」（ダシュキェヴィチの活動報告書「諜報機関G―報告および資料」）

避難民を脱出させるため、ヤクビャニェツらはもう一つ工作を行なっている。日本の通過ビザを取るには、最終目的国のビザが必要である。しかし、最終目的国となる国は簡単には見つからなかった。そこで目を付けたのがユダヤ人に同情的だったオランダ名誉領事ヤン・ツバルテンディクだった。ツバルテンディクはカリブ海に浮かぶオランダの植民地キュラソー島なら、税関もなく入国できることに目をつけ、キュラソー行きのビザの発給を決断した。もともとこれは、バルト諸国担当のオランダ大使、L・P・デ・デッケルの窮余の策だった。ツバルテンディクは難民の求めに応じて手書きでビザを書いた。それが途中でタイプに替わったが、夥しい難民全員のビザを発給するのは容易ではない。ユダヤ系難民のリーダー格で、後にイスラエルの宗教大臣となる弁護士、ゾラフ・バルハフティクらは、オランダ領事印と領事のサインの付いたタイプ文書のスタンプを作って、「偽キュラソー・ビザ」二〇〇〇通を制作した。ユダヤ系難民は、これを日本領事館に持ち込んだのである。大量のビザにはすでにゴム印があったのだ。

当時の日本政府は、日本が最終目的地でなければ、通過ビザを発給してもよかった。かくして杉原は日本の通過ビザを大量に発給することになるのである。

「命のビザ」を発給した杉原は、途中から難民の多くはユダヤ人であると認識しなから発給を続けている。イスラエル政府から顕彰された人道的立場に基づく行動に疑念の余地はない。勇気ある決断こそ「日本のシンドラー」と評価される所以だ。

しかし、その前提にポーランド情報機関との協力関係があったことは留意せねばならないだろう。それは、カウナス領事館を閉鎖後、移ったチェコのプラハ、ドイツの東プロイセンの飛び地、ケーニヒスベルク（現在はロシアのカリーニングラード）領事館でも、杉原がダシュキェヴィチを助手として同行させて、小野寺と同様に独ソ開戦情報などの第一級の情報を得たことでも明らかである。

インテリジェンス・オフィサー、杉原にとって大量のビザ発給は、情報収集と裏表の関係にあった。ポーランド側のリクエストに応じて杉原が大量にビザを発給したことで、ポーランドは日本側に大きな恩義を感じた。イスラエルのみならずポーランドも杉原を畏敬するのは、そのためだろう。

カウナスで杉原と密接に協力した二人のポーランド情報将校、ヤクビャニェツ大尉とダシュキェヴィチ中尉はその後も杉原と作ったコネクションを継続させ、上司のリビコフスキーもストックホルムで小野寺と発展させる。ヤクビャニェツは、ベルリンの満洲国大使館に通訳として雇われ、ポーランド軍参謀本部第二部（情報部）に新設された諜報機関の指揮を執る任務についたが、一九四一年七月六日、小野寺と面会した直後にベルリンのティア・ガルテンでゲシュタポに摘発される。またダシュキェヴィチはリビコフスキーの指示で、杉原とともにプラハに行き、さらに一九四一年三月、ドイツのケーニヒスベルクに赴き、開戦前夜の独ソ両軍の動向を探るのである。

### ドイツ保安警察に暴かれたポーランド諜報網

このヤクビャニェツの逮捕をきっかけにドイツ保安警察（SIPO）が同盟国「日本」とポーランドの秘密諜報協力活動を解明している。その詳しい様子が、一九四一年七月にドイツ保安警察（SIPO）が作成し、米国立公文書館が公開した「小野寺信ファイル」の中に収められている。

ドイツ保安警察長官、ラインハルト・ハイドリヒから国家元帥、ヘルマン・ゲーリングに宛てた「ドイツにおける日本の諜報」と題するドイツ保安警察（SIPO）のレター（報告書）である。

「密かに小野寺や杉原の周辺で内偵を続けていたドイツ防諜機関は、ついに日本および満洲国の大公使館とポーランド情報機関の協力関係をつかみ、一九四一年七月六日夜半から七日未明にかけて、ポーランド参謀本部情報部のインテリジェンス・オフィサーだったアルフォンス・ヤクビャニェツ、満洲公使館にメイドとして勤務していたサビナ・ワピンスカがベルリンの中心部ティアア・ガルテンでワルシャワ地下抵抗運動の連絡係と面会しているところを逮捕した。尋問の末、ワルシャワとベルリンにいた組織の仲間も芋づる式に逮捕された」

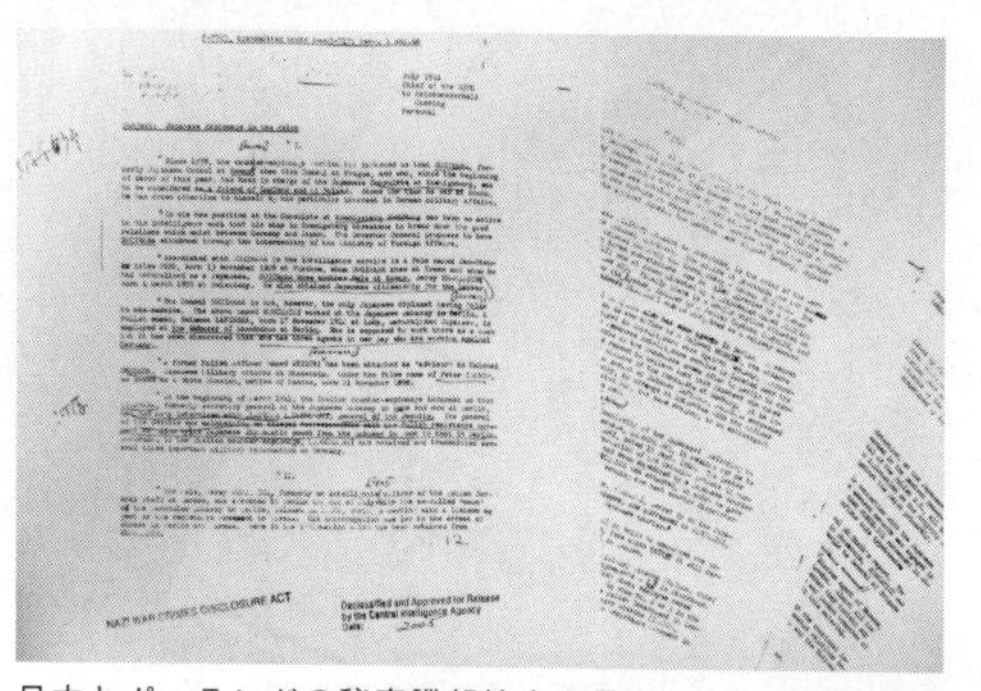
日本とポーランドの秘密諜報協力を暴いたドイツ保安警察（SIPO）の報告書（米国立公文書館所蔵）

報告書は、四一年三月から新設されたケーニヒスベルク領事館に総領事代理として勤務していた杉原千畝がドイツに対する諜報を行ない、地元知事がドイツ外務省に召還要請をしたことを記している。在留邦人が一人もいないケーニヒスベルクにダシュキェヴィチ中尉を伴って赴任した杉原の任務が、諜報活動にあったことはいうまでもない。

「カウナス領事代理、プラハ領事代理を経て今年（一九四一年）三月初めから、ケーニヒスベルクの領事を務めている杉原千畝に対して、ドイツ情報機関の防諜部門は、（連合国の）イギリスとポーランドの友人とみなしている。杉原がカウナス時代以来、ドイツ軍の動向に特別な関心を持っていることを隠そうとせず、ケーニヒスベルクでも実施している活発な諜報活動は友好なドイツと日本の関係を破綻させてしまう恐れがあり、地元の知事が杉原領事の召還を外務省に要請した」

杉原のポーランド人協力者としてダシュキェヴィチとヤクビャニェツを挙げている。

「カウナスからインテリジェンスで協力しているのがポーランド名ヤン・スタスワフ・ペシュ（本名レシェク・ダシュキェヴィチ）。カウナスでは、イェジ・クンツェヴィチ（本名アルフォンス・ヤクビャニェツ）とも協力関係にあり、ヤクビャニェツにも日本のパスポートを与えていた」

ベルリンやストックホルムでも日本がポーランドと協力して諜報を行なっており、ストックホルムの武官室で働くイワノフがリビコフスキーであることも警告している。

「杉原領事だけではなく、クンツェヴィチことヤクビャニェツがベルリンの日本大使館で（通訳として）勤務していたほか、情報工作員、サビナ・ラピンスカは日本の市民権とパスポートを持ち、ベルリンの満洲国公使館でコックとして勤務しながらドイツに対する諜報活動を行なっていた。日本のストックホルム陸軍武官室で主任として働いているのが、前ポーランド参謀本部情報部ドイツ課長のミハール・リビコフスキーで、モスクワ生まれの白系ロシア人、ペーター・イワノフの偽名で満洲国のパスポートを所持している」

## 日本諜報組織「東」部門チーフの小野寺と、その配下の杉原

そして当時のヨーロッパにおける日本陸軍の諜報組織は、ソ連をカバーする「東」部門と、ドイツ、イギリス、フランスなどを担当する「西」部門から構成され、小野寺は「東」の責任者で、杉原はそれを補助する立場にいたと書かれている。

「ドイツにおける日本軍の諜報活動の責任者はベルリン駐在陸軍武官の坂西一良中将で、公式発表より多い約四〇人の情報将校が陸軍武官事務所で、ヨーロッパ各地の首都に駐在する情報将校から毎月二〜三通送られてくるあらゆる情報を分析していた。ヨーロッパにおける日本陸軍の諜報組織は、『東』部門と『西』部門に分か

れていて、『東』はソ連（ロシア）、『西』は、ドイツとイギリス、フランスなどに対して諜報を行なっていた。『東』部門のチーフは、ストックホルム駐在武官の小野寺大佐（当時）。ストックホルムを補助する事務所として、小野打寛大佐が駐在していたヘルシンキと、杉原千畝領事がいたケーニヒスベルクがあった。ケーニヒスベルクの事務所には、リトアニアの首都ヴィリニュス、コブノ（カウナス）、ベラルーシのフロドナに三つの前線支所があり、元学生のポーランド人やリトアニア人ら秘密地下工作員が杉原と緊密に連携していた。ソ連が占領していたヴィリニュスには、日本のインテリジェンスの支部があり、ポーランド人の元学生が支部長を務めていた。ベルリンの満洲国公使館内に、秘密の事務所があり、星野一郎大佐（参事官兼ワルシャワ満洲国総領事、本名・秋草俊）と二人の外交官がドイツに対して秘密の諜報活動を行なっていた。ハンブルクの満洲国領事館にも支所があり、ハンブルクの満洲国領事はしばしばベルリンの星野大佐を訪れ、入念な打ち合わせをしていた」

「ヤクビャニェツは、日本の諜報活動に協力するようになって以来、一貫して、『東』部門に属し、ソ連に対して情報を集めてきた。求められたのは、すべてソ連に関するもので、『西』部門の対象となるドイツの情報は持ち合わせていない。しかし、杉原領事がケーニヒスベルクで集めた情報のソースを探ると、『東』でも、ドイツのインテリジェンスも行なっていた。ヤクビャニェツが引き継いだ情報でも、ドイツがイギリスではなく、ソ連に侵攻する（バルバロッサ作戦の）情報は正しかった。ヤクビャニェツが語ったところによると、杉原領事は諜報活動の報告書を二通書き、まずストックホルムの『東』部門チーフ小野寺大佐に送り、もう一つはベルリンの日本諜報機関のトップである坂西中将に渡すのだが、ケーニヒスベルクから届くようにヤクビャニェツが責任を担っていた」

ハルビンで、満洲国外交部の官吏だった杉原は、陸軍将校でもあった。ソ連がペルソナ・ノン・グラータ（好ましからざる人物）としてビザの発給を拒否するほど有能なインテリジェンス・オフィサーだったが、ヨーロッパでも同様だった。独ソ戦開始を見抜いたケーニヒスベルクで、ドイツが杉原を「好ましからざる人物」と召還するよう日本外務省に圧力をかけている。

ストックホルムの小野寺は「東」部門のチーフで、ケーニヒスベルクの杉原は、その配下にいたと記されている。そして杉原は諜報の報告書をベルリンの坂西武官に送る前に小野寺に送っていたとも答えている。ドイツ保安警察（ＳＩＰＯ）の報告書は欧州における日本陸軍の対ソ諜報活動において、小野寺と杉原に、上下関係があったことを物語っているのである。

## バチカンも関与した全欧規模の諜報ネットワーク

報告書には、日本とポーランド諜報機関との協力にバチカン（ローマ教皇庁）のイエズス会も関与していたことが記されている。

「在ローマ日本大使館の河原畯一郎一等書記官（当時）とイエズス会総長のウラジミール・レドホウスキ神父がポーランドの地下組織が日本の外交クーリエを使って、ローマからベルリンなどへの情報が伝達できることに深く関与しているとイタリア国防省から警告を受けていた」

亡命ポーランド政府の情報士官たちが、日本の外交特権の外交行嚢を使って在欧日本大公使館やバチカン（ローマ教皇庁）の支援を受け、ワルシャワやヴィリニュスからスウェーデンを経由してロンドンのポーランド亡命政府へ情報を送る全欧規模の広範な諜報ネットワークを確立していたのである。

杉原がリビコフスキーに満洲国パスポートの発給手配をしたのは、リトアニアのカウナス領事館勤務の際（一九三九年）だった。日本がポーランド軍将校を救出する協力に基づくものだったが、リビコフスキーがストックホルムで一九四一年一月、小野寺に出会う前に、カウナスですでに杉原と面識があったことになる。

小野寺が独ソ戦勃発の最終判断をした「ドイツ軍が棺桶を用意している」との情報をもたらしたのはリビコフスキーの部下のヤクビャニェツだった。小野寺は、ヤクビャニェツがゲシュタポに逮捕される直前にベルリンで会って、リビコフスキーから預かった文書と活動資金を渡している。ということは上司のリビコフスキーを含め、小野寺とヤクビャニェツは同じチームの仲間だったと考えていいだろう。

そのヤクビャニェツは、カウナス時代に杉原の下で働き、日本パスポートを発給してもらい、ユダヤ系ポーランド人の避難民のビザ発給に関わっている。小野寺と杉原、リビコフスキーとヤクビャニェツの点と線がつながってくる。

ベルリンでポーランドの地下諜報組織がゲシュタポに一斉摘発され、ベルリンでの表立ったインテリジェンス協力は困難になった。さらにドイツの圧力からケーニヒスベルク領事館は閉鎖され、杉原は日米開戦となった一九四一年十二月、ルーマニア公使館に転任する。諜報の前線から後退した形であるが、ポーランド亡命政府と日本との緊密な諜報協力の主体は、ストックホルムの小野寺とリビコフスキーに移る。杉原が築いたコネクションはやがて小野寺によって引き継がれる。

枢軸国と連合国に分かれながら、日本とポーランドは、第二次大戦を通して特別な友情関係にあった。そして固い絆の中心にいたのが小野寺だった。大戦末期、長年にわたる恩義に報いる大きな御礼がポーランドから小野寺を通じて日本に送られることになるのである。

密接な協力はストックホルムで監視していたドイツ防諜機関には、ポーランドが英米を裏切って日本に肩入れしているとさえ映った。第一章でも紹介したように、英国立公文書館所蔵の秘密文書（KV2／243）によると、降伏後、ドイツのアプヴェール（国防軍情報部）のノッツニー大佐が一九四五年六月十日の尋問で次のように答えている。

「大戦中を通じた小野寺の日本とポーランドとの心温まる協力関係を知っていたので、いつの日かロンドンの亡命ポーランド政府が同盟国のイギリスとアメリカに背いて日本のために働いていたことを聞かされても驚かないだろう」

## 少年まで動員して「約束」を守り通したポーランドの心意気

ドイツからの再三にわたる身柄引き渡し要求にもかかわらず、些かも迷うことなく庇護し続けた小野寺に対して、リビコフスキーは戦後、「小野寺は命の恩人」と感謝を忘れなかったことは前に記した。

そして一九四四年三月、ドイツの圧力に屈したスウェーデン政府が、ついに国外退去を命じ、リビコフスキーはロンドンの亡命政府へ身を寄せるのであるが、その際に小野寺とある「約束」を交わした。それは、「ロンドンからも、引き続き日本のために情報を送り続ける」ことだった。「小野寺信回想録」によると、その方法は、小野寺とリガ時代以来の旧知であるストックホルム駐在のポーランド武官であるフェリックス・ブルジェスクウィンスキーを仲介にして、情報はロシア語で伝達することにして、小野寺がリビコフスキーに渡したロシア語のタイプライターで、リビコフスキーがロシア語で手紙にして、差出人「ステファン・カドフスキー」、仮名はベルクとして、ロンドンからポーランドの外交クーリエでストックホルムのブルジェスクウィンスキーまで送り、ブルジェスクウィンスキーが小野寺の自宅まで届けるというもので、毎月三〇〇ドルの報酬をブルジェスクウィンスキーに払うことを申し合わせた。

『日本・ポーランド国交樹立80周年記念誌』（1999年）に掲載された小野寺とリビコフスキーの肖像（小野寺家提供）

ロンドンに着いてルーベンスホテルにあった古巣の陸軍参謀本部第二部（情報部）に原隊復帰したリビコフスキーは、小野寺との「約束」を守った。ストックホルム時代と変わることなく、ブルジェスクウィンスキーを通じて情報を送り続けたのである。

ただし、形式上ではあるが、ポーランドは日本の交戦国だったため、ストックホルムでのブルジェスクウィンスキーとの接触には注意が必要だった。そこでポーランド側が入念な配慮をしたことを小野寺は「回想録」に記している。

「日が暮れてから、自宅アパートの建物の外玄関の鍵がかかる午後八時になる前に、ブルジェスクウィンスキーの息子とみられる少年か、年配の女性が自宅の住居の郵便受けに手紙を落としていった。約束通り、ロシア語でタイプされた手紙には、ベルクの署名があり、インドとビルマにおける英軍の情報が多かった」

夜陰に紛れて、ストックホルム中心街リネガータンにある自宅ポストにブルジェスクウィンスキーの息子もしくは妻とみられる女性が「手紙」を装ったロンドンの亡命ポーランド政府の「極秘情報」を運んだのである。少年だった子供まで動員して「約束」を守り通したポーランド側の心意気が日本人にはうれしく感じられる。

「手紙」が届くと、今度は小野寺がブルジェスクウィンスキー宅を訪問してポストに三〇〇ドルを投函した。

小野寺は、こうして亡命ポーランド政府の参謀本部から届けられたインパール作戦などのイギリス軍の情報についてソースを「ステファン・カドフスキー」とし、「ス」情報と題して、一九四四年夏から毎回、百合子夫人がワンタイムパッドの特別暗号を組んで参謀本部に送った。それより以前にもマーシングやイワノフの情報で特別に重要と思われるものは、普通暗号ではなく、一回ごとに使い捨ての特別暗号を使用して、百合子夫人が打電していた。「ス」情報は、とりわけ重要だったことになる。この特別暗号で送られていた「ス」情報の電報もイギリスのブレッチリーパークは傍受、解読し、「サンライズ・トラフィック」と名付けて最高機密文書「ウルトラ」にして保管していた。

## 窮地に立つ日本を救うべくもたらされた最高精度の機密情報

「ス」情報は、東京の参謀本部が最高ランクの「甲」をつけて評価するほど、精度が高かった。ポーランドが、同盟国イギリスに直接関連しない連合国軍の有力情報を小野寺に提供していたからだ。日本のインド爆撃における戦果情報も、その一つだった。この経緯を小野寺は「小野寺信回想録」で記している。

「あるとき(一九四四年の十一十一月頃)、大本営から『〇月〇日カルカッタヲ空襲セリ』という電報があり、その直後に、ロンドンから、偶然、その時のカルカッタの被害状況を知らせる手紙が来たので、参謀本部に被害状況を詳しく報告すると、『当方ハカルカッタヲ爆撃セシノチ直チニ引キ返シテオリ、戦果ハ不明』と感謝の電報が来た」

大本営陸軍部が世界各地の駐在武官や外交官の情報活動とその情報源をまとめて一九四四(昭和十九)年十一月に作成した「在外武官(大公使)電情報網一覧表」(防衛省防衛研究所戦史部所蔵)によると、小野寺は、マーシングの「マ」、クレーマーの「K」情報とともに、出所が「倫敦(ロンドン)工作『ステファン・カドム(フ)スキ(ー)』大尉及び其の一派(印度関係秘密機関ト連絡)」とされる「ス」情報があると記されている。情報の種類は、「英(米)」とされ、備考欄には、情報の確度に対して甲、乙、丙の三段階評価で付記されているが、「ス」情報は、「確度甲、印度事情ニ関シテハ特ニ良好」と書かれている。マーシングの「マ」情報は「乙」、クレーマーの「K」情報は「乙上」とされている。

小野寺は戦後、巣鴨拘置所でアメリカのSSUの尋問にも「ス」情報について答えている。連合国側は自らの陣営だったロンドン亡命ポーランド政府から情報が漏れていただけに、その追及に躍起になっていたのである。そこで小野寺は、「差出人ステファン・カドフスキーと書かれたロンドンからのイワノフ（リビコフスキー）の手紙は、ブルジェスクウィンスキーを通じて一九四四年の夏頃から、届けられた。（終戦までの約一年間で）合計二六通で、（中略）払った報酬は合計約一万ドル（当時の為替レートで一ドル四・二五円で、現在の価値で約四二五〇万円）だった」と語っている。

終戦までの約一年間で二六通だから、月に二通ほどだった。

亡命ポーランド政府陸軍参謀本部に戻ったリビコフスキーは、やがて上司であり、第二部（情報部）長に昇進したスタニスロー・ガノから、情報部の次長として補佐役を務めることを要請されるが、これを断り、旅団長としてイタリア戦線の前線に赴きアンデルス軍団に参加、モンテ・カッシーノの戦いなどで勇戦したという。

ならば、リビコフスキーがイタリア戦線に転出後、ロンドンから定期的にストックホルムの小野寺まで情報を送り続けたのは誰だろうか。小野寺は、生前、家族に「リビコフスキーがロンドンから出た後も、情報はそのルートで入っていた」と語っている。

それは、他ならぬリビコフスキーの上司であり、ポーランドのインテリジェンスを取り仕切っていたガノであった。リビコフスキーが交わした「約束」を上司のガノが引き継ぎ、日本の敗戦まで公然と小野寺に送り続けていたのである。

日本のため機密情報を送る「約束」は小野寺とリビコフスキーによる個人的な友情からではなく、日本の参謀本部とリビコフスキーが属するポーランド参謀本部、ひいては日本とポーランドという国家間の「約束」だったと解釈してもいいだろう。ポーランド亡命政府参謀本部は、四四年夏頃から、日本のために機密情報をロンドンからストックホルムの小野寺に提供していたのである。

前に記したように、日本とポーランドはインテリジェンスをめぐって緊密な協力関係を結んでいた。独ソの侵攻で祖国を追われ、第二次大戦の戦端が開かれた際、ガノがポーランドの対ソ課報組織の接収を日本の上田駐在武官に持ちかけたこともあった。日露戦争以来の友好協力関係が、大戦末期まで継続されていたのだった。大戦の最終盤を迎え、敗戦の窮地に立たされた日本を救おうと、ポーランド亡命政府は小野寺に最大級の機密情報を伝えたのである。

## スターリンの野望が現実のものとなる日

そして運命の日を迎える。

一九四五年二月、ヨーロッパではソ連軍がドイツの首都ベルリンを目指し、破竹の勢いで攻勢をかけていた。ノルマンディー上陸以来、第二戦線をつくり、快進撃を続けた米英仏軍も、独仏国境のマジノ線に迫っていた。ヒトラーのナチス・ドイツは、東西から挟撃されて風前の燭（ともしび）となった。日本も太平洋戦線では、硫黄島の玉砕が迫っていた。

枢軸国の敗色が一段と濃くなり、第二次大戦における連合軍の勝利はほぼ確実になった。そこで戦後の世界分割を決めようと戦勝国の三大国である米英ソの首脳がソ連のクリミアにある保養地、ヤルタに集まり、四日から八日間にわたって首脳会談を開いたのである。

ヤルタ会談で、小野寺とポーランド亡命政府が、ひときわ関心を持っていたのがソ連の独裁者、スターリンの野望だった。欧州を席巻しようとしていたナチス・ドイツを土俵際に追い詰めた余勢を駆って、共産主義の拡張と領土拡大を目論（もくろ）んでいた。連合軍は大西洋憲章で領土不拡大の原則を打ち出していたにもかかわらずである。ロンドンに亡命していたポーランド政府にとって、祖国を占領してルブリン傀儡政権を誕生させたソ連に並々ならぬ警戒心を持っていたことはいうまでもない。

小野寺も同様だった。会談の四カ月前の一九四四年十月に、世界でボルシェビキ革命拡大を狙うソ連が、やがてアメリカと対立することをハンガリー武官のヴェチケンジー少佐に説いている。英国立公文書館所蔵のヴェチケンジー尋問調書（KV2/243）によると、小野寺は「ソ連のプロパガンダは南アメリカからバルカン、中東の産油諸国にも広がり、いずれアメリカの権益と衝突する」と警告している。

スターリンの視野には欧州の先にアジアがあり、日露戦争の屈辱を晴らす日本への領土的野心から、やがて日本に刃を向けてくるだろう。小野寺は中立条約を結んでいたソ連がいずれ対日参戦に転じて来ることを見抜いていたのである。

その情報の入手は、参謀本部から与えられた特別任務だったことを戦後、巣鴨拘置所で行なわれた尋問で答えている。

三巨頭会談は、アルヴァレス病（動脈硬化に伴う微小脳梗塞の多発）の発作から体調不良のルーズベルトを手玉に取るように終始、ホスト役のスターリンの主導で進められた。ドイツの分割統治や戦後賠償、ポーランドやバルト三国など東欧の戦後処理が協議され、国際連合の設立などが決まるのだが、戦後、ポーランドやハンガリーなど中欧がソ連の衛星国となり、アジアでも北朝鮮や中国などの共産主義国家が誕生し、東西冷戦構造となったことを考えると、小野寺や亡命ポーランド政府が危惧した通り、三巨頭会談はスターリンが圧勝し、その野望が現実のものとなった。

会談は十一日終了し、共同コミュニケが発表されたが、小野寺が注目するアジア政策、つまりソ連の対日参戦の発表はなかった。いや、伏せられたというほうが正しかった。ルーズベルトは、ヤルタからの帰途に同行したアメリカのメディアに対して、「クリミアでは（ソ連の）対日戦争の問題は議題に上らなかった。ソ連は日本と完全な中立の関係にあるから、私もその中立を尊重する」と完全に煙に巻いたのである。

## 届けられた世紀のスクープ

会談が終わった直後の二月半ば。午後八時から始まる夕食前だった。アパート五階にある小野寺の自宅郵便受けに物音がした。手紙の差出人はストックホルム駐在ポーランド武官、ブルジェスクウィンスキーだった。

手紙の封を開いた小野寺は驚愕した。それは日本の敗北を決定づける不吉な報せ――すなわち「ヤルタ密約」の情報だった。

「ソ連はドイツの降伏より、三カ月を準備期間として、対日参戦する」

危惧していた最悪の事態が起きた。あのスターリンがついに日本に刃を向けてくることを正式に表明したのだ。当時有効だった日ソ中立条約を侵犯して参戦するのは日本を裏切る驚天動地の行為であり、ソ連に領土を奪われ、祖国が世界地図から消える危険さえ孕んでいた。

ヤルタで三巨頭が結んだ対日密約では、ソ連はドイツ降伏より三カ月後に日本に参戦すること、参戦の代償として日本が南樺太をソ連に返還し、千島列島を引き渡すことが決められた。

このうち、ポーランド亡命政府からもたらされたのは、「ソ連がドイツの降伏より三カ月後に対日参戦する」という根幹部分だった。参戦条件として、南樺太返還や千島列島引き渡しなどの領土の部分は含まれていないが、中立条約を結んでいるソ連の参戦は、敗北を決定づける重みがあった。まさに国家の運命を決める世紀のスクープであった。

小野寺が直ちに東京の参謀本部（参謀本部次長宛）に報告したことは言うまでもない。

仙台幼年学校の会報「山紫に水清き」（二十八号　一九八六年五月）に書いている。

「わたしは当時ストックホルム陸軍武官として、特別にロンドンを経た情報網によって、このヤルタ会談の中の米ソ密約の情報を獲得し、即刻東京へ報告した」

東京に伝えたのは妻である百合子夫人だった。駐在武官の妻の任務として、夫が得た機密情報を特別暗号に組み上げて参謀本部に電報で送ったのである。その経緯を百合子夫人は『産経新聞』に語っている。

「情報が入ったのは一九四五年二月半ば。小野寺のリガ駐在時代（一九三五―一九三八年）の武官仲間で、当時ポーランドのストックホルム駐在武官だったフェリックス・ブルジェスクウィンスキーから、『英国のポーランド亡命政府から入った情報』としてもたらされた。その内容は、『ソ連はドイツの降伏後三カ月を準備期間として対日参戦するという密約ができた』

後に問題となる領土に関する内容は含まれていなかったが、小野寺は『これは大変な内容だ』と驚き、百合子夫人に暗号化を依頼した」（一九九三年八月十三日付『産経新聞』夕刊）

暗号電報を組む乱数表は、百合子夫人にとって命にも等しい大切なものであり、外出する際、必ず帯の内側に入れて肌身離さず持ち歩いていた。ソ連参戦のヤルタ密約情報は、スウェーデン赴任以来、夫がつかんだ最大級のインテリジェンスだった。念入りに、特別暗号に組み上げ、スウェーデン電報局から東京に打電したことはいうまでもない。

「通常の何回も使う暗号文では解読される恐れがあるので、黒い紙で一枚ずつ覆ってあった一回ごとに使い捨ての特別暗号書を使って暗号文を作成し、すぐに、ストックホルムの電報局から大本営参謀本部次長（秦彦三郎中将）宛に電報を打った」

百合子夫人が組んだ特別暗号は、ワンタイムパッドと呼ばれる使い捨ての乱数鍵(表)を一回だけ使う暗号の運用法のことで、「一回限り暗号」または「めくり暗号」ともいわれる。理論上解読不可能な唯一の暗号とされている。ソ連が使用していたことはよく知られているが、第二次大戦中に日本陸軍も無限式乱数と称して採用していたのであった。

百合子夫人は、特別重要と思われる情報には、このワンタイムパッドを使用していた。このヤルタ密約情報を始め、ロンドンにあった亡命ポーランド政府からもたらされる連合軍に関する「ス」情報はすべて、この特別暗号を使って送っていた。

## わが友である日本には、自分たちのような悲劇に陥らないでほしい

ヤルタ密約を小野寺に伝えたのは、誰だったのだろうか――。

巣鴨拘置所でSSUが行なった小野寺の尋問調書にヒントがあった。尋問では、小野寺は、機密情報を提供してくれたリビコフスキーらポーランド亡命政府に配慮して、さすがにヤルタ密約の情報を彼らから得たとはストレートに語っていない。

しかし、次のように答えていた。

「ロンドンの亡命政府参謀本部情報部長のガノから、『ソ連が対日参戦することを決め、ソ連軍が極東シベリアに移動している』との警告を受けた」

「ソ連が対日参戦を決めた」とガノから警告を受けたというのだ。情報提供ではなく「警告」と回顧している点に着目していただきたい。そこには強い意志が感じ取れる。敗戦という国家破滅の窮地に陥った日本を救おうという意志である。占領して影響下に置こうとするソ連の陰謀を見抜き、ソ連を警戒してほしい――そんなメッセージがあった。

密約を提供したのは、ガノだった。独ソに侵攻された六年前、組織の接収を持ちかけたガノはリビコフスキーが転進後、彼に代わり、小野寺に情報を送ったのだ。ガノもまた小野寺に信頼を寄せる一人だった。

情報提供したのがガノだっ

OFFICE OF STRATEGIC SERVICES
OFFICIAL DISPATCH
SECRET
TO DIRECTOR, OFFICE OF STRATEGIC SERVICES
RECEIVED

小野寺がガノからソ連対日参戦の警告を得たと供述したことを伝える米太平洋陸軍総司令官からSSUへの公式文書（米国立公文書館所蔵）

た事実は、重要な意味があった。大戦途中から参謀本部第二部（情報部）部長に就任したガノは、亡命ポーランド政府のインテリジェンスの責任者だった。情報部長自ら提供したことはポーランド亡命政府が公式に日本に情報を渡したと解釈できる。小野寺も「ポーランド政府の公式情報だった」「彼らにとっては情報は宝ですからね」（『偕行』一九八六年四月号「将軍は語る〈下〉」）と告白している。

シベリアでの孤児救出や、カウナスで六〇〇〇人のユダヤ系ポーランド人を救った杉原の「命のビザ」、そして小野寺もストックホルムでゲシュタポからリビコフスキーを庇い通した。ポーランドからすれば、ヤルタ密約の提供は、長年、友情を育んできた日本に対する「最後の返礼」であった。そこには、「今度は私たちポーランドが日本を救う」という強いメッセージが込められていたのである。

ワルシャワ蜂起（一九四四年八月）は、ソ連の裏切りによって失敗、首都ワルシャワは破壊し尽くされ、二〇万人以上が戦死・処刑された。レジスタンス幹部たちも、ソ連占領下で逮捕され、処刑されつつあった。ポーランドを隷属的に支配しようとするソ連の策謀であることは明らかだった。

「愛する祖国は、再びソビエトに侵され、隷従の日々がやってくる。だが、わが友である日本には、自分たちのような悲劇に陥らないでほしい」……。密約情報には、ポーランド側の日本への熱い想いが込められていた。

そして、この情報が決定的に重要だったのは、ソ連参戦が「三カ月」という期限が明確になったことだった。

「それまでに、どうにか手を打ってくれ」――。そんな祈りを込めて、彼らは連合国の一員であるにもかかわらず、日本に「死命を左右する情報」を届けてくれたのだ。

八月十五日、日本がポツダム宣言を受け入れ、敗戦が決まると、ガノはストックホルムのブルジェスクウィンスキー駐在武官を通じて、小野寺に心温まる提案を行なった。長い間の日本との協力と信頼に感謝し、戦後の小野寺と家族に財政支援と身辺保護を申し出たのである。日本が祖国のようにソ連に占領され、体制が異なる共産主義国となることを懸念してのオファーだった。それは小野寺夫妻にとって、心癒される贈り物となった。

そして敗戦から五カ月経った四六年一月、ナポリから日本に引き揚げる小野寺に、ガノは同じ連合国軍のフランス軍参謀本部第二部（情報部）長、ゴットフロイ大佐に託した手紙で「あなたは真のポーランドの友人です。どうか家族とともに全員で、ポーランド亡命政府に身を寄せてください」とポーランドの人々の日本への想いの結晶を伝えている。

小野寺がポーランド情報将校らと重ねた友情と信頼関係がいかに強固なものであったかがうかがえる。こうした深いポーランドとの協力関係から提供されたヤルタ密約情報は、ポーランドが日本の危機を救うべく送った乾坤一擲のものだったことは疑いの余地はない。

残念ながら日本は、提供されたヤルタ密約情報を政策に生かせず、約半年後にソ連の参戦を許し、幾多の惨劇を招くのだが、ソ連による本土の占領は寸前に回避して分断国家となる悲劇は防いだ。第二次大戦中、ポーランドが日本に対して「真の友人」として接し、小野寺信を通じてヤルタ密約の情報という「最後の返礼」を届けてくれたことを、我々日本人はいつまでも心に留めておくべきではないだろうか。

大戦終結後、ガノの祖国ポーランドにはソ連の傀儡である共産主義系のルブリン政権が誕生し、ロンドン亡命政府は連合国としてともに戦ったアメリカとイギリスから国家承認を失う。前に記したようにガノはソ連の衛星国となった祖国には戻れず、戦後、モロッコのカサブランカに移住。採鉱会社に勤め、管理職として静かな余生を送った。そして一九六八年、永眠するまでインテリジェンス活動に戻ることはなかった。

## 「偽情報が多かった」という発言の真意

ポーランド参謀本部から提供された公式情報は極めて質の高いものだった。しかし、巣鴨拘置所の尋問では、小野寺は「すべてそれはドイツ向けの偽情報だった」

と答えている。連合軍の機密情報を提供したリビコフスキーらポーランド参謀本部が連合国内で不利益を被ることを恐れたためであった。

巣鴨で尋問が始まった一九四六年三月当時、ロンドンのポーランド亡命政府は戦勝国の一員でありながら立場は微妙だった。英米から国家承認を失い、祖国にはソ連の傀儡であるルブリン共産政権が成立して行き場を失っていた。小野寺はリビコフスキーらの立場を案じて、ポーランド亡命政府から重要な機密情報を得ていた事実を全ては明らかにできなかったのである。

米国立公文書館が保管するSSUによる小野寺の尋問調書によると、「後半から偽情報が多かった」と答えている。インサイド情報を敵国に流したとすると、イワノフ（リビコフスキー）は連合国内で、反逆者とみなされることが想定された。逆に連合軍に忠誠を尽くして、リビコフスキーが偽情報を流して欺瞞工作を行なったとすれば、尋問官の戦勝国としてのプライドがくすぐられ、リビコフスキーに対する疑念も晴れる。小野寺が尋問の中で、意図的に虚偽の証言を行ない、リビコフスキーを守ったのだった。

「差出人ステファン・カドフスキーと書かれたロンドンからのイワノフの手紙は、インド、ビルマにおける連合軍の軍事行動を示す最初の情報はすばらしかったが、四四年末ごろから、質が低下し始めた。日本軍の戦争犯罪に関わる情報が増えた。この時から偽情報だと気づいたが、報酬は払い続けた。合計すると一万ドル。イギリスを結果的に利することになるが、イワノフがロンドンに行ってしまった以上、仕方がないと納得した。ストックホルムの日本武官室で三年半働いたと同じ報酬を支払ったが、イワノフが連合国軍に忠誠を示すため、欺瞞工作による偽情報をやむなく送って来たと納得した」

もちろん亡命ポーランド政府から送られた情報のすべてが機密情報だったわけではないだろう。ブレッチリーパーク（政府暗号解読学校、現在の政府通信本部）で小野寺がポーランド亡命政府から情報を得ていることを察知したイギリス側が、小野寺に伝わることを前提にポーランド亡命政府に意図的に「偽情報」を流したこともあっただろう。それが小野寺に流れ、結果的に日本が「偽情報」を摑んでいたかもしれない。しかし、それは、ごく一部であって、リビコフスキーらポーランド側が意図的に小野寺ら日本側を欺くために「偽情報」と知りながらそれを小野寺に渡したことはなかったに違いない。

皮肉にも、小野寺がSSUの尋問で、リビコフスキーらポーランド亡命政府を庇うため、「偽情報が多かった」と答えたことから、小野寺情報には「英米の仕掛けた偽情報が多かった」と批判されるようになった。

意図的にイギリスが流した「偽情報」がそのまま小野寺まで伝わったものがあったかもしれない。しかし、実際には、極めて正確な情報が多く、ＭＩ６が警戒していたことは英国立公文書館で公開された機密文書でも明らかだ。また日本の参謀本部も情報の確度が高いと判断していたことは、前に述べた通りだ。

連合国側の偽情報による欺瞞工作を厳重に警戒していた小野寺は、独ソ戦開戦情報のように情報の裏付け（ダブルチェック）を行なっていた。何よりも戦後も小野寺が他界するまで往復書簡を交わし、濃密な信頼関係を続けたリビコフスキーが「偽情報」を流して小野寺、日本を裏切っていたとは考えられない。

リビコフスキーを庇うための供述が、独り歩きして、欧米を中心に「リビコフスキーが二重スパイで小野寺に偽情報を流していた」との見解が広まったとしたら、それは事実ではないだろう。

## 終戦から三十八年目に「不明」発覚

敗戦の窮地に立たされた日本を救おうと、ポーランド亡命政府が「最後の返礼」として小野寺に伝えたヤルタ密約（ソ連対日参戦）情報は、日本で有効に活用されたのだろうか。

国家の命運を左右する第一級の情報でありながら、参謀本部からの返電はなかった。ただ、それまでも送った電報に対して、必ずしも返電があったわけではなかった。だから、「主人(小野寺)も私(百合子夫人)も当然、参謀本部へ届いているものと思っていました」(一九九三年八月十三日付『産経新聞』夕刊)と小野寺夫妻が考えたのも当然のことだった。

しかし、終戦から三十八年経った一九八三(昭和五十八)年のことである。小野寺は「わたしの情報が上層部に伝達されていなかった事実をはじめて知って愕然とした」(仙幼会会報)のだった。終戦時にソ連大使を務めた佐藤尚武が回顧録『回顧八十年』の中でヤルタ協定に関して、「不覚にも日本側としては、私も、東京も、その事実(密約)を知ることができず、終戦後に至ってようやく密約の存在を知った」と書いているのを見つけたからだった。

ストックホルムから送ったはずの電報が中央には届いていなかった。日本政府はヤルタ密約の中身を知らなかったというのだ。送ったはずのヤルタ電報を大本営が受理した記録はなかった。

戦後に防衛庁(現在は省)防衛研究所戦史室がまとめた公刊戦史『戦史叢書』でも八二巻目「大本営陸軍部〈一〇〉昭和二十年八月まで」の第一章「四　独国及び連合国の情勢」で、「米英ソ三国の首脳は、二月四日~十一日ヤルタで会談した。

当時、日本側はこの会談について、主としてドイツ屈服後の欧州戦終結に関する問題が議せられ、ソ連の対日態度変更を示唆するような内容は含まれていないもの、と淡い希望を持っていた」とソ連の対日参戦の密約には触れず、「国際情勢の概観」の「対ソ中立関係の見通し」でも、「十九年後半からソ連の国境侵犯の頻発、対日強硬態度の露骨化が目立ち始めたが、ヤルタ会談において、ソ連が対日参戦の期日を決定したことを、日本側は全く知らず、なおソ連に希望的観測をつないでいた」とソ連参戦の期日を決定したことを、「日本側は全く知らなかった」ことになっている。知らずに「ソ連に希望的観測を抱いていた」と記されていた。

乾坤一擲送ったヤルタ密約の電報が「行方不明」になっていることが判明して三年後の一九八六年五月、小野寺は、母校である仙台幼年学校の会報「山紫に水清き」に、無念の気持ちを寄稿した。

「ヤルタ会談の中の米ソ密約情報を獲得し、即刻東京へ報告した。当時中央に勤務していた諸兄の中でわたしの報告を取り扱い、または耳にした御仁があっても不思議ではない筈である。これは戦争史研究上、きわめて大切なことである。因みに欧米諸国では、この種の資料は後日の研究用として確実に保存され、極秘電報でも現物が保管されている。証拠隠滅のため、大切な書類を焼却してしまうような行為は適当ではない」

大本営は敗戦時にあらゆる資料を焼却処分にした。しかし、ストックホルム発の小野寺の電報は、届いていれば、目を通した高官はいたに違いない。小野寺は、電報を見たであろう陸軍参謀本部の中枢にいた幹部や幕僚に問い合わせたが、いつも「見ていない」「知らない」という回答だった。誰一人として、電報の存在すら認めなかった。どんなに探しても、大本営が、この電報を受信したという記録はどこにもなかった。宙に浮いたヤルタ電報について小野寺は考えた。

①何らかの事情（電報が日本に届かないか参謀本部で特別暗号を解読できなかったなど）で日本に届かなかった。

②電報は届いたが、上層部に伝達されず途中で誰かが握りつぶした。

このいずれかの可能性である。

参謀本部で電報を受け取り、情報を知り得る立場にあった人物はいたはずだった。当時の参謀本部では、外地から電報を受信すると、まず総務部に届けられるが、実質的に大きな権限を持っていた第一部（作戦部）作戦課で仕分けして、担当の課に持参した。そして担当の課は、配り先を決めていた。ならば、小野寺の電報は担当課だったロシア課が電報を受け取り、ソ連参戦を決めた情報を知り得た可能性が出てくる。

そこで小野寺は電報の行方不明が発覚して三年後の一九八六年、旧陸軍将校の親睦組織の機関誌（『偕行』同年四月号「将軍は語る〈下〉」）の座談会で、確実に自分の電報を耳にする立場にあった人物として参謀本部第二部（情報部）のロシア課長を務めた林三郎の名前を挙げ、疑問を投げかけた。

「八月にソ連が出て来た時、晴天の霹靂のように感じたわけじゃないでしょうから、やっぱりわかっていたと思いますよ。林三郎あたりに聞いたらどうですかな。彼、よく知っているでしょう。いろんなことも。（ロシア課長だったから）自分の担当の敵が出てくるのを知らんという話はない」

林は陸軍士官学校の第三十七期で、第三十一期だった小野寺の六年後輩にあたる。モスクワ駐在武官補佐官から参謀本部ロシア課員となり、日米開戦時には、ロシア課ロシア班長で、一九四三（昭和十八）年十月からロシア課長を務め、参謀本部での対ソ情報勤務が通算九年余に及ぶ参謀本部きってのソ連専門家だった。

ヤルタ会談が行なわれた四五年二月は編制動員課長に転進、さらに終戦時は阿南(あなみ)惟幾(これちか)陸相の秘書官を務め、ロシア課から離れていたが、常に統帥部の中枢にいたので、敗戦につながりかねないソ連情報が来れば、当然ながら耳にし、目にすることができた。

## 「会談直後にソ連の対日参戦の約束知る」

そのことを裏書きするように林は一九七四(昭和四十九)年十月に出版した『関東軍と極東ソ連軍――ある対ソ情報参謀の覚書』最終章「日ソ戦争実相」の1に、次のように記していた。

「米英ソ三国首脳者は、一九四五年二月四日から同一一日まで、ソ連領クルィム半島(クリミア半島)のヤルタにおいて会談した。スターリンは、東ヨーロッパにおけるソ連軍の戦果拡大を背景にして、この会談に臨んだ。

彼(スターリン)は同(ヤルタ)会談において、ドイツ降伏後三カ月後に対日参戦する旨を約束したとの情報を、わが参謀本部は本会談の直後ごろに入手した」

会談直後頃に、参謀本部はヤルタ密約(ドイツ降伏三カ月後にソ連が対日参戦する)をつかんでいたと証言していたのである。

敗戦で、参謀本部にあったソ連関係資料はすべて焼却されたが、ロシア課長として中枢にいた林は秘かに「記憶」し、個人的な資料やメモを保管して「記録」していた。それを補正発展させたのが、この回顧録だった。

続けて書いている。

「いわゆるヤルタ秘密協定については、その当時参謀本部はなにも知らなかった。戦後になってからの公表によって、ソ連の南樺太、千島奪取、貿易港大連の国際化、旅順海軍基地の租借、満洲諸鉄道の共同経営、外蒙古の現状維持などを、米英中三国が認めたことが明らかになった」

参謀本部は、ヤルタ会談で秘かに交わされた極東条項のうち、「ソ連がドイツ降伏から三カ月後に日本に参戦する」という根幹部分の情報は入手していたが、その見返り条件として日露戦争で獲得した南樺太のみならず、一八五八年以来、日本固有の領土である北方四島を含み、一八七五年の千島樺太交換条約で日本の領土となっていた千島列島をソ連が手にすることは知らなかったというのだ。

この情報こそ小野寺がロンドンのポーランド亡命政府参謀本部から入手して百合子夫人が参謀本部次長（秦彦三郎中将）宛に打った緊急電報そのものであった。それは、「ソ連はドイツの降伏後三カ月を準備期間として対日参戦するという密約ができた」

という内容だった。参戦の見返りとなる領土などの条件は含まれていなかった。むろん会談直後にヤルタでソ連が参戦を密約したことを参謀本部に伝えた者は小野寺以外に見当たらない。ベルリンの大島大使はドイツ外務省から得た情報としてヤルタでソ連が参戦を決めたとの情報を送っているが、三月以降であり、スイスのベルンの藤村海軍武官補佐官は五月二十四日である。しかも二つとも参戦時期が明記されていない。林が参謀本部が入手したと記したソ連の参戦情報こそ、小野寺の機密電そのものだった。

ヤルタ密約のうち、北方領土問題の原点となったソ連への参戦の見返り条件も重要だったことは間違いない。しかし、中立条約を破棄してソ連が参戦を最終決断した情報こそ、敗戦を意味する最重要なものだった。この機密情報を国家の舵取りをする首相ら上層部に届け、外務省など政府内で共有していれば、戦火を交えるソ連に頭を垂れて和平仲介を依頼することがあっただろうか。英米に直接和平を申し入れ、終戦を早められた可能性も出てきただろう。

情報を受け取った参謀本部が、その価値の重要性に気づいていなかったとしか考えられない。

林は図らずも自らの著書で、小野寺の「電報」が参謀本部に届いていたことを認めていたのはなぜだろうか。この本が出版された一九七四（昭和四十九）年十月という時期に着目していただきたい。小野寺が送ったはずのヤルタ密約電報が上層部に届かず、不明になっていることが発覚するのが一九八三（昭和五十八）年である。林は、小野寺が「電報」の行方を求めて各方面に問い合わせる九年も前に、この本を書いていたのだ。執筆した時点では、「小野寺電」の行方は論議されていなかった。林は自由に回顧して参謀本部に「小野寺電」が届いていた「真実」を書きとどめたに違いない。

## 「見たのはスペインの須磨電報」

回顧録で「真実」を書いた林は、その後、小野寺の電報が不明になっていることが判明し、一九八六年になって小野寺から『偕行』誌上で、ヤルタ電報の行方を知る立場にあった人物として「林に聞いたらどうか」と名指しされたことに困惑したのだろうか。発言から三年後の一九八九（平成元）年八月、何とも辻褄の合わない不自然な反論をしていた。

それは陸軍士官学校、陸軍経理学校、陸軍幼年学校、防衛大学校出身の経済人で構成する同台（どうだい）経済懇話会で行なった「昭和軍事秘話　中」「ソ連の対日参戦」と題する講演だった。

「ヤルタでスターリンが対日参戦、ドイツ降伏後三カ月で対日参戦の約束をしたという電報は見ました。見ましたが、それは小野寺電報ではありません。私の覚えているのは外務省の電報で、スペイン公使の須磨（弥吉郎）電報です」

ヤルタ密約電報を見たことは認めながら、それは「外務省電報」で、「スペイン公使の須磨電報だった」というのだ。

第二次大戦に中立を宣言したスペインは、世界各国のスパイが暗躍する「インテリジェンスのメッカ」だった。そこで日本も「情報の須磨」といわれた須磨弥吉郎が一九四〇年一月、駐スペイン公使としてマドリードに赴任し、スニュエル外相から紹介されたユダヤ系スペイン人、アンヘル・アルカサール・デ・ベラスコにアメリカでの諜報活動を依頼。ベラスコは、工作員十数人をアメリカの主要都市に配置する諜報網である「東機関」を結成。真珠湾攻撃でアメリカ大陸の在外公館が廃止される中で、南太平洋におけるアメリカ軍の反攻作戦や原爆開発計画（マンハッタン計画）など、数多くの重要な情報を須磨公使にもたらし、精度の高い「東ＴＯ情報」と注目されていた。だから須磨公使から送られた電報だとしても不思議ではなかった。

## 須磨電報は観測情報だった

林が見たという須磨電報は本当にヤルタでソ連が参戦を決めたことを伝えていたのだろうか。ロンドンの英国立公文書館で探すと、ブレッチリーパーク（政府暗号解読学校、現在の政府通信本部）が傍受解読した外交電報のＨＷ１２／３０９のファイルの中に、ヤルタ会談直後の一九四五年二月十六日にマドリードから須磨公使が東京の外務相宛に送った電報の解読文書があった。時期からすると、林が釈明した「須磨電報」とは、この電報のことだろう。

TOP SECRET U.

TO BE KEPT UNDER LOCK AND KEY: NEVER TO BE REMOVED FROM THE OFFICE.

CRIMEA CONFERENCE: VIEWS OF JAPANESE MINISTER, MADRID.

No: 141533

Date: 21st February,1945.

From: Japanese Minister, MADRID.

To: Foreign Minister, TOKYO.

No: 157.

Date: 16th February,1945.

[W/T: I A. JAA].

You have no doubt already formed your own conclusions as to the enemy's political and military aims as set forth in the CRIMEA declaration, but I summarize the salient features of reports current here to supplement my previous telegrams.

1. Until the SAN FRANCISCO Conference on 25th April the enemy will give first place to the war against GERMANY and expect to carry on at least until BERLIN is captured. Ignoring any local fighting likely to continue after that they will probably declare at the Conference that the European war ended with the fall of BERLIN, but that the present great war will not come to an end until the Greater East Asia war is finished, in other words that the war in EUROPE and the war in ASIA are one.

2. As at the MOSCOW and TEHRAN Conference the Soviet was repeatedly pressed by AMERICA and BRITAIN to join in the war against JAPAN. In view of the fact that on the one hand the European situation is likely to become more and more complicated, and on the other hand that the Soviet must depend on Anglo-American help, especially the help of the Air Forces, for the prosecution of its all-out attack on GERMANY, the Soviet, while remaining on the fence drew a red herring across the trail by giving the impression that it would certainly join in the war against JAPAN, and had the date for the opening of the SAN FRANCISCO Conference fixed for 25th April, precisely the date on which notification can be given of the

abrogation

Director-General (5).
F.O. (3).
Admiralty (2).
War Office (4).
Air Ministry.
M.I.6. (2).
Colonel Vickers.
Sir E. Bridges.
G-2, Washington.

駐スペイン公使、須磨弥吉郎が東京の外務省に送った1945年2月16日付のヤルタ密約観測電報（英国立公文書館所蔵）

機密文書「ウルトラ」には「クリミア会議　駐マドリード日本公使の諸見解」というタイトルが付けられている。「ＦＡＣＴＳ（諸事実）」ではなく「ＶＩＥＷＳ（諸見解あるいは諸意見）」である。タイトルだけ見ても、ヤルタで対日参戦が密約されたという事実を伝えたものではないことがわかる。本文を読めば、須磨公使が東京に伝えたのは、観測情報にすぎないことが一目瞭然だ。

「クリミア会議終了後に三巨頭により出された宣言に関して連合国側の政治的、軍事的狙いについて、すでに東京で出した結論に疑念を持っていないようだが、以前送った電報を補完して、最近当地で伝えられている情報の特徴的な要点を以下にまとめる。

1、四月二十五日からアメリカ・サンフランシスコで開催される連合国会議まで、敵（連合国）は、対独戦を最優先とし、最低でも首都ベルリンを攻略することを期待している。その他の地方の局地戦は無視して、会議では、ベルリン陥落により欧州の戦争が終結したと宣言するだろう。しかし、大東亜での戦争が終結するまで第二次大戦は終わらないだろう。別の言葉でいうと、欧州での戦争とアジアでの戦争は一体で一つだということだ。

2、（一九四三年十月の）モスクワ（外相会談）と（同年十一月の）テヘラン（三巨頭会談）に続いて、アメリカとイギリスは（ヤルタで）ソ連に対日参戦するように迫った。

（戦後を睨んでソ連がポーランドなどを勢力圏にしようとする動きを見せて）欧州の情勢は次第に複雑化して来た一方、またソ連は対ドイツ戦争を全力で遂行するうえで、米英からの支援、とりわけ（爆撃を行なう）空軍の援助に依存している。その一方でソ連は、おそらく対日参戦するだろうという印象を与えることに対して、なお一線を守っている。そして、サンフランシスコ会議（国際連合設立会議）の開幕日を、日ソ中立条約の廃棄を宣告できる四月二十五日に正確に設定した。このためソ連は（ヤルタで）米英の要求（対日参戦）に応じたとの印象があるとの見方があるようだ。ただし複数の情報筋は不確実だとしている。同時に、まず、その時（開幕日）までに、欧州とアジアにおいて戦線がどのように進展するか注視しなければならないだろう。そこでソ連は中立条約を破棄するかどうか決断するだろう。そして、仮に中立条約を破棄（不延長）する宣告をしても、さらに条約は一年間有効なので、その間に（参戦の）行動を取るかどうか見極めるだろう。

3、中国（国民党政府）がサンフランシスコ会議に招待されている点も、すでに述べたような（連合国に傾斜する）ソ連の政策（転換）の表れである。ソ連は会議で中国問題の冒頭からでき得る限り強力に中国（国民党政府）を支援することを約束するだろう。それによって米英を喜ばせるだろう。一方でソ連はアメリカのウォレス副大統領らが現地で調停の努力を重ねて来た重慶の国民党と延安の共産党との協力協定の条件について結論を出すとの約束を履行すると考える。そして国共協力の行方を注視するだろう。

4、すでに周知の事実からすると、当地スペインの米英の外交官たちは（ヤルタで）ソ連が最高の成果を得たと失望しているが、もしもこれが事実だとしても、それは表面的な結論に過ぎない。米英は、おとりとしてポーランド問題で多くの譲歩をすることによって、その数倍も価値があり、彼らが本当に望んでいたものを得たのである。すなわち（国際連合の中に）五大国（拒否権を持った常任理事国）の創設に向けて最初の一歩を踏み出したことは、（かつての）国際連盟よりも全ての実務的な目的をより強固に遂行できることになるからだ。この構想を提唱したアメリカのヴァンデンバーグ上院議員がハル国務長官やコナリー上院議員らとともにサンフランシスコ会議のアドバイザーとして任命されたのは、そのことを裏付けている」

当然予測されることだが、ヤルタ会談で、米英がソ連に対日参戦を改めて要請したことは記している。そして中立条約の破棄の可能性を含めてサンフランシスコ会議に参加するソ連は連合国側に傾いていて、対日参戦するだろうと踏み込んでいる。

しかし、複雑な欧州情勢下で「なお一線を守っている」とも書いており、クリミアでスターリンが明確に参戦を約束したという事実は摑んでいない。真実に肉薄しているが、観測にすぎない。参戦を決めた密約情報そのものが「複数から不確実との見方がある」と疑問符をつけている。ましてや「ドイツ降伏三カ月後に対日参戦する」という時期に関する記述はどこにもない。

「情報の須磨」として名を馳せた須磨公使だったが、アメリカはマジックによる日本の外交電報などの暗号解読から、「東機関」の活動実態を把握し、四四年六月に一斉摘発して頼みのベラスコの部下を射殺。「東機関」は解散に追い込まれていた。ヤルタ会談が行なわれたのはその八カ月後で、「東機関」がもはや存在しない以上、須磨公使が連合国の最高機密情報であるヤルタ密約をスクープして、東京の外務省に打電できるはずはなかった。

繰り返すが、須磨電報は、あくまでもソ連が参戦を決めただろうという「観測」情報であって、参戦を密約したという「事実」ではなかった。

ソ連情報のプロであった林がまさか「観測情報」を「事実」と見誤ったわけではあるまい。「須磨」電報を見て、「ヤルタでスターリンが対日参戦、ドイツ降伏後三カ月で対日参戦の約束をした」と認識したという林の釈明は論理が破綻している。

なぜ、林がこのような破綻した釈明を行なったのだろうか。林は、講演の冒頭で

「『偕行』は読んでいないが、『林に聞いてみろ』というやりとりに答える意味で」と述べている。小野寺から「見たはずだ」と名指しされたことに対して、ともかく反論して「見ていない」ことを釈明したかったのだろう。

さらに林は、入手した時期と情報の精度について講演で不可解な説明を行なっている。

「確か暑くなりかかった頃、六月か七月に、スターリンがヤルタ会談において、ドイツ降伏三カ月後に対日参戦する約束をしたという情報を、私は確かに参謀本部で見ました。見ましたけれども、その頃の陸軍中央部では、このソ連の密約説を半信半疑に受け取っておりました。今でこそあれは真実だったと言えるのですが、当時は半信半疑でした。早い話が七月下旬に参謀本部のロシア課は、ソ連の対日参戦の時期を夏秋の頃と、非常に幅をもたせた判断をしている。ということは、この密約説をあまり信用しなかった証拠です」

林がヤルタ密約の電報を見たのが、「六月か七月」としたのも不可解である。小野寺が打電したのは、会談直後の二月中旬で、林自身、回顧録に「参謀本部は会談直後に入手した」と記している。小野寺のほかにもヤルタ密約情報を送ったインテリジェンス・オフィサーはいたが、いずれもドイツ降伏後の五月以降（大島独大使は三月）で、会談直後ではない。会談直後は小野寺しかいない。

そもそもポーランド亡命政府からもたらされた世界最大級のスクープを参謀本部が「半信半疑であまり信用しなかった」というのだから、呆れてしまう。

参謀本部で、小野寺から送られたソ連の対日参戦情報の電報を見た（あるいは聞いた）林は、そのことを回顧録で記していたため、「ヤルタ密約電報を見た」という事実そのものを否定できなかった。そこで、それは小野寺電だったことを否定して、苦し紛れに矛盾を承知で「須磨情報」で見た時期を「二月中旬」から「六月か七月」に変えて釈明をしたのだった。

そう答えなければ、小野寺の電報が参謀本部に届いていたことを公式に認めることになる。小野寺電報が届いていたことを認めれば、参謀本部の中枢が、ソ連参戦を知りながら、不毛のソ連仲介を進めた不作為が明らかになる。そのことを懸念して「不都合な真実」を隠蔽することにしたのだろう。

小野寺が危惧した「電報は届いたが、上層部に伝達されず日本で誰かが握りつぶした」のだとしたら、考えられない「中枢の崩壊」だった。日本の窮地を救おうとポーランド亡命政府から届けられた「最後の返礼」の情報を、残念ながら日本は国策に生かすことができなかった。

# 第七章　オシントでも大きな成果

## 軍事秘密を除く国家秘密の大半は、公開情報から入手できる

二十世紀の終わりにモスクワ特派員を務めていた頃、ソ連時代に駐在した先輩から伝えられた逸話があった。言うまでもないことだが、赤いカーテンで閉ざされた全体主義国家、ソ連は共産党が報道をコントロールしていた。ましてや西側の仮想敵国、日本の特派員が自由に移動して取材し、有力者にインタビューすることは不可能だった。そこで諸先輩方が行なった「取材」方法がソ連共産党の機関紙『プラウダ』の行間を読むことだった。

「新聞の行間を読む」というのはいささか誇張がある。行間まで目を通すくらい丹念に新聞を読みこなし、共産党中央委員会や地方における権力闘争を探り当てることだった。ソ連時代は、取材したくてもできないのだから、『プラウダ』を読み、赤の広場で行なわれる軍事パレードでの幹部の立ち位置から、クレムリンでの序列の変化を摑みとることが特派員としての大切な仕事だった。

この『プラウダ』の行間を読む作業は、インテリジェンスの世界におけるオシント（オープン・ソース・インテリジェンス、公開情報諜報）にあたる。新聞、雑誌、書籍、テレビなど誰もがアクセスできる公開情報を集め、入念に分析して合法的に秘密情報を得ることだ。元外務省主任分析官の佐藤優氏によると、秘密情報のほとんどが

公開情報から得られ、軍事秘密を除く国家秘密の九五〜九八パーセントは、公開情報から入手できるという。

ポーランド亡命政府のミハール・リビコフスキーや元エストニア参謀本部情報部長のリカルト・マーシングなど小国のインテリジェンス・オフィサーと心を通わせ、日本の命運を左右する機密情報を得ていた小野寺は、連合国側から「ヒューミント（ヒューマン・インテリジェンス、人間的信頼関係を構築して協力者から秘密情報を取る）の達人」と恐れられていたのだが、オシントでも大きな成果を挙げていた。

一九四一年六月、ナチス・ドイツがバルバロッサ作戦を開始すると、小野寺は現地スウェーデンの新聞から有力情報を得る。ドイツ軍は、冬将軍に妨げられ、モスクワ攻略が失敗したと言われているが、実際には厳冬となる前の九月、ウクライナなどに雨期が訪れ、地面がぬかるみになり、戦車の機械化部隊の進軍が止まる誤算に見舞われた。このことが戦局に影響していた。この九月が分水嶺になるという情報を小野寺は、スウェーデンの現地紙からロシア革命の指導者の一人だったアレクサンドル・ケレンスキーの見解として摑んでいた。

二月革命後、エスエル（社会革命党）に所属し臨時政府首相になったケレンスキーは、十月革命でボルシェビキに打倒され失脚、一九一八年フランスへ亡命し、一九四〇年にアメリカに渡って評論活動を行なっていた。

夥しい数がある公開情報は、玉石混淆(ぎょくせきこんこう)で、その真贋(しんがん)の見極めが難しい。ガセ(偽)情報や裏付けのない飛ばし(推測)記事などを排して本当に有益な情報を見分けるためには、常識、良識が必要となる。ロシア専門家として参謀本部で、ロシア革命とボルシェビキ内の権力闘争を研究していた小野寺がケレンスキー発言の重要性を認識していたからこそ、雨期に手を焼いたドイツの意外な苦戦を読み解けたのであった。

北欧の中立国スウェーデンでは、スウェーデンのみならず、連合国アメリカやイギリスの新聞、雑誌などの定期刊行物が入手でき、公開情報を細かく分析できた。その前提に小野寺の類まれな語学力があった。ストックホルムに赴任後、独学でスウェーデン語を学び、赴任半年後、ドイツのソ連侵攻が始まった頃には、現地紙の見出しを読み比べて主要なニュースを把握できるようになった。記事の詳細は、秘書のチェスラーにドイツ語に翻訳させ、ドイツ語で読んだ。ケレンスキーの分析記事も、こうして見つけたのだった。

## 摑んだものの握りつぶされた？　アメリカの原爆情報

また小野寺は懇意になったスウェーデン参謀本部情報部のピーターセン少佐らを通じて、特別に『タイム』などの英米のニュース雑誌のほか、航空機など軍事技術に関する専門雑誌も入手していた。

日本軍が真珠湾を攻撃すると、小野寺は戦いの前途を案じて、軍の嘱託としてスウェーデンに配属された四人の商社マンを使って連合軍の総合戦力の調査、分析を行なった。三人は陸軍武官室に嘱託としてベルリンから配属された三井船舶の本間次郎、三井物産の佐藤吉之助、三菱商事の井上陽一であった。英米の新聞、雑誌を翻訳して、連合軍の戦力情報を分析していた。こうした公開情報は、同盟通信を通じて、新聞電報として東京に送られ、内閣情報部に提供された。

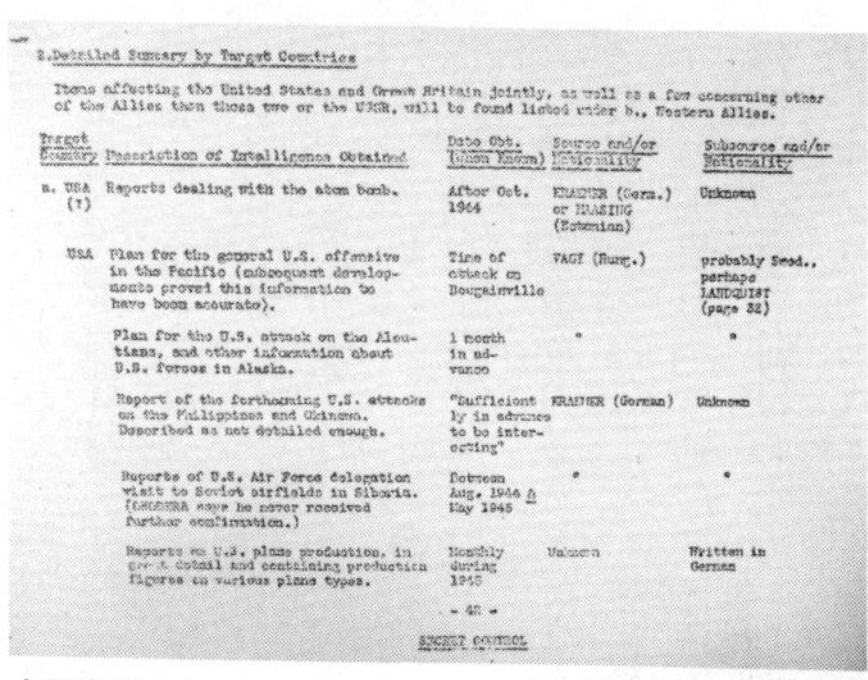

2. Detailed Summary by Target Countries

Items affecting the United States and Great Britain jointly, as well as a few concerning other of the Allies than those two or the USSR, will be found listed under b., Western Allies.

| Target Country | Description of Intelligence Obtained | Date Obt. (When Known) | Source and/or Nationality | Subsource and/or Nationality |
|---|---|---|---|---|
| a. USA (?) | Reports dealing with the atom bomb. | After Oct. 1944 | KRAMER (Germ.) or MASING (Estonian) | Unknown |
| USA | Plan for the general U.S. offensive in the Pacific (subsequent developments proved this information to have been accurate). | Time of attack on Bougainville | VAGI (Hung.) | probably Swed., perhaps LANDQUIST (page 32) |
| | Plan for the U.S. attack on the Aleutians, and other information about U.S. forces in Alaska. | 1 month in advance | " | " |
| | Report of the forthcoming U.S. attacks on the Philippines and Okinawa. Described as not detailed enough. | "Sufficiently in advance to be interesting" | KRAMER (German) | Unknown |
| | Reports of U.S. Air Force delegation visit to Soviet airfields in Siberia. (ONODERA says he never received further confirmation.) | Between Aug. 1944 & May 1945 | " | " |
| | Reports on U.S. plane production, in great detail and containing production figures on various plane types. | Monthly during 1945 | Unknown | Written in German |

- 42 -

SECRET CONTROL

小野寺がクレーマーかマーシングを通じて1944年秋以降にアメリカの原爆情報を得ていたとするSSU報告書（米国立公文書館所蔵）

もう一人は海軍嘱託として軍属となった三井物産の和久田弘一で、本来は海軍武官室に配属される予定だったが、小野寺の人柄を慕って陸軍武官室で小野寺とともに軍属として公開情報の収集に取り組んだ。

三井物産の子会社のドイツ物産の社員という形で、ベルリンに駐在して海軍の軍属として欧州を駆け回っていた和久田が、スウェーデンに赴任したのは、ストックホルムに海軍武官室が開設されるようになった一九四二年二月のことだった。赴任前にベルリンで海軍嘱託として技術情報の収集、分析に関するスパイ教育を海軍の武官から受けた。和久田の講師を務めたのが、後にスイスのベルンに移り、米戦略情報局（ＯＳＳ）欧州総局長、アレン・ダレスにつながる和平工作の突破口を開いた藤村義朗中佐だった。

情報分析のスパイ訓練が終了すると、和久田はストックホルムに移り、海軍武官事務所で任務につくことになった。しかし、三品伊織武官は臨時で要領を得なかった。そこで在留邦人の間で人望があった小野寺の陸軍武官事務所に移り、本間らと公刊資料を読みこなし、技術情報の収集を行なった。和久田が担当したのは、アメリカの工業力から見たアメリカ軍の戦力分析だった。ドイツに赴任する一年前に工作機械の買い付けのため、全米各地を視察して訪問したことがあり、アメリカの国力、底力を知っていた。

この情報分析の結果、和久田はアメリカが原爆を生産しているらしいことを摑む。集めた新聞情報の中から、アメリカが三〇〇〇トンのサイクロトロン（核粒子加速装置）を輸入したとの情報を見つけたからだった。和久田は日本国内で勤務していた時、理化学研究所の原子化学物理学の父といわれる仁科芳雄博士の原子力研究に関連して、二〇〇トンの小型のサイクロトロンを輸入する業務を担当したことがあった。

こうした経験から三〇〇〇トンものサイクロトロンが何を意味するか自明の理だった。原子力爆弾と断定はできなかったが、アメリカが原爆と見られる、とてつもなく恐ろしい大量破壊兵器を製造していることだけはわかった。

戦後、巣鴨拘置所で行なわれたＳＳＵの尋問に対し、小野寺は一九四四年十月以降、ドイツのクレーマーかエストニアのマーシングから、アメリカが原爆開発に成功したとの情報を得たと答えている。またＳＳＵの尋問記録によると、入手時期は不明だが、標的の国の欄には、クエスチョンマークつきで「アメリカ」と記されており、和久田の公開情報の分析が起点となって、小野寺は早い段階からアメリカが原爆を生産したとの情報を摑んだようだ。ポツダム会議の直前頃までに、アメリカが新型爆弾、つまり原爆を製造したことを摑んでいたとの見方もある。

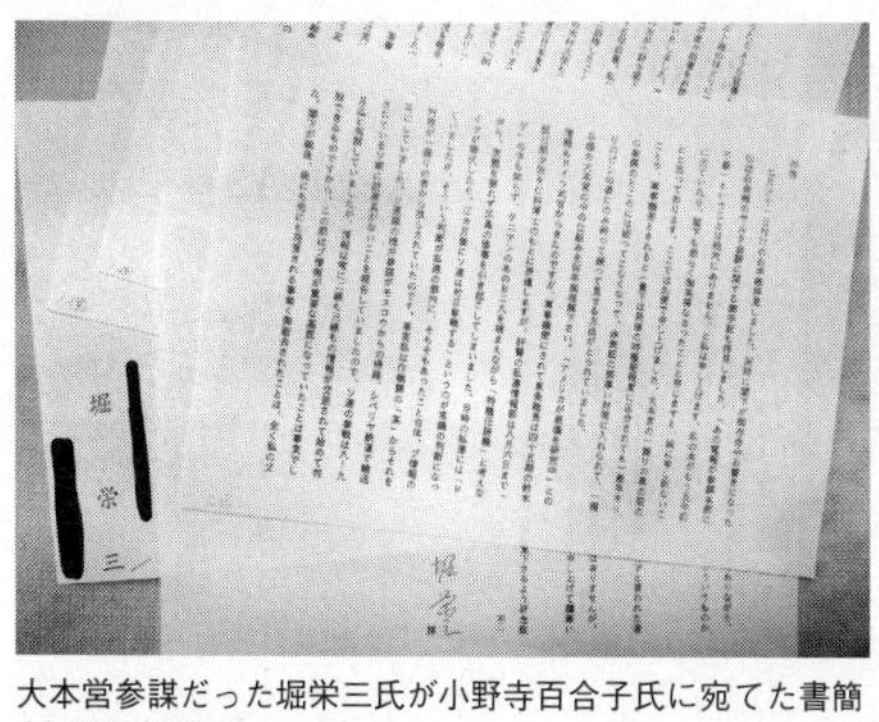
大本営参謀だった堀栄三氏が小野寺百合子氏に宛てた書簡（小野寺家提供）

アメリカの原爆開発情報を入手した小野寺

は、当然ながら、これを参謀本部に送ったと見られる。

小野寺が打電したヤルタ密約を伝える電報について、「ソ連参戦のブ情報は小野寺電にもあったが、どうもこの電報は大本営作戦課で握り潰されていたようだ」(『大本営参謀の情報戦記』)と証言した大本営情報参謀、堀栄三は、小野寺の百合子夫人に宛てた書簡で、小野寺電と同様に日本はアメリカが原爆を開発しているとの情報を得ながら、抹殺されたことを告白している。ブ情報とは、ポーランド武官のブルジェスクウィンスキーからの情報のことである。

「ブ情報は確かに拝見しました。大本営には一握りの『奥の院』があって、同じ小野寺電でも、戦争の帰趨や軍の士気に重大な影響のあるものは、情報部にも見せず、握り潰していたことは確実です。好例として、私の『台湾沖航空戦』の戦果に疑問を持った電報が握り潰されたり(これは瀬島龍三氏が私に告白しながら、その後は一切とぼけて語らず)、また『アメリカが原爆を研究中である』旨の情報が握り潰され、私たちが最後までテニアンの正体不明機(広島、長崎に原爆を落とした米空軍機を指す)を解明できなかったことを、拙著から思い出して下さい」

和久田がオシントによって得た情報を端緒に小野寺が得たアメリカの原爆情報

も、残念ながら参謀本部内で共有されなかった可能性が高い。広島、長崎の原爆投下を防止する可能性もあっただけに奥の院が握り潰したとすれば、その罪は小さくないだろう。また一九四三年頃には、小野寺はドイツが原子力爆弾を開発研究していることを、現地スウェーデンの新聞報道で入手している。部下の補佐官に、ハンガリーの武官補佐官を通じてドイツに確認させたが、ドイツは真実を明かさなかったという。

小野寺が、参謀本部に送った「ドイツで原子爆弾の研究が進行中」との電報は傍受されて、解読された文書が米国立公文書館に残されている。そこには、「原子爆弾は戦争の将来を決するものと思われるから十分注意するよう」という意見が付け加えられている。もっとも『偕行』一九八六年四月号「将軍は語る(下)」によると、この原爆研究情報に対しては、参謀本部の反応は迅速で、後に駐スウェーデン武官補佐官になる伊藤清一大佐が当時ベルリンに駐在していて、ドイツ側に早速連絡を取ったが、「目下研究中」として詳しくは明かさなかったという。

ドイツは、早期から原子力爆弾の研究に乗り出していたが、開発していたのは原子炉であって、原爆ではなかった。原子炉からプルトニウムが生まれるが、ドイツはそれを爆発させるための装置の開発をしていなかった。

## 新聞が描き出す、隠しきれない重要情報

小野寺は、公刊物を分析した英米情報のうち、ドイツに関係する情報をストックホルムのドイツ空軍武官室にも提供していた。

また一九四四年からは盟友のインテリジェンス・オフィサー、クレーマーにも定期的に英米の新聞雑誌を提供して、尋問でクレーマーは「大変助かった」と答えている。

その最大の成果が一九四四年十二月、連合国軍がドイツ軍に敗北したアルデンヌの戦闘だったことは前に記した。マーシング経由でフランスのガルニエ少佐から得た新聞をクレーマーに渡し、ドイツは反撃に成功するのである。

ガルニエ少佐が送った現地新聞（フランス、ベルギー、オランダ）には、進攻する連合軍の戦闘配置が報じられていた。破竹の進撃を続けていた連合軍は、軍事機密について検閲しなかったのだろう。これがマーシングから小野寺、さらにクレーマーにわたり、ドイツは、詳細に情勢分析して、連合軍の戦闘配置を割り出す。この情報でアルデンヌの戦闘に勝利したのである。連合軍側は、マーシングに新聞を渡したガルニエ少佐を情報漏洩容疑で処分し、小野寺から経緯を執拗に尋問したのも当然の成り行きだった。

ドイツも第二次大戦前から、オシントに注目し最大限活用していた。アメリカのインテリジェンス研究家、ジェフリー・リッチェルソンは十九世紀後半から二十世紀初めのドイツのインテリジェンスについて、「正真正銘のスパイに加えて、ドイツは模範的と言える駐在武官のネットワークを保持していたが、彼らのインフォメーションのソースは、新聞、議会の議事録、機関誌、地図関連出版物に絵はがきまでが含まれていた」（『A Century of Spies: Intelligence in the Twentieth Century』）と述べている。

またクレーマーが属していた国軍情報部（アプヴェール）の中に担当部署を設けて、積極的に行なっていた。フランス駐留軍総司令部の将校として大戦に参加したドイツの歴史研究家、ゲルト・ブッフハイトは、著書『諜報――情報機関の使命』で、「Ⅰ（秘密情報活動担当）、Ⅱ（小規模な破壊工作担当）、Ⅲ（防諜。対諜報・対破壊工作活動担当）の三つの課とZ課（事務管理課）の他に、後のピュルクナー海軍少将の『外国』室があった。この室は国防軍最高司令部と外務省の連絡を担当し、また例えばドイツの駐在武官とドイツ駐在の外国武官の世話をする役所のような役割もした。またこの『外国』室は三つの国家群に分かれ、軍事的見地からの外国の新聞、書籍、ラジオで公表されたものを利用し、そのつど、それらに解説を加えることもあった」と書いている。

その成果について、大戦中、ドイツの諜報活動の中枢を担い、戦後、ゲーレン機関長を経て最強の対ソ諜報網である西ドイツ連邦情報局（BND）長官となったラインハルト・ゲーレンは、「今でも覚えているが、当時わずか八部のコピーしか存在しなかったはずの極東アメリカ軍増強計画が、われわれの綿密なアメリカ紙精査を通じ、早くも一九四二年春にはわれわれの知るところとなった」（『諜報・工作──ラインハルト・ゲーレン回顧録』）と証言している。

大戦中、アメリカも公開情報を積極的に収集している。

新聞記者で大戦中、予備役で海軍インテリジェンス部に所属していたラディスラス・ファラゴーは『智慧の戦い──諜報・情報活動の解剖』で、驚くべき重要情報を新聞から入手していたことを次のように証言している。

「情報となり得る一切の情報源を統制するソ連の努力は古今未曾有のもので、ソ連以外の全体主義国家の戦時中ですらみられなかった程度のものである。事実、第二次大戦の時、わが陣営（連合国軍）の情報の相当部分を占めたのはドイツ、イタリー、日本の定期刊行物から直接入手されたものであった。連合国側の情報機関はこの種の情報源の価値を認めて、ヨーロッパとアジアに統一購入機関を設け、敵国の新聞が発行されると直ぐ購入したり第三国の手を通じて定期刊行物をとったりした。ここで入手されたものは、直ちにロンドン、ワシントン、ニューヨークに飛行機で届けられた。こうして敵国の日刊新聞が入ったばかりでなく、学術関係紙誌も極めてスムーズにまた規則正しく流れこんできた。当時ワシントンの事務所でヒトラーの『ヘルキッシャー・ベオバハター』紙がドイツで発行されて後わずか二日あけずして読むことができ、同紙から驚くべき多量の重要情報、すなわち新聞が一般に売りだされる限りその国がどうしても隠しきれない事項を描きだしたものである」

# 第八章　バックチャンネルとしての和平工作

## スウェーデン国王グスタフ五世からの忠告

ポーランド亡命政府参謀本部情報部のガノ部長から、ソ連がヤルタ会談で、対日参戦する密約を交わしたとの警告情報を受けた小野寺は、ストックホルムでソ連参戦前に戦争を終わらせようと和平を打診する工作を行なっている。ただし、それは前に記したように、外交官でないインテリジェンス・オフィサーの小野寺やクレーマーが、バックチャンネル（裏ルート）として国家の命運をかけた終戦の交渉に関わっていたのである。

スウェーデンは、第一次大戦の時と同様に、第二次大戦でも、ドイツ軍に加担したフィンランドやドイツに占領されたノルウェーなど北欧諸国が戦争の渦に巻き込まれる中で、唯一中立を守り通した。首都ストックホルムには枢軸国、連合国の双方の外交団が事務所を構え、和平交渉には最適だった。さらにストックホルムは日本に極めて好意的でもあった。

そこで小野寺は、スウェーデンが和平仲介斡旋も進んで支援しようという気持ちを持っていると判断したのだった。スウェーデンが和平仲介に意欲的だった理由を小野寺は、次のように、ソ連に対する利害が一致していたからだ、と語っている。

「スウェーデンが日本に対して好意的であったのは、王室と皇室という親近感があったからであろうと推測されるが、またソ連に対して、両国から共通の利害を持っていたことも看過できない。スウェーデンは、ソ連の脅威を非常に強く感じていたので、日本が東洋でソ連に対して牽制力となってくれることを期待した。そのためには、日本に余力のあるうちに、戦争を終結することが望ましいと考えたのであろう」(林茂編『日本終戦史　中巻』)

公使館の岡本季正(すえまさ)公使が終戦に至るまでスウェーデン国内で和平工作のチャンネルを作っていた形跡はうかがえない。敵国とつながるバックチャンネルを用意しようとした小野寺は、インテリジェンス・オフィサーとしての義務を忠実に果たしていたといえる。

小野寺は、ストックホルムに赴任して以来、良好な関係を築いていたスウェーデン王室を通じて日本の戦争終結の機会を探れないかと心に抱いた。

真珠湾攻撃から半年後、日本が破竹の進撃を進めていた一九四二年五月、珊瑚海海戦の直後だった。拝謁したスウェーデン国王グスタフ五世から、忠告を受けた。

「日本は戦勝に酔っているようだが、戦いは勝つときばかりではないのだから、適当な時期に終戦を図るべきだろう」

この国王のお言葉が、小野寺の心に深く響いた。親日的なスウェーデンの国王が同じ君主国の日本に示した好意に感謝して、その機会が来れば、国王に仲介の労をとってもらい、国王が親戚関係にあるイギリス国王との間に和議の道が開けないだろうか。そんな期待を大戦初期から胸に秘めていたのである。

前述のように小野寺は、上海時代にも、蔣介石との直接交渉による日中戦争の和平を模索した。その際に、「日本は、天皇陛下の鶴の一声が無ければ、絶対に難局を終わらせることはできない」。だから「和平には陛下を動かす以外に道はない」と確信していた。事実、太平洋戦争は天皇の聖断によって終結された。

## 和平工作に乗り出す可能性があった王室ルート

確かにスウェーデン王室がイギリス王室を通じてアメリカとの和平工作の仲介に乗り出す可能性はあった。朝日新聞のストックホルム特派員として王室を取材していた衣奈(えな)多喜男は戦後、『証言　私の昭和史』(東京12チャンネル報道部編)で証言している。

「あの時、グスタフ五世陛下は、日本が戦争に突入してミリタリストが非常に強くなり、その厚い壁に囲まれて、日本の天皇陛下がたいへんお困りになっていられるのではないか、と言っておられたということも聞きました。もしそういうことなら、スウェーデン王室は、親戚でもあるイギリス王室を通してアメリカとの交渉の道をつけてさしあげたいというのが、スウェーデン王室のいつわらぬお気持ちであったと私は推測しています」

スウェーデン国王は、故王妃も皇太子妃もイギリスから来ていて、皇太孫妃はドイツの出身だった。「回想録」によると、小野寺は国王へ取り次ぐとしたら、国王の信任が厚い侍従武官長のトルネル大将か、総軍参謀長伯爵エーレンスウェード中将に願い出ようと考えていた。軍人であるトルネル大将とエーレンスウェード中将とは駐在武官として親しく交流していた。いざとなれば、和平を依頼できるルートを築いていたのである。

ただし、この構想は小野寺個人の考えで、武官として参謀本部に意見具申して了解を得た政策ではない。だから小野寺は軽々に行動に移すべきではないと認識して動かなかった。

その小野寺が意を決したのは、大本営と政府の連絡会議から特使として欧州に派遣された岡本清福中将とベルリンの日本大使館で会った一九四三年九月だった。激しいベルリン空襲で避難した防空壕の中で、和平工作に取り組むことで意気投合したのだ。渡欧した岡本中将の使命は、ドイツの本当の国力をさぐり、ヨーロッパで日本の終戦の機会を模索することだった。空襲下で小野寺と、「終戦工作は中立国でしかできない。互いにそれぞれの国で努力しよう」と固く約束し、岡本はチューリッヒへ赴任した。

その後、岡本中将は小野寺との約束通り、スイスで、当時の米戦略情報局（OSS）欧州総局長、アレン・ダレス（後にCIA長官）を通じての和平工作を、加瀬俊一スイス公使、北村孝治郎国際決済銀行理事、吉村侃同行為替部長、ペル・ヤコブソン同行経済顧問（スウェーデン国籍）と終戦間際まで、粘り強く行なった。

## 「戦争の後始末は、我々がやろう」

スイスに赴任した岡本中将と和平工作を約束した後、小野寺はベルリンを訪問する度に、在欧軍事委員長、阿部勝雄海軍中将、駐ベルリン海軍武官の小島秀雄少将と意気投合して、三人は往来しながら「戦争の後始末は、我々がやろう」と腹を割って話し合った。

小野寺は、「当時の軍部は、たんに戦争指導という点だけでなく、国の動向を左右するほどの強い実権を握っていたから、和平工作を進めるには、参謀本部や軍令部に対する強力な発信力がなければ、どんな仕事もできない」とも考えていた。

実際にストックホルムでは、岡本公使は有力な情報源も和平工作のチャンネルも開拓していた形跡はなかった。ドイツのリッベントロップ外相がストックホルムでの独ソ和平の密使として小野寺を指名したように、岡本公使よりも陸軍武官の小野寺の方がスウェーデン王室など和平工作を遂行するルートを構築していたことも事実だった。

そして、肝胆相照らす協力者となる扇一登（おうぎかずと）海軍大佐がストックホルムに来る。一九四四年九月のことである。

扇は四三年十月、潜水艦で三カ月かけてヨーロッパに渡り、ベルリンで阿部勝雄中将付き補佐官を務めていた。大本営海軍部で戦争指導班勤務だった扇は、戦局が悪化の一途を辿っていることを知っていた。ドイツが敗走している欧州戦局を知悉（ちしつ）していた小野寺と、戦争を早期終結させることで意気投合。扇を海軍武官としてストックホルムに迎え入れ、スウェーデン国王を通じた和平工作を実行することで一致した。

ストックホルム海軍武官室には扇より海軍兵学校で二年後輩の三品伊織海軍大佐がいた。ところが、三品は臨時武官だったため、扇を武官として三品を武官補佐官とすれば、海軍事務所は強力になる。小野寺と気心の知れた扇なら、大っぴらにできない和平工作も、より協力してできると考えたのだった。

そして同年十一月、小島ベルリン海軍武官がストックホルムを訪問した時、さらに小野寺が四五年三月末にリッベントロップ外相と大島大使の要請でベルリンに出張した際に、この動きは本格化する。ベルリンの海軍武官室が和平に前向きだったのは、ナチス・ドイツが発表する情報を無批判に受け入れた陸軍武官室に対し、海軍武官室は、比較的冷静に敗色深まるドイツの戦局を判断していたためだ。早期和平で祖国を救う考えで小野寺と結びついたのも、当然の成り行きだった。

小野寺も小島も、和平工作はスウェーデンを舞台にする以外ないと確信していた。そこで扇と、ベルリン駐在海軍補佐官の藤村義朗中佐の二人に、中立国で情報収集を装った和平工作を行なわせる辞令を、一九四五年三月一日に発令。ストックホルムに扇、ベルンに藤村を派遣することになった。ベルンに移った藤村は、親日家のドイツ人、フリードリッヒ・ハックを通じて米戦略情報局（OSS）欧州総局長、アレン・ダレスにつながる和平工作の糸口をつかんだものの、東京の軍令部が「謀略」と警戒し、和平交渉には至らなかった。

## 悔やまれる岡本公使の「妨害」

扇は阿部勝雄中将以下、十数名とともにスウェーデンに移ることになった。

ところが、スウェーデン政府が入国を認めず、ビザがなかなか出なかった。海軍の臨時武官の三品中佐と結託した公使館の岡本公使が反対して、積極的に支援しなかったためだ。

岡本季正駐スウェーデン公使（左）と談笑する小野寺（小野寺家提供）

三品中佐は臨時武官にすぎなかった。ところが岡本公使は、扇大佐の入国が三品中佐の武官更迭につながるとの理由で、スウェーデン外務省にビザ発給の斡旋の労を取らなかった。さらに小野寺らが和平交渉をたくらみ、小島中将以下が公使館乗っ取りの策謀を企てていると邪推したのだった。

そのあおりで扇は、駐スウェーデン海軍武官として任命されながらスウェーデンに入国できず、ドイツが降伏する五月上旬までコペンハーゲンで待機を余儀なくされた。コペンハーゲンに留まっていれば、連合国側の捕虜となる危険があった。にもかかわらず岡本公使は、阿部中将や扇らが捕虜となる危機を救おうとしなかった。

敗戦後の一九四六年一月、ナポリ港からの帰国船で、扇と顔を合わせた岡本公使は、「自分は（ビザ発給に）積極的に動き、入国拒否には加わらなかった。とやかく言われる覚えがない」と語っている。扇は、戦後三十年以上、この言葉を信じていたが、岡本公使の電報が一九七〇年代になって外交史料館で公開され、真相が判明すると、「裏切られた」と憤慨したという。

一九七五（昭和五十）年に慶應義塾大学大学院の大竹真人は修士論文「スウェーデンに於ける小野寺和平打診工作」で、小野寺が岡本公使とすれ違った経緯を記している。

「小野寺武官にとって、岡本季正公使は立派な人格の持ち主であり、それ故尊敬すべきであったが、赴任以来公使館の連中から不評を聞かされ、事実、自分自身も大事を打ち明けられない相手だと考えてきた。何故なら、日本の外務暗号が弱い（傍受されている）と小野寺武官に秘かにハンガリーの武官が通報してきたことがあったが、その時岡本公使は絶対有り得ないことだ、と反論して受け入れず、東京へ問い合わせていた」

戦前、在外公館では外交官と駐在武官が別の事務所を構え、激しく対立したこともあった。こうした弊害から二重外交との批判もあり、現在、防衛駐在官は外交官の一員として在外公館に属している。

岡本公使と小野寺との対立は、それを象徴するものだった。対立の背景を探るには、ストックホルムにおける三品中佐と岡本公使との人間関係に触れざるをえない。二人は、住居も近く、極めて親しい間柄だった。しかし近しいのは住居だけではなかった。扇は、二〇〇〇年から百歳を迎えた二〇〇一年にかけて政策研究大学院大学が行なったインタビューで、二人が既婚女性を巡って奇妙な三角関係だったと証言している。

「あそこ（ストックホルム）に、パリから行った日本人画家夫婦がいるんです。その奥さんというのは、おかしな顔をした人なんだけど、三品君と（岡本）公使とが、それを巡って何やらおかしくなっとるんですよ。おかしくじゃない、一緒になっているんだけどね。（中略）三品は、その絵描きの奥さんを、自分の事務室の秘書に入れとるんですよ。（嘱託の）和久田（弘一三井物産社員）君が、それを調べたの……。おかしな奴らだ、と。それ（画家の奥さん）を巡ってですよ。私は、『まさか』と言ったんだけど、和久田は調べて、確信を持っているんだ。新聞記者は、みんな和久田の所に来るんだから……。（岡本公使はストックホルムに奥さんを連れて行って）いないのよ。だから、ストックホルムの天地というのは、とってもおかしなものなんですよ。醜悪らしい」（扇一登　オーラルヒストリー　政策研究大学院大学）

扇が証言した通り、既婚女性を巡って特異な三角関係という私的な理由で、岡本公使と三品臨時武官が親密な関係になり、扇のビザを斡旋せず、結果として終戦工作の機会を逸したとしたら、日本の国益を損ねたことになるだろう。小野寺が大竹の論文に岡本公使が記述された部分に、「日頃の生活態度が信頼を置けなかった」と鉛筆で加筆したのは、扇が証言した「三角関係」が背景にあったからかもしれない。

岡本公使は、終戦直前に東郷茂徳（しげのり）外相宛に「もう少し皇室などを通じて和平工作を行なうべきだった」と悔恨の電報を打っている。しかし、扇のビザを発給さえしておれば、小野寺と協力してスウェーデン王室を通じた和平工作によって終戦が早まり、沖縄戦以降、アメリカによる原爆投下、ソ連の参戦と続く悲劇を回避できた可能性があった。和平で小野寺らと協力することができなかったことこそ悔やまれるべきことだろう。

## プリンス・カールからの提案

ストックホルム市内のリネガータンにある日本陸軍武官事務所にプリンス・カール・ベルナドッテが仲介者のスタンダード石油会社スウェーデン総代理店支配人、エリック・エリクソンとともに小野寺を訪ねてきたのは、ナチス・ドイツが降伏した翌五月九日のことだった。

カール・ベルナドッテは、当時のスウェーデン国王グスタフ五世の甥で、故ベルギー女王アストッドの兄弟にあたり、父親はスウェーデン赤十字社の総裁を務めていた。王室では皇太子に次ぐ重要メンバーだった。だが、平民と結婚したプリンス・カールは、王族の称号も王位継承権も失っていた。しかし、国王は、甥のプリンス・カールを愛され、よくお手許に招かれていた。

エリクソンは反ソ主義者のスウェーデン系アメリカ人で、ドイツのゲーリング元帥とも親交があるという政商だった。日本語を話す親日家でもあったのだが、ドイツの情報機関と米戦略情報局（OSS）の二重スパイという噂もあり、小野寺は「要注意人物」と警戒していた。

二人は、英米との和平話を持ちかけてきたのである。

「ドイツが降伏した以上、日本が戦争を続行するのは無意味。戦争の続行は、ソビエトが利益を得るだけで、日本も、またアメリカもイギリスも利益にはならない。一刻も早く和平の手を打って終戦すべきだ」と小野寺に和平を説いた。

不意の訪問と突然の申し入れに戸惑う小野寺は首を縦に振ることはできなかった。

「日本は、全国民が玉砕する覚悟でこの戦争を戦っているのです。かりそめにも軍人である私が、戦争をやめろとは、いえるわけがないではありませんか」

武官室があったアパートの窓の下では、第三帝国がついに降伏して、欧州に平和が戻ったことに市民が喜ぶ「V・Eデー」の祝賀騒ぎが繰り広げられていた。それを見てエリクソンは言った。

「日本が和平を講ずれば、ストックホルムの市民だけではありません。全世界の人々があのように喜びます」

さらにエリクソンは小野寺に迫った。

「和平の目的達成のために、せっかくの国王のご好意を受けて、イギリスとの間のご斡旋をお願いなさい」

「明後日十一日の金曜日にプリンス・カールが国王に会うことになっているから、そのときに、日本の天皇に、和平を講ずる親書を出すことを進言するつもりでいます」

「国王が自発的に和平斡旋をくださる場合はどうですか?」

彼らが小野寺に国王を通じた和平打診を持ちかけたのは、この時が最初ではなかった。

約二カ月前の三月十七日にも、陸軍武官室嘱託の本間次郎を通じてエリクソンとともに、以前から武官事務所に出入りしていたプリンス・カールから、「国王は、常に戦況が悪化する日本のことを憂慮し、何とか早く終戦にすればよいのにといつも仰せられている。何度、聞いたかわからない。王室はイギリス王室とは、お親しいのだから、小野寺より国王にお願いして、イギリスと日本との間のお取り成しをお願いしてみてはどうか」との提案を受けたことがあった。

前に記したように小野寺自身も国王から直接、「適当な時期に終戦を図るべき」との言葉を聞いていたため、プリンス・カールの背後に国王の配慮があることはわかった。しかし、果たしてプリンス・カールがこんな重大な任務を全うできるのだろうか。エリクソンという人物も不明だ。小野寺は、懸念して二人に告げたのだった。

「和平も必要な段階に来ている。国王が動いてくださり、さらに日本の中央部に和平に対する熱意があれば、日本の皇室に趣旨を伝えよう」

「いずれそういうことになったらよろしく頼む。路線は開いておこう」

エリクソンは実のところ、OSSのエージェントであった。この和平案はエリクソンがプリンス・カールを小野寺に紹介し、持ちかけたことから、OSS主導だったとも言える。大戦の最終盤に来て、戦争を終わらせる意思はアメリカのほうが強かったのである。

## ソ連参戦まで、残された時間はあと三カ月しかない

小野寺はスウェーデン王室を介しての終戦工作ができないか、秘かに機会をうかがっていた。プリンス・カールとエリクソンが持ちかけた交渉案は、小野寺が構想したものとは異なっていた。しかし、ドイツが敗れた時点で、決意は固まった。ヤルタでの密約を知った以上、矢も盾もたまらなかった。やがてソ連が参戦してくる。その前に戦争を終わらせなければ、ソ連に占領される。日本に残された時間は、あと三カ月しかない。そのための和平交渉のルートはいくつあってもよい。

そのように小野寺は考えて、彼らの提案に乗ったのだった。

「国王が動いてくださるなら、結構なことだ。東京に正確に伝えよう。但し、国王陛下が自発的に日本の天皇に親書を送り、イギリス王室への和平斡旋をしてくださる場合である。それ以上は、一駐在武官の私に、和平条件は出せない。国王のお返事は小野寺に伝えてもらいたい」

プリンス・カールは約束した。

「国王にお目にかかって必ず成功させます」

二人は次の水曜日（五月十六日）に結果を報告すると言い残して去った。

重大な和平工作は、本来なら外交を担当する公使館の岡本公使に相談し、連携して進めるべきだろう。しかし、小野寺は岡本公使には、工作内容を打ち明けなかった。東京の参謀本部へも、ある程度の目途が立つまで報告することを控え、プリンス・カールからの返事を待つことにした。

このことから、陸軍武官の小野寺が独善的に和平工作を行なったとの批判がある。しかし、小野寺は、それまで公使館が打電する重要な外務電報がことごとく米英に傍受されていたことを、暗号解読が進んでいたハンガリーやフィンランドの武官仲間から聞かされていた。情報の保秘が絶対条件の終戦工作において、情報が漏れていた岡本公使に知らせなかったのはインテリジェンスの原則からは当然の選択だった。

プリンス・カールとエリクソンの斡旋では、確実に成功する確証はなかった。東京の参謀本部を説得するには、駐在武官の小野寺よりも、やがてベルリンから来る阿部中将が報告したほうが重みがある。小野寺は阿部中将が到着すれば、正式に阿部中将から意見具申して中央の判断を仰ぐつもりだった（残念ながらビザが下りず、阿部中将はスウェーデンに入国できなかった）。

「そもそも、和平工作のような国の重大政策に関わる問題は、軍人がなすべきことではなく、路線の準備をするところまでは任務としても、その先は中央に委ねるべきである」(「小野寺信回想録」)

和平に対して小野寺にはこんな信念があった。プリンス・カールに小野寺から和平条件などに触れなかったのは、こうした想いがあったからだ。小野寺は路線の準備、つまりバックチャンネルを作ろうとしたのだった。

外交は本来、専門の外交官が行なうべきだ。外交の二元化や秘密外交も好ましいことではない。しかし、複雑な国際関係において、必ずしも表の外交だけで問題が解決されるものではない。ましてや敗戦という国難に、祖国を救うため裏でバックチャンネルを用意しようとした小野寺の行動は賞賛されても非難されるべきではないだろう。

## 「オーソリティーの手に移されたから、よい結果が期待できます」

約束の五月十六日、小野寺が留守中に、エリクソンが武官事務所兼自宅を訪れ、百合子夫人に伝えた。

「マダム、例の件は首尾よしです。オーソリティーの手に移されたから、必ずよい結果が期待できます」

戦後判明したところによると、ＯＳＳのエージェントだったエリクソンは、小野寺とのやりとりを全て在ストックホルム米国公使のジョンソンに報告していた。この記録がアメリカ国立公文書館に残されている。五月十一日発でジョンソンからワシントンのステチニアス国務長官に送った報告電報は次の通りだった。

「公使館の要請により、公使館の関係筋（エリクソン）が五月七日の晩、小野寺少将、本間らと会談した。この時、小野寺はソ連が対日参戦の意図を持っており、米軍の日本本土爆撃の損害は想像以上に大きく、日本の勝利は不可能であって、最善の道はこれ以上の都市や文化遺産の破壊を防ぐことであると述べた。小野寺は、スウェーデン王室が連合国側に和平の仲介をされることを取り極める権限を与えられていると述べ、しかし、日本は中国に対してそのメンツを保たねばならないから、和平は無条件降伏でないことが必要であると指摘し、この件を王弟のプリンス・カール・シニアに取り次いでほしいと要請した。その際に小野寺は、自分が天皇を代表することになるから、和平の仲介者はスウェーデン王族でなければならず、また和平談義を取り決める委任権を持つのは、岡本公使ではなくて自分であると強調したが、スウェーデン代表と会うまでは、自分が和平申し入れを発議したことは、いかなる場合にも否定すると言った（中略）。

翌八日夜、エリクソンはプリンス・カール・シニアの秘書、ローヴェンヒエルムにこの件を話した。彼は、プリンス・カール・シニアはスウェーデン赤十字総裁なので、政治問題に介入できないから、国王とフォルケ・ベルナドッテ伯爵に相談される意向であると、エリクソンに言い、その結果を五月十二日までに知らせると約束した」

エリクソンを通じて無条件降伏でない和平の意向はまずプリンス・カール・シニアに伝えられた。和平工作は、アメリカ公使館の要請で行なわれていたのである。電報で小野寺は「自分が日本天皇を代表する」と語ったとエリクソンは報告しているが、参謀本部が天皇に直属する統帥機関であり、小野寺は、その参謀本部に直属する武官であると説明したことをエリクソンが誇張して解釈していたのだろう。

その後、プリンス・カール・シニアは長兄である国王グスタフ五世に小野寺からの和平工作の件を伝えている。エリクソンは再度、このことをジョンソン公使に報告。そしてジョンソン公使は五月十七日発でワシントンの国務長官に電報で報告したのだった。

「関係筋（エリクソン）がローヴェンヒエルムから聞くところでは、プリンス・カール・シニアは仔細に調査した結果、いずれかアレンジされたと思える。ローヴェンヒエルムはさらに、この問題は今や『我が国の最高位者』つまり国王によってアレンジされている、と言った。彼（国王）は、この旨を小野寺に伝えるように関係者に要請した。小野寺はこの連絡をさぞ喜び、報告を受けたことを感謝するだろう。私（ローヴェンヒエルム）は他の場所でも日本の協議和平の試みの噂を聞いているが、報告は受けていない、と語った」

「オーソリティー」とは国王グスタフ五世だった。

小野寺の和平の依頼をプリンス・カール・シニアから聞いた国王グスタフ五世が取り上げ、いずれかアレンジしたという。何をアレンジしたかは不明だが、小野寺が聞くと喜び、感謝することを国王が行なったことを示している。

国王が小野寺の要請に基づき、何らかの行動を取ったことはイギリスの歴史家、ルウェリン・ウッドワード卿が一九七二年に著したイギリス外務省の公刊史『イギリスの第二次大戦中の外交政策』（『British Foreign Policy in the War』、未邦訳）の第六章「日本の降伏――戦後の日本の取り扱いについてイギリスとアメリカの計画」でも確認できる。

「一九四五年五月までは日本からの和平打診は何もなかった（中略）。それまでに日本政府がイニシアチブを取った和平打診は一つも起こっていなかった。たった一つの報告は、駐ストックホルムのアメリカ公使からのものだけだった。

ストックホルムのアメリカ公使館へ氏名不詳の人物（エリクソン）が訪れ、自分は日本の小野寺武官と国王の弟、プリンス・カール・シニアとの仲介者であり、スウェーデン王室より認められている者であると言った。この氏名不詳の人物によると、小野寺は『ソ連が赤軍を満洲国境に進めて対日参戦の意図を持っている』と言っている。日本は敗戦を認識し、これ以上の破壊は避けたいので、スウェーデンの王室筋に日本と連合国のお取りなしをお願いしたい、と希望している。小野寺はお願いすべくオーソライズされている——誰によってかは言わない——と話したと、氏名不詳の仲介者は語った。彼は、小野寺が天皇を代表する者であるから、お取りなしを願う相手は王室のメンバーでなければならないと言って、プリンス・カール・シニアを示唆した。氏名不詳の仲介者が言うには、プリンス・カール・シニアはスウェーデン赤十字社の総裁なので国際紛争に巻き込まれるのは困ると思い、結局、スウェーデン政府とベルナドット伯爵（プリンス・カール・ジュニア）に話した。その後、国王グスタフ五世は、この件に興味を持たれ、様々な方法を講じられ、何事かアレンジされた。（イギリス）外務省はアメリカとともに、日本に無条件降伏を突きつけたが、日本は受諾せず、交渉の基本が成立しなかった」

エリクソンとプリンス・カールからの働きかけに応じて和平工作を始めた小野寺に対して、国王グスタフ五世が興味を持ち、日本のために何らかの行動を取っていたと見られることを米英両国の公文書は示している。国王が動き出したとしたら、和平を打診した工作も意味があったことになるだろう。

しかし、予期せぬトラブルが発生する。日本で終戦工作の斡旋を持ちかけられ、帰国した前駐日スウェーデン公使のウィダー・バッゲがスウェーデン国内で小野寺工作とバッティングしたのである。

## 重光葵外相が進めたバッゲ工作の蹉跌

バッゲ公使が駐日勤務を終えてシベリア鉄道でストックホルムへ帰ってきたのは同年四月下旬のことだった。日本に在任中、バッゲは朝日新聞専務の鈴木文史朗(ぶんしろう)からイギリスを仲介とする和平工作を依頼されていたのである。

一九四四年九月中旬頃だった。バッゲを訪問した鈴木は、「太平洋戦争をなんとかネゴシエーティド・ピース(交渉和平)で収めるべく工作したい。そのために、中立国であるスウェーデンの斡旋で、イギリスに探りを入れてほしい。その条件として、日本は占領地域を全部返還し、満洲国も放棄してよい。なおこれに関しての責任者は近衛文麿である」と申し入れを行なった。バッゲと鈴木は八年来の友人で、戦争の前途を案じて、この問題について、その後も度々密談を繰り返した末、四五年三月、鈴木は小磯国昭内閣の重光葵(まもる)外相を訪問し、経緯を打ち明ける。

鈴木の構想に賛成した重光は、前駐フィンランド公使、昌谷(さかや)忠をバッゲと面談させ、下準備を行なったうえで、自らバッゲと会見し、和平交渉に関してスウェーデンからの英米打診を依頼した。間もなく帰国するバッゲと東京で連絡を取りつつ和平打診を図ることになった。これが「バッゲ工作」と呼ばれるものだった。

重光は「ソ連は何時対日参戦するかも知れず、到底日本のために和平を斡旋する地位にはない。もし日本が平和を申し入れるとすれば、信頼し得べき仲介者を通じ直接米英に対して意向を探るのが最も有利である。それには、東京駐在の中立国代表者としてスウェーデン公使バッゲか法王庁（バチカン）代表に依頼する外ない」（『昭和の動乱〈下巻〉』）と判断していたのだった。重光のソ連観は核心をついていた。そして中立国スウェーデンに信頼を寄せていた。

しかし、重光がバッゲと会見して、政府レベルでの和平交渉へと発展させる手はずを整えた数日後、小磯内閣は総辞職して鈴木貫太郎内閣となり、外相も重光葵から東郷茂徳に代わった。

帰国前に重光から和平斡旋の打診を依頼されたバッゲは、「日本のために一肌脱ごう」と大張り切りでスウェーデン外務省に報告している。スウェーデンは、国王も外務省も日本の終戦工作仲介に乗り出そうとしたのである。

四月上旬に東京を発ったバッゲは、シベリア鉄道経由で四月下旬にスウェーデンに帰国するや五月十日、日本公使館に向かい、カウンター・パートの岡本公使に重光から依頼された経緯を打ち明けた。

「東京から重要な電報が届いているはずですが……」

日本からは何も届いていなかった。そしてともに協力すべき岡本公使からは和平に対する熱意が全く感じられなかった。日本で依頼を受けた重光と交代した東郷には、この和平工作の概要が知らされていなかったことも大きかった。加えて陸軍を中心に水面下でソ連仲介工作が進められていた。

訓令が来ていないことを理由に岡本公使は、「早速、本省に問い合わせましょう」というだけだった。

失望したバッゲは、その足で、朝日新聞特派員の衣奈多喜男とともに、陸軍武官事務所の小野寺を訪問した。バッゲは小野寺に「岡本公使は和平についての熱意さえない」と不平を漏らしている。

小野寺は、バッゲの帰国でスウェーデン仲介による和平が進むと期待していた。

天皇も国民も救われると安堵していたのである。ところが、全く和平に意欲がない岡本公使に落胆するバッゲを前に驚きを禁じ得なかった。

上司の鈴木から連絡を受けていた朝日新聞ストックホルム特派員だった衣奈多喜男は、困り果てたバッゲを「小野寺武官のところへ、ご案内して、この話を進めてもらうようにお願いしました」（『証言　私の昭和史』東京12チャンネル報道部編）と回顧している。衣奈はその頃、小野寺の和平工作がかなり進行していることを知っていたので、日本の窓口としてバッゲに小野寺を紹介し、バッゲ工作も急いで進めてもらおうと考えたという。

それは新聞記者の衣奈から客観的に観て、岡本公使より、王室はじめ幅広い人脈を持っていた小野寺が終戦工作にはふさわしいと思えたからだった。小野寺は、プリンス・カールのルートは構想とは違うものの、「交渉のチャンネルはいくつもあったほうがよい」と、バッゲ工作にも期待を寄せていた。スウェーデン王室を介して、イギリス王室と日本の天皇陛下が和平を模索するという点で、狙いは同じだった。

衣奈は、「皇室と王室との国際間の連携というものが世界には存在し、その線に乗って平和の道筋を探し出そうとしたのが、バッゲ工作の性格だった」（同）と回想している。

しかし、日本では、小磯内閣が崩壊し、新外相の東郷へ引き継がれるはずだった

「バッゲ工作」が宙に浮いていた。就任したばかりの東郷から、岡本公使にようやく五月十八日返電が届いたが、「前内閣当時に行なわれたことについては、とくと調査してみる必要があるから、本件は相当時日を要するものとご承知ありたい」と何とも官僚的な返事だった。迅速な対応が求められる和平仲介工作で「回答に相当時間がかかる」とは、仲介工作などするなと言っているようなものだ。

この間の五月十四日に日本の六首脳（首相、外務大臣、陸軍大臣、海軍大臣、参謀総長、軍令部総長）により行なわれた最高戦争指導会議で対ソ工作を始めることが正式に決まり、バチカン、スウェーデン、スイスなどで非公式に行なわれていた和平交渉を打ち切ることとなった。

同二十三日再訪したバッゲは、岡本公使からこの返電の内容を聞かされ、失望の色を隠せず、「しばらく、様子を見るほかない」と語ったが、これで事実上、バッゲ工作は立ち消えとなるのである。

帰国直後にバッゲは、駐スウェーデンのアメリカ公使のジョンソンと会談して、朝鮮・台湾の処分問題を語り合い、ジョンソンからアメリカ側の戦争終結への強い意欲を感じ取り、仲介工作の手ごたえを感じ取っていた。親日家のバッゲは何としても和平工作を成功させ、日本を救いたかったのだろう。スウェーデンでは仲介することにギュンター外相も意欲を示していたという。

しかし、肝心の日本政府に熱意がない以上、バッゲは動けなかった。しばらくしてバッゲは、エジプトの新任地へ赴任となった。

戦後、バッゲは衣奈に「日本の国運を決したのは、四五年五月の第一週から第二週にかけてのわずかの時期だった」ともらしている(同)。バッゲは岡本公使も当然ながら和平に賛成だろうと考えていた。しかし、岡本公使は儀礼的な会食を催しただけで、全く動かなかった。敗戦という危機に立たされた非常時の公使の対応としては、熱意に欠けていたと言わざるを得ないだろう。バッゲには平和を願わない人物が公使として赴任していることが信じられなかった。

## 国益を毀損した岡本公使の告げ口

小野寺は返事を心待ちにしていたが、プリンス・カール・ジュニアらから何の連絡もなかった。エリクソンが百合子夫人に、「オーソリティーに回りました」と告げてから、およそ一カ月後の六月二十四日、日本の梅津参謀総長から意外な電報が届いた。

「帝国は必勝の信念をもって戦争を続行する決意を有することは、貴官も承知のはずなり。しかるところ最近ストックホルムにおいて、中央の方針に反し、和平工作をするものあるやの情報なり。貴官において真相を調査の上一報ありたし」

小野寺は情報が参謀総長まで漏れていたことに驚いた。電報は、「和平工作などするな」との叱責だった。

なぜ、参謀本部から叱責される事態になったのだろうか。小野寺を説得して賛同を得たプリンス・カール・ジュニアとエリクソンは、国王の弟であるカール殿下（プリンス・カール・シニア）にこの旨を報告した。そこでプリンス・カール・シニアは、ギュンター外相を呼んで意見を求めた。これが思いがけない結果を招くことになったのだった。

岡本公使の手記によると、五月十六日にバッゲが岡本公使を訪問して、「実は、今日はギュンター外相の命で来訪した次第であるが（中略）同外相は、かくのごとき申し出（小野寺工作のことをさす）では、これをお取り上げにならぬように、と（皇弟殿下に）お答えしたる次第であるが、同外相としては、自分（バッゲ）が日本外相より内密の依頼を受けて、英米側に対して和平に関する打診に乗り出そうとしつつある矢先に、一陸軍武官が横合いから、かかる策動をするのは不都合であるのみならず、邪魔になるという意見であるから（中略）かかる策動をさせないように、措置を取られることを希望する」と述べたという。

ギュンター外相がバッゲに小野寺がプリンス・カールを通じて和平仲介の打診をしていることを告げ、驚いたバッゲが岡本公使に「邪魔になる」と抗議したというのだ。

そして岡本公使は、東郷外相に報告するのだが、「小野寺がスウェーデンで勝手な行動（和平工作）をしている」と告げ口をしたのだった。

「外務省においてはかくのごとき重要問題につき、一陸軍武官が策動するは不可解なるのみならず、そのやり方も拙劣にしてこれを継続せしむる時は本筋の交渉の邪魔になり、かつきわめて危険なりと申居れり。（中略）ついては小野寺武官の件は、陸軍中央の命によるものと否とにかかわらず、かくのごとき横合よりの行動禁止方、至急中央に於いて内密かつ的確に御措置ありたし」

岡本公使は「一陸軍武官の策動」「やり方も拙劣」「横合よりの行動」などと小野寺を非難して、東郷外相から軍の首脳に工作をやめさせるように警告していた。このことが梅津参謀総長からの電報につながったのだった。

外務省の外交史料館には、小野寺を感情的に誹謗中傷する岡本公使の電報が残されている。その後も岡本公使は、小野寺非難の電報を三本連続で東郷外相宛に送り、小野寺罷免まで要求したのだった。これに東郷外相も応じてストックホルムに返電している。

「事態を陸海軍両大臣、参謀総長、軍令部総長に伝えて注意を喚起した。二人の陸海軍首脳はそのような活動をやめさせようと意見一致した」（五月三十日）

「参謀総長に再び警告を発し、このようなことが続くなら、外務省で措置するから、武官のリコールを要求せよ」（六月十八日）

ソ連仲介和平に傾斜した日本の上層部は、ソ連以外のルートで、しかも外交官でない陸軍武官が和平工作を行なうことは容認できなかったのだろう。戦火を交える準備を始めたソ連を「最後の拠り所」にして他のルートを切り捨てた判断は、あまりにも視野狭窄で国際情勢を無視したものだった。

戦後、小野寺が和平工作を進めたことについて「個人プレーであって、軍部外交の出先版の観が深い」（小林龍夫元国学院大学教授）などと厳しく批判されてきた。しかし、この批判の根拠となったのが岡本公使による小野寺を誹謗する電報や手記だった。昭和を経て平成の時代に虚心坦懐に検証すると、実現の可能性があった小野寺の和平工作を妨害して頓挫させた岡本公使の行動こそ、国益を毀損する独善的なものだったと思えてくる。

## ソ連を通じての和平工作は、最も好ましからざること

ソ連に傾く日本の中枢から叱責を受けた小野寺は、その時の心境を戦後、次のように語っている。

「確かに和平は軍人としてやるべきではなかったが、一面、日本人として国家の将来を思うと、このときに当たって一番大切なことは、いつでも使える和平のルートをつけておくことだと考え、わたしもなおもそのための努力はした。あえてプリンス・カールだけではなく、わたしには、国王側近、侍従武官長（前スウェーデン総司令官）トルネル将軍もそのルートの一つだった。だから六月になって日本がソ連を通じて和平工作をはじめたと知ったとき、『ソ連を通じての和平工作はもっとも悪い。わたしはルートを持っている』と参謀本部へ打電したものだが、握りつぶされてしまった」（読売新聞社編『昭和史の天皇』）

日本政府は、ソ連に和平仲介を頼む方向に動き出していた。バッゲがシベリア鉄道でソ連を通過中の四月二十二日、参謀次長の河辺虎四郎と情報部長の有末精三が

東郷を外務省に訪ね、和平仲介は中立条約が有効であるソ連に依頼してはどうかと進言。ソ連仲介による工作が本格化する。六月八日には御前会議で、ソ連仲介とする和平方針が正式に決まる。

ソ連が条約を遵守しない国であることはヨーロッパでは周知の事実である。周辺の国一五カ国と不可侵条約を結びながら、ドイツ以外の国にいずれも条約を破って侵攻していた。ソ連にとって中立条約は、いつでも破れる「約束」だった。しかし、国際情勢に疎い日本の中枢は、ソ連の「素顔」を見抜けなかった。そのような中立条約に大きな価値を置いて仲介を頼むのは、薪に油を注ぐことに等しかった。日本と中立条約を結びながら、すでにヤルタで対日参戦を最終決断する密約を交わした「スターリンの裏切り」を欧州で見抜いた小野寺は、東京で中枢が崩壊していると懸念したのだった。

ソ連は決して「救世主」ではない。このままでは、日本がポーランドやバルト三国のようにソ連に占領される。そして衛星国として共産化してしまう。小野寺はスウェーデンの新聞に日本がソ連に仲介工作を依頼しようとしていることが報道されると、先の回想でも述べられていたように、梅津参謀総長宛に「最も好ましからざること」と意見具申の電報を送った。

「帝国はモスクワを仲介として和平を求めるやの印象を受けるが、帝国将来のため、これは最も好ましからざることと考える。当方面に於いてあらゆる場合に応ずる路線を用意するから、必要とあらば中央もこれを利用するよう配慮ありたし」

小野寺が言う「あらゆる場合に応ずる路線」とは、プリンス・カールのみならず、ドイツのヒムラーと交渉を行なったプリンス・カール・シニア、かねてから温めていた侍従武官長・トルネル大将、エーレンスウェード大将を通じての国王のルート、そしてバッゲ公使によるスウェーデン外務省の線だった。ただしバッゲはエジプト転出を控えていた。また岡本公使も何らかの和平ルートをもっていれば、動いてもらおうと考えていた。

しかし、返電はなかった。対ソ仲介依頼を決定した日本政府はヤルタ密約に続き、小野寺のインテリジェンスを黙殺したのである。

## 「工作を促進せられたし」——八月十六日に届いた電報

日本はソ連に対し、近衛文麿を特使として派遣すると申し出たが、スターリンはそれを認めようとしないまま、ポツダム会談に向かった。そして七月二十六日、ポツダム宣言が出され、八月六日、史上初めて原爆が広島に投下される。さらにソ連は日ソ中立条約を破棄して、八月八日、日本へ宣戦布告し、満洲、樺太、千島列島へ侵攻してきた。ソ連は日本との会談を時間切れに持ち込み、近衛はモスクワに行くことはなかった。

ポツダム宣言を受諾するにあたって、参謀総長から、小野寺に八月十日付電報が十一日届いた。

1、ソ連参戦により、帝国周囲の情勢は激変せり。帝国軍は今や国体護持を最後の目的として戦争を継続せんとす。この目的にして貫徹せずんば、全軍玉砕せんとする決意なり。

2、帝国政府はポツダム宣言受諾に関し、外務交渉を開始したことは貴官も承知の通りなり。貴官は前項の趣旨を体し、任地に於いて最善を尽くされたし。

小野寺はプリンス・カール・ジュニアに「いよいよ日本は無条件降伏の決心をした。天皇存続だけは重大条件であるから、国王陛下からイギリス王室にお話ししてくださるように」と頼んだ。スウェーデン王室の善意に委ねる以外に方法はない。プリンスは明日国王に伺ってお話しすると快諾した。

そして小野寺は翌十二日に陸軍大臣宛に次の請訓の電報を打った。

「スウェーデン国王の近親者たる王族に面接し、天皇の尊厳ならびにわが国国体存続の世界平和に絶対必要なる所以および国民の総決意を率直に説明し、かつ力説し以てスウェーデン王室を通ずる裏面工作の端緒を開きおけり（後略）」

参謀次長と陸軍次官から、返電が届いた。終戦を決めた八月十五日付で、届いたのは翌十六日。初めて小野寺の行動を参謀本部が認めた電報だった。

「天皇の尊厳保持および帝国国体護持に対する日本人の気持ちを伝え、公正なる立場に於いて、スウェーデン王室が世界に対処する如く工作を促進せられたし」

## ポツダムに届いた国体護持と降伏意思

小野寺の和平工作打診の努力は、結実しなかった。しかし、スウェーデン王室からの申し出はアメリカ大統領ハリー・トルーマンに届いていたのである。

トルーマン大統領は一九四五年七月中旬、同十七日からドイツのポツダムで開催される首脳会談に出席するため、大西洋をアメリカ海軍の重巡洋艦「オーガスタ」で航行していた。その船上で、ワシントンのジョセフ・グルー国務次官からジェームズ・バーンズ国務長官にリレーされた機密電報を読んだのだった。

それは一九四五年七月六日、アメリカの駐スウェーデン公使、ジョンソンがストックホルムからバーンズ国務長官に宛てた電報だった。

「プリンス・カール・ベルナドット（ジュニア）は日本陸軍武官の小野寺少将から夕食の招待を受け、その席上交わされた会話は次の通りである。小野寺少将は日本が敗北をすでに承知し、時期が来れば、スウェーデン国王に直接連絡を取り、連合国への接触を要請するだろう。国王は連合国に連絡を取る意向に傾いている。小野寺は天皇の地位が降伏後も保持されることのみを述べ、他の降伏条件は述べなかったが、まだ時期ではないからこの会話をアメリカ側に知らせないようにと要請した」

この電報では、まず「国王は連合国に連絡を取る意向に傾いている」と記されている点に注目していただきたい。小野寺からのリクエストに国王が興味を持ち、日本のために何らかの行動を取ったとみられることは前に書いた。「早く小野寺に伝えてやれ、喜ぶだろう」とも語ったという。ならば、やはり国王は連合国、つまり英米に日本が戦争を終える意思を伝えたということになるだろう。

次に、電報では、降伏条件として、天皇の地位が降伏後も保持されること、つまり「国体護持」を示したという。無条件降伏を要求された日本が最後に求めたのは、国体護持だった。それを小野寺から連合国側に伝えられたというのだ。

ベルリン郊外ポツダムのツェツィーリエンホーフ宮殿に米英ソ三国の首脳が集まり、七月十七日から会談が始まった。ドイツは降伏しており、主題は日本をいかに降伏させて大戦を終わらせるかであった。

二日目の十八日午後三時すぎ、トルーマン大統領は、バーンズ国務長官とボーレン通訳を伴い、ソ連のスターリン首相を宿舎に訪ねた。

スターリンは開口一番、

「ニュースをお伝えしなければいけません」

と言って、手紙をトルーマンに渡した。手紙は近衛特使派遣を要請する天皇からの親書だった。日本がソ連に和平仲介の特使受け入れを求めて来た。つまり「降伏」の意思を得た、と優越感たっぷりにスターリンは伝えようとした。

スターリンはトルーマンに尋ねた。

「これに回答する価値はありますか」

トルーマンはすかさず返答した。

「私は日本を信用していませんので……」

スターリンは自信に満ちあふれた様子で語った。

「子守唄で日本を寝かしつける方がよいかもしれませんね。特使の性格がはっきりしないと指摘して、一般的な取りとめない返事を出しておきましょうか。それとも完全に無視して返事を出さないか、ハッキリ拒否回答を出しましょうか」

トルーマンは曖昧な回答をすることを支持して次のように答えた。

「日本の降伏意思については、こちらもスウェーデンから情報を得ている」

トルーマンは、小野寺の電報を持ちだし、スターリンに日本が天皇制を残すことを望んでいることを示した。

天皇制を抹殺したい共産主義者のスターリンは「日本の言は信用できない」と言って、これを一蹴(いっしゅう)したが、小野寺のスウェーデン国王への和平の打診工作により、米ソ両国に、日本に降伏への意思があり、しかも、天皇制存続の強い意向があることは伝わった。最終的にアメリカがソ連を押し切って「国体護持」に舵を切る判断の一つに、小野寺の和平工作があったことは間違いないだろう。

## 終戦前日、英王室から親電

小野寺からの働きかけで、スウェーデン国王は日本および昭和天皇のために、どのようなことをしたのだろうか。ジョンソン公使は電報に、「国王は連合国に連絡を取る意向に傾いている」と書いている。

『高松宮日記』にスウェーデン国王が昭和天皇に親愛の情を示す記述がある。第八巻の昭和二十一年九月十日の欄に国王と小野寺の名前が出てくる。

「午後、スエーデン武官だった小野寺陸軍少将、よし様のお話にて来れり。トルネル陸軍大将（侍従武官長）から帰る前（二十一年一月十九日）に特に面会を求められて、『戦況不利になってから殊に日本皇室に対して同情を以て見ていたが（老年の）国王から（年若き）天皇に敬意を表するお気持ちを伝えられたい』とのことだったので、私から陛下に申し上げてくれとのことなり」

小野寺が、スウェーデン国王と昭和天皇の交流を深めるパイプ役を果たしていたことがうかがえる。スウェーデン国王が岡本公使ではなく小野寺に昭和天皇への伝言を託したことは、小野寺が岡本公使より国王の信頼を得ていたことを裏書きしている。その国王が、戦況不利になって日本皇室に同情していたというならば、日本皇室を救う、つまり天皇制存続に何事か行動を取ったのではないだろうか。

日本の天皇制を存続させようと国王から依頼を受けたイギリス王室が、アメリカに働きかけたことはなかっただろうか。東欧に続いてアジアへの共産主義の拡大を懸念して、戦争を早く終わらせたかったのは、アメリカだった。ソ連参戦前に戦争を終結させようと、非公式に五月頃から「ザカリアス放送」などで皇室保持できるとのヒントを流したが、日本の中枢は「謀略だ」と正視しなかった。

ただ「天皇制を認める」というアメリカ軍の意向がイギリス王室から天皇に伝えられていれば、国体護持できる「特別の情報」となったことだろう。

陸軍士官学校三十九期の元将校、塚本万次郎（岐阜県支部会副会長）は、旧軍人で組織する社団法人「日本郷友連盟」発行の『郷友』（昭和五十七年八月号）で、「八月十四日に英皇室から陛下宛親電が届いた」と書いている。

塚本は、当時の高級参謀、水谷一生（三十一期）から、「本日英皇室から陛下宛のご親電が届いた」と聞いたという。英王室から陛下宛の親電となると、国体護持の決定を知らせたとも考えられる。

交戦しているイギリスから、日本の天皇に直接電報が送られるというのは荒唐無稽のようではあるが、たとえば、スウェーデンを介して、在日スウェーデン大使館経由ならば、可能性として考えられる。しかし、スウェーデンでは「王室に関する記録は作らない」ため、事実確認は不可能だ。

もっともスウェーデン国王がイギリス王室に働きかけ、イギリス王室がアメリカに連絡を取り、天皇制存続を条件とすることを引き出し、それを天皇にスウェーデン経由の親電で伝えた可能性もないわけではないだろう。しかし、推測の域を出ない。

証拠はないものの、小野寺からの要請に応じてスウェーデン国王が日本皇室のために、国体護持についてイギリス王室を通じてアメリカに働きかけた可能性が考えられる。

親電が届いたとされる十四日の前日、十三日午前に、バーンズ回答は天皇の地位が保証されていないため戦争続行を唱える阿南陸相に対して、昭和天皇が諭すように、「アナン、心配するな、朕には確証がある」と語ったことを作家の半藤一利が紹介している。半藤は、阿南の義弟で軍務課員だった竹下正彦から聞いている。十四日の親電がイギリス王室からの正式な「天皇制維持」を伝えるものであったならば、天皇の確証をさらに確かなものにして、二度目の聖断を後押しした可能性もある。

外務省、日本政府から正式な交渉委任権限を得ていない小野寺の和平工作は、個人的な未熟なものとして批判を受けてきた。しかし、小野寺が行なった提案が、連合軍の首脳部に伝えられ、結果として天皇制を維持する一助となった可能性も十分に考えられるのである。意味のない独り相撲では決してなかった。ベルンは別として少なくともストックホルムでは正式の外交ルートが全く機能しなかった中で、バックチャンネルとして有効だったと解釈してもいいだろう。

戦後、日本が共産主義国家とならず、象徴天皇を中心とした民主国家として再生したことを考えれば、インテリジェンス・オフィサー、小野寺信の功績に、もっと光が当たってもいいだろう。

## あとがき

二十世紀末、ソ連崩壊後のロシアでモスクワ支局長を務めた。ペレストロイカ（立て直し）、グラスノスチ（情報公開）を経て、ソ連崩壊で統制されていた言論が自由となり、情報の世界でも自由競争となったはずだが、新生ロシアの保秘の壁は厚く、領土問題で国益が交錯する日本の特派員にホンネを漏らすことは少なかった。

ＫＧＢ（ソ連国家保安委員会）の後継ＦＳＢ（ロシア連邦保安局）が監視の目を光らせる中、ようやく新しい情報がもたらされても、信頼失墜を目論むディスインフォメーション（偽情報）の罠であることも多く、ロシア当局から「真実」を摑みとることは容易ではなかった。駐在した三年半はクラスノヤルスク合意などがあり、北方四島が最も日本に近づいた時期と言われ、平和条約交渉などに関連して多くの原稿を書いたが、会心の記事を書いたと胸を張れたのは数えるほどだ。

それとて偶然の産物で、政権内部や周辺に確固たる情報源を得て、ロシアが隠したい本当の特ダネを摑むことは最後までできなかった。もっとも、それは私だけではなく、日本を含む大方の西側諸国の特派員がそうであった。

ソ連と後継国家ロシアの機密情報を入手することは至難の業である。

だから第二次大戦末期に、スターリンが日本に最も知られたくなかったであろう、ヤルタ会談で対日参戦の密約を結んだ情報を入手して日本に伝えたストックホルム駐在陸軍武官、小野寺信中将のことをロシア当局者から耳にすると、強く魂を揺さぶられた（小野寺氏がヤルタ密約を入手しながら、不明になっていることは産経新聞の後輩、阿比留瑠比政治部編集委員が百合子夫人にインタビューして一九九三年八月十三日付夕刊で報じている）。

　モスクワ市内の墓地に眠る中野学校の初代校長、秋草俊氏と宮川船夫ハルビン総領事も、ソ連の対日参戦を予測していた対ソ諜報の第一人者だった。しかし、筆者は、北方領土問題の原点となったヤルタ密約の機密情報を得て、参謀本部に打電しながら、ソ連仲介和平工作に奔走する中枢に握り潰されてしまった小野寺氏の無念を想うと、小野寺氏に強く惹かれた。そして世紀の情報を入手できた小野寺氏の人間像に興味を覚えた。

　幾度もロンドンの英国立公文書館を訪れ、所蔵されているＭＩ５が作成した秘密文書を見ると、その想いが深まった。インテリジェンス大国のイギリスは日本陸軍武官の中で唯一、小野寺氏の個人ファイルを作り、「欧州の枢軸国側諜報網の機関長」として警戒していたからだ。英米の公文書館の秘密文書は、小野寺氏が第二次大戦中、欧州で日本のための諜報ネットワークを築き、米英が恐れるスケールの大きい仕事を成し遂げたことを物語っている。

小野寺氏が、なぜ機密情報の収集に成功したのか。その足跡を辿ると、日本人に生まれて本当によかったと思えることがあった。共産主義を世界に拡散させようとしたソ連の脅威を背景に、ポーランド、エストニア、フィンランド、ハンガリー、ドイツなどの国の情報士官が小野寺氏の人間性に魅了され、小野寺氏個人、そして日本のために一肌脱いでくれたことがわかったからだ。従軍慰安婦問題などを通じて中国と韓国は、日本が侵略戦争を仕掛け、世界から忌み嫌われていたと反日プロパガンダを増殖させているが、大戦中から日本は世界で多くの国に慕われ、支援されていたのである。

もう一つ発見があった。とかくインテリジェンスといえば、戦前の特高警察（特別高等警察）や最近のスノーデン事件などから、市民の秘密を暴く、どこか後ろめたいイメージがある。謀略やサボタージュ、破壊工作、ブラックプロパガンダは確かにそれにあたるかもしれない。しかし、小野寺氏が欧州でインテリジェンスの王道である人間的信頼関係を構築して協力者から秘密情報をとるヒューミント（ヒューマン・インテリジェンス）で成功したのは、小国の情報士官たちと誠実な「情」のつながりを築いたからだったのだ。

情報とは「長く時間をかけて、広い範囲の人たちとの間に『情』のつながりをつくっておく。これに報いるかたちで返ってくるもの」（上前淳一郎『読むクスリ』第一

巻　あとがき　文春文庫）といわれる。「諜報の神様」と小国の情報士官から慕われた小野寺氏は、リガ、上海、ストックホルムで「人種、国籍、年齢、思想、信条」を超えて多くの人たちと心を通わせた。これこそインテリジェンスの本質ではないだろうかと思えた。

戦後封印されていた小野寺氏の情報活動の一端を、一九七五年慶應義塾大学大学院の修士論文「スウェーデンに於ける小野寺和平打診工作」で初めて明らかにした大竹真人氏が、「守秘義務を守ろうとした小野寺氏は大変立派な軍人と思った」と筆者に語った言葉が心に響いている。協力者を生涯守る姿勢は本物のインテリジェンス・オフィサーそのものだった。

二十世紀末、筆者がモスクワ駐在中、クレムリン（ロシア政権）の高官らと、「情」のつながりを築いたのは、元外務省主任分析官の佐藤優氏だった。ソ連崩壊の遠因となった一九九一年八月の保守派のクーデターで、軟禁されたゴルバチョフ元大統領がクリミアの別荘で生存している情報を世界に先駆けて入手した佐藤氏は、ソ連崩壊後も極寒のモスクワで政治エリートやオリガルヒといわれた新興財閥などの有力者との間に豊富で確かな人脈を築き、本省勤務となって帰国後も、彼らとの友好関係を継続させ、北方領土返還交渉に奔走していた。

モスクワで取材する筆者ら特派員よりも、佐藤氏が東京からディープスロートに電話をかけて極秘情報をいち早く入手することが多かった。エリツィン大統領がチェルノムイルジン氏をはじめ次々と首相を解任したこと、また心臓病の持病があったエリツィン氏の本当の病名がパーキンソン病だったこと、そしてエリツィン氏が一九九九年大みそかに大統領を辞任することを、佐藤氏は誰よりも早く正確にキャッチしていた。

佐藤氏が、戦後日本最強の「インテリジェンス・オフィサー」と評価されるのも当然だろう。筆者が小野寺氏の人間像を詳しく調べることにのめり込むようになったのは、モスクワで知遇を得た佐藤氏の存在が大きい。

本書をまとめるにあたり、多くの文献も参考にさせていただいた。巻末にまとめて記して、御礼と共に紹介したい。なお、それらを引用するについては、読みやすさを優先して、適宜、言葉を補ったり、要約を施したりしている。ご了承願いたい。

また、本書の出版にあたり、協力、支援いただいた多くの方々に御礼を申し上げたい。

佐藤氏と外交ジャーナリスト、手嶋龍一氏には温かい助言や励ましをいただいた。

小野寺氏のご遺族（長男駿一氏、長女端子氏、次女節子氏）は、大切に保管されていたご両親の史料を提供していただき、貴重なお話を聞かせてくださり、執筆を励ましてくださった。とりわけ、『戦争回避の英知』などの著書がある大鷹節子氏は、夫の元オランダ大使、正氏と共に、ご自身でもご両親の消えたヤルタ密約電報を長年にわたり踏査され、数多くの知見や情報をご教示賜った。深く感謝申し上げたい。

本書の内容は筆者個人の取材研究によるもので、筆者が勤務する産経新聞社の考えを代表するものではない。本書の刊行に深い理解を示してくれた産経新聞社の乾正人編集長に謝意を表したい。

出版の機会を与えていただいたPHP研究所にも謝辞を捧げたい。

PHP研究所学芸出版部の川上達史副編集長、文庫出版部PHP文庫課の横田紀彦副編集長には一方ならぬお世話になった。横田副編集長には学芸出版部在籍中から、小野寺信の人間像に興味を持っていただき、筆の進まない筆者と一年以上も気長にお付き合いいただき、適宜適切な指摘や提言をいただいた。後任の川上副編集長とは、氏が月刊誌『歴史街道』に在任時代から小野寺氏とポーランドとの縁で意気投合した仲で、筆者の意図を察して的確な助言とご尽力をいただき、本書を完成させることができた。両氏に感謝と御礼の意を表したい。

最後に、いつも支えてくれる妻仁美と成長著しい長男航に本書を捧げる。

二〇一四年八月十五日　　東京・世田谷の自宅にて

**岡部　伸**

# 主要な参考文献

## 【一次史料】

Makoto ONODERA: Japanese. Military Attaché in Stockholm during the Second World War, he had close links with Abwehr officers in Sweden., KV2/243, *The National Archives, Kew. PRO*（英国立公文書館）

Copy of Statement Handed in by Kraemer, 14,9,45, KV2/243, *PRO*

Karl Heinz KRAEMER : German Intelligence officer in Stockholm, KV2/144-157, *PRO*

Diary of Guy Liddell, Deputy Director General of the Security Service, 1945 Jun18-Nov17, KV4/466, *PRO*

Reports of decrypts of Japanese military attachés messages HW35/81-111, *PRO*

Security of British and Allied Communications HW40/8, *PRO*

The Japanese Y Service : the Japanese Y organization and movement of personnel, W40/236, *PRO*

Decrypts of Intercepted Diplomatic Communications HW12/309-331, *PRO*

Declassified Records, Records of the Central Intelligence Agency (CIA), RG263, CIA Name Files, Second Release (Entry ZZ18), Makoto Onodera（小野寺信）, NARA（米

国立公文書館）
Japanese Wartime Intelligence Activities in Northern Europe, 30 Sep 1946, RG263 Entry A1-87 Box4, *NARA*
Japanese Wartime Collaboration with the Polish Intelligence Service, 2 Oct 1946, RG228 Entry 212 Box5-6, *NARA*
Progress Report on interrogation of major General Makoto Onodera, 31 May 1946, RG65 Box00237, *NARA*
Major General Makoto Onodera, 25 Sep 1946, RG226, Entry173, Box10, *NARA*
防衛研究所史料室『戦史叢書　関東軍2』朝雲新聞社、一九七四年
防衛研究所史料室『戦史叢書　大本営陸軍部（10）昭和二十年八月まで』朝雲新聞社、一九七五年
軍事史学会編『大本営陸軍部戦争指導班　機密戦争日誌』（上、下巻）錦正社、一九九八年
河辺虎四郎「河辺虎四郎　次長日記」防衛研究所史料室
元駐ドイツ大使、大島浩「防諜に関する回想聴取録」防衛研究所史料室、一九五九年十一月
高木惣吉（海軍省軍務局第二課）「情報摘録（昭和二〇年自六月一日至六月三〇日）」防衛研究所史料室
岡本季正陳述「瑞典を通ずる太平洋戦争終結の努力」防衛研究所史料室、一九五〇年七月二十九日

「在外武官（大公使）電情報網一覧表」防衛研究所史料室
外務省極秘文書「日本外交の過誤」（八　終戦外交）外交史料館

**【回想録、自伝】**

小野寺信「第二次大戦と在外武官　将軍は語る（上）」（偕行社『偕行』一九八六年三月号）
小野寺信「第二次大戦と在外武官　将軍は語る（下）」（偕行社『偕行』一九八六年四月号）
小野寺信「小野寺信回想録」防衛研究所史料室、一九八〇年
小野寺信「回想　証言テープ」一九七六年
仙台幼年学校の会報「山紫に水清き」（二一八号　一九八六年五月）
小野寺百合子『バルト海のほとりにて』共同通信社、一九八五年
小野寺百合子『いわゆる北欧における和平工作』自費出版、一九八八年
小野寺百合子「ステッラ・ポラーリス作戦と日本」（『軍事史学』一九九二年三月）
小野寺百合子「小野寺武官の戦い――北欧の地の情報戦とリビコフスキーのこと」（『正論』一九九三年五月）
小野寺百合子「1945年春のストックホルム」（『軍事史学』一九九五年九月）
坂田二郎『ペンは剣よりも――昭和史を追って50年』サイマル出版会、一九八三年
佐藤尚武『回顧八十年』時事通信社、一九六三年
林三郎『関東軍と極東ソ連軍――ある対ソ情報参謀の覚書』芙蓉書房、一九七四年

林三郎「われわれはどのように対ソ情報勤務をやったか」防衛研究所史料室
林三郎「ソ連の対日参戦」「昭和軍事秘話（中）」同台経済懇話会講演録、一九八九年八月
瀬島龍三『瀬島龍三回想録　幾山河』産経新聞ニュースサービス、一九九六年
吉田東祐『二つの国にかける橋』東京ライフ社、一九五八年
近衛正子ほか編『近衛文隆追悼集』陽明文庫、一九五九年
犬養健『揚子江は今も流れている』文藝春秋新社、一九六〇年
塚本誠『ある情報将校の記録』芙蓉書房、一九七九年
松本重治『上海時代――ジャーナリストの回想』（上、中、下）中公新書、一九七四―七五年
東郷茂徳『時代の一面――東郷茂徳外交手記』原書房、一九八九年
迫水久常『機関銃下の首相官邸――二・二六事件から終戦まで』恒文社、一九六四年
岡田啓介『岡田啓介回顧録』毎日新聞社、一九五〇年
鈴木一編『鈴木貫太郎自伝』時事通信社、一九六八年
鈴木貫太郎『終戦の表情』労働文化社、一九四六年
原四郎『大戦略なき開戦――旧大本営陸軍部一幕僚の回想』原書房、一九八七年
衣奈多喜男『敗北のヨーロッパ特電』朝日ソノラマ、一九七三年
衣奈多喜男『幕おりぬ　ベルナドット伯手記』国際出版、一九四八年
重光葵『昭和の動乱』（上、下巻）中央公論社、一九五二年
重光葵『重光葵外交回想録』毎日新聞社、一九七八年

加瀬俊一『ドキュメント戦争と外交』（上）読売新聞社、一九七五年
河辺虎四郎『市ヶ谷台から市ヶ谷台へ　最後の参謀次長の回想録』時事通信社、一九六二年
有末精三『有末精三回顧録』芙蓉書房、一九七四年
有末精三『終戦秘史　有末機関長の手記』芙蓉書房出版、一九八七年
高松宮宣仁親王『高松宮日記』（第八巻）中央公論社、一九九七年
木戸幸一『木戸幸一日記』（上、下）東京大学出版会、一九六六年
宗像久敬『宗像久敬日記』宗像巌氏所蔵
細川護貞『細川日記』（上、下）中央公論社、一九七八年
寺崎英成、マリコ・テラサキ・ミラー『昭和天皇独白録』文藝春秋、一九九一年
近衛日記編集委員会『近衛日記』共同通信社 一九六八年
半藤一利編『日本のいちばん長い夏』文藝春秋、二〇〇七年
松谷誠『大東亜戦争収拾の真相』芙蓉書房、一九八〇年
高木惣吉『終戦覚書』アテネ文庫、一九四八年
高木惣吉『高木海軍少将覚え書』毎日新聞社、一九七九年
種村佐孝『大本営機密日誌』ダイヤモンド社、一九五二年
堀栄三『大本営参謀の情報戦記――情報なき国家の悲劇』文藝春秋、一九八九年
杉田一次『情報なき戦争指導――大本営情報参謀の回想』原書房、一九八七年
実松譲『日米情報戦記』図書出版社、一九八〇年

今井武夫『昭和の謀略』原書房、一九六七年
中野校友会編『陸軍中野学校』原書房、一九七八年
樋口季一郎『陸軍中将樋口季一郎回想録』芙蓉書房出版、一九九九年
土居明夫伝刊行会編『一軍人の憂国の生涯　陸軍中将土居明夫伝』原書房、一九八〇年
松村知勝『関東軍参謀副長の手記』芙蓉書房、一九七七年
ハリー・S・トルーマン（堀江芳孝訳）『トルーマン回顧録』恒文社、一九六六年
ウィンストン・チャーチル『第二次大戦回顧録』毎日新聞社、一九四九年
エドワード・R・ステチニアス（中野五郎訳）『ヤルタ会談の秘密』六興出版社、一九五三年
ジョージ・F・ケナン（清水俊雄訳）『ジョージ・F・ケナン回顧録――対ソ外交に生きて』（上）読売新聞社、一九七三年
コーデル・ハル（宮地健次郎訳）『ハル回顧録』中央公論新社、二〇〇一年
アレン・ダレス（鹿島守之助訳）『諜報の技術』鹿島研究所出版会、一九六五年
ワレンチン・M・ベレズホフ（栗山洋児訳）『私は、スターリンの通訳だった。――第二次世界大戦秘話』同朋舎出版、一九九五年
ヴァルター・シェレンベルク（大久保和郎訳）『秘密機関長の手記』角川書店、一九六〇年
キム・フィルビー（笠原佳雄訳）『プロフェッショナル・スパイ――英国諜報部員の手記』徳間書店、一九六九年
ラインハルト・ゲーレン（赤羽竜夫監訳）『諜報・工作――ラインハルト・ゲーレン回顧録』

読売新聞社、一九七三年
松尾邦之助『無頼記者、戦後日本を撃つ』社会評論社、二〇〇六年
塚本万治郎『風雪八十五年』ヒューマン・ドキュメント社、一九八九年
和久田弘一『人生翔び歩る記　総集編』城北機業、一九八六年
佐藤優『交渉術』文藝春秋、二〇一一年
上田昌雄「上田昌雄少将資料・遺稿3　参謀本部ロシア班・満州里特務機関・在ラテン・ポーランド駐在武官」（靖国偕行文庫蔵）
上田昌雄・原田統吉「陸軍中野学校幹事の回想　諜報に生きる」（『歴史と人物』一九八〇年）
釜賀一夫「大東亜戦争に於ける暗号戦と現代暗号」「昭和軍事秘話　中」同台経済懇話会、一九八九年
横山幸雄「特種情報回想記」防衛省防衛研究所
藤村義朗「痛恨！ダレス第一電――無条件降伏直前スイスを舞台に取引された和平工作の全貌」（『文藝春秋』一九五一年五月号）

## 【研究書、評伝】

M. Z. Rygor Slowikowski, *In the Secret Service : The Lighting of the Torch*, Littlehampton Book Services Ltd,1986

Sir Llewellyn Woodward, *British Foreign Policy in the War*, Her Majesty's Stationery Office, 1972
Christopher Andrew, *The Defence of the Realm : The Authorized History of MI5*, Allen Lane 2009
J. W. M. Chapman, The Polish Connection : Japan, Poland and the Axis Alliance. Proceedings of the British Association for Japanese Studies, v. 2, 1977
Keith Jeffery, *MI6 : The History of the Secret Intelligence Service*, 1909-1949, Bloomsbury UK,2010
Jeffery T. Richelson, *A Century of Spies : Intelligence in the Twentieth Century*, Oxford University Press, 1997
ハンス・フォン・ゼークト（篠田英雄訳）『一軍人の思想』岩波書店、一九四〇年
大久保泰『中国共産党史』（上、下）原書房、一九七一年
杉森久英『人われを漢奸と呼ぶ――汪兆銘伝』文藝春秋、一九九八年
佐野眞一『阿片王――満州の夜と霧』新潮社、二〇〇五年
小坂文乃『革命をプロデュースした日本人』講談社、二〇〇九年
鈴木徹『バルト三国史』東海大学出版会、二〇〇〇年
志摩園子『物語　バルト三国の歴史』中公新書、二〇〇四年
エヴァ・パワシュ＝ルトコフスカ、アンジェイ・タデウシュ・ロメル（柴理子訳）『日本・

ポーランド関係史』彩流社、二〇〇九年
阪東宏『世界のなかの日本・ポーランド関係 1931-1945』大月書店、二〇〇四年
兵藤長雄『善意の架け橋――ポーランド魂とやまと心』文藝春秋、一九九八年
三宅正樹『日独伊三国同盟の研究』南窓社、一九七五年
カール・ボイド（左近允尚敏訳）『盗まれた情報――ヒトラーの戦略情報と大島駐独大使』原書房、一九九九年
中日新聞社会部編『自由への逃走――杉原ビザとユダヤ人』東京新聞出版局、一九九五年
渡辺勝正『真相・杉原ビザ』大正出版、二〇〇〇年
渡辺勝正『杉原千畝の悲劇』大正出版、二〇〇六年
芳地隆之『ハルビン学院と満洲国』新潮社、一九九九年
芳地隆之『満洲の情報基地ハルビン学院』新潮社、二〇一〇年
白石仁章『諜報の天才 杉原千畝』新潮社、二〇一一年
檜山良昭『暗号を盗んだ男たち――人物・日本陸軍暗号史』光人社、一九九四年
デーヴィッド・カーン（秦郁彦、関野英夫訳）『暗号戦争――日本暗号はいかに解読されたか』早川書房、一九六八年
ジョン・アール・ヘインズ、ハーヴェイ・クレア（中西輝政監訳、佐々木太郎、山添博史、金自成訳）『ヴェノナ』ＰＨＰ研究所、二〇一〇年
ラディスラス・ファラゴー（中山善之訳）『ザ・スパイ――第二次大戦下の米英対日独

課報戦』サンケイ新聞社出版局、一九七三年
ラディスラス・ファラゴー『智慧の戦い――諜報・情報活動の解剖』日刊労働通信社、一九五六年
手嶋龍一、佐藤優『インテリジェンス　武器なき戦争』幻冬舎、二〇〇六年
手嶋龍一、佐藤優『知の武装　救国のインテリジェンス』新潮社、二〇一三年
北岡元『インテリジェンス入門』慶應義塾大学出版会、二〇〇三年
仮野忠男『亡国のインテリジェンス』日本文芸社、二〇一〇年
マーク・ローエンタール（茂田宏監訳）『インテリジェンス』慶應義塾大学出版会、二〇一一年
小林良樹『インテリジェンスの基礎理論』立花書房、二〇一一年
小谷賢『インテリジェンス――国家・組織は情報をいかに扱うべきか』ちくま学芸文庫、二〇一二年
川成洋『紳士の国のインテリジェンス』集英社新書、二〇〇七年
ティム・ワイナー（藤田博司、山田侑平、佐藤信行訳）『CIA秘録』（上、下）文藝春秋、二〇〇八年
エレーヌ・ブラン（森山隆訳）『KGB帝国』創元社、二〇〇六年
ブライアン・フリーマントル（新庄哲夫訳）『KGB』新潮選書、一九八三年
畠山清行『秘録　陸軍中野学校』（正・続）番町書房、一九七一年

小谷賢『日本軍のインテリジェンス――なぜ情報が活かされないのか』講談社選書メチエ、二〇〇七年
大森義夫『日本のインテリジェンス機関』文春新書、二〇〇五年
ゲルト・ブッフハイト（北原収訳）『諜報――情報機関の使命』三修社、一九七二年
J・ウィーラー・ベネット（山口定訳）『国防軍とヒトラー 1918-1945』（Ⅰ・Ⅱ）みすず書房、一九六一年
檜山良昭『ヒトラー暗殺計画』徳間文庫、一九九四年
アメリカ国務省編（井上勇訳編）『ヤルタ秘録――日本関係』時事通信社、一九五五年
倉田保雄『ヤルタ会談　戦後米ソ関係の舞台裏』筑摩書房、一九八八年
アルチュール・コント（山口俊章訳）『ヤルタ会談　世界の分割――戦後体制を決めた8日間の記録』サイマル出版会、一九八六年
ゲルト・レッシンク（佐瀬昌盛訳）『ヤルタからポツダムへ――戦後世界の出発点』南窓社、一九七一年
藤村信『ヤルタ――戦後史の起点』岩波書店、一九八五年
ロバート・シャーウッド（村上光彦訳）『ルーズヴェルトとホプキンズ』みすず書房、一九五七年
ソ同盟外務省編（川内唯彦、松本滋訳）『第二次世界大戦中の米英ソ秘密外交書簡』大月書店、一九五八年

田村幸策『ソヴィエト外交史研究』鹿島研究所出版会、一九六五年
アイザック・ドイッチャー（上原和夫訳）『スターリン』みすず書房、一九六三年
ブドウ・スワニーゼ（吉田健一訳）『叔父スターリン』ダヴィッド社、一九五三年
ニコライ・トルストイ（新井康三郎訳）『スターリン　その謀略の内幕』読売新聞社、一九八四年
長谷川毅『暗闘――スターリン、トルーマンと日本降伏』中央公論新社、二〇〇六年
米濱泰英『ソ連はなぜ8月9日に参戦したか』オーラル・ヒストリー企画、二〇一二年
マイケル・ドブズ（三浦元博訳）『ヤルタからヒロシマへ――終戦と冷戦の覇権争い』白水社、二〇一三年
スチュアート・D・ゴールドマン『ノモンハン1939――第二次世界大戦の知られざる始点』みすず書房、二〇一三年
竹山道雄『昭和の精神史』講談社、一九八五年
司馬遼太郎『ロシアについて』文藝春秋、一九八六年
佐藤優『国家の謀略』小学館、二〇〇七年
林三郎『太平洋戦争陸戦概史』岩波書店、一九五一年
保阪正康『瀬島龍三　参謀の昭和史』文藝春秋、一九八七年
共同通信社社会部編『沈黙のファイル――「瀬島龍三」とは何だったのか』新潮社、一九九六年

クリストファー・アンドルー、オレク・ゴルジエフスキー（福島正光訳）『ＫＧＢの内幕――レーニンからゴルバチョフまでの対外工作の歴史』（上、下）文藝春秋、一九九三年
イワン・コワレンコ（加藤昭監修、清田彰訳）『対日工作の回想』文藝春秋、一九九六年
三宅正樹『スターリンの対日情報工作』平凡社新書、二〇一〇年
油橋重遠『戦時日ソ交渉小史　一九四一年～一九四五年』霞ヶ関出版、一九七四年
志水速雄『日本人はなぜソ連が嫌いか』山手書房、一九七九年
ボリス・スラヴィンスキー（高橋実、江沢和弘訳）『考証　日ソ中立条約――公開されたロシア外務省機密文書』岩波書店、一九九六年
工藤美知尋『日ソ中立条約の研究』南窓社、一九八五年
松井茂『ソ連の対日戦略』ＰＨＰ研究所、一九七九年
岡崎久彦『重光・東郷とその時代』ＰＨＰ文庫、二〇〇三年
半藤一利『ソ連が満洲に侵攻した夏』文藝春秋、一九九九年
上坂紀夫『宰相　岡田啓介の生涯――2・26事件から終戦工作』東京新聞出版局、二〇〇一年
豊田穣『最後の重臣　岡田啓介――終戦和平に尽瘁した影の仕掛人の生涯』光人社、一九九四年
読売新聞社編『昭和史の天皇』（二、七）読売新聞社、一九八〇年

日本外交学会編『太平洋戦争終結論』東京大学出版会、一九五八年
チャールズ・ミー（大前正臣訳）『ポツダム会談　日本の運命を決めた17日間』徳間書店、一九七五年
ロバート・J・C・ビュートー（大井篤訳）『終戦外史――無条件降服までの経緯』時事通信社、一九五八年
今井清一編『ドキュメント昭和史』（第五巻）平凡社、一九七五年
伊藤隆、影山好一郎、高橋久志『扇一登（元海軍大佐）オーラルヒストリー』政策研究大学院大学、二〇〇三年
下村海南『終戦記』鎌倉文庫、一九四八年
参謀本部編『敗戦の記録』原書房、一九七九年
外務省編『終戦史録』（第二、三、四、五巻）北洋社、一九七七年
サンケイ新聞出版局編『証言記録・太平洋戦争　終戦への決断』サンケイ新聞社、一九七五年
江藤淳監修、栗原健・波多野澄雄編『終戦工作の記録』（上、下）講談社文庫、一九八六年
林茂ほか編『日本終戦史　まぼろしの和平工作』（中）読売新聞社、一九六二年
林茂ほか編『日本終戦史　決定的瞬間を迎えて』（下）読売新聞社、一九六二年
航空自衛隊幹部学校訳編『米国戦略爆撃調査団報告』一九五九〜六一年
NHK取材班編『ドキュメント太平洋戦争6　一億玉砕への道』角川書店、一九九四年

東京12チャンネル報道部編『証言　私の昭和史』（五　終戦前後）学芸書林、一九六九年
有末精三『有末精三回顧録』芙蓉書房、一九七四年
有末精三『終戦秘史有末機関長の手記』芙蓉書房出版、一九八七年
下村海南『終戦秘史』講談社、一九八五年
保阪正康『幻の終戦』中公文庫、二〇〇一年
保阪正康『官僚亡国――軍部と霞が関エリート、失敗の本質』朝日新聞出版、二〇〇九年
竹内修司『幻の終戦工作――ピース・フィラーズ　1945夏』文春新書、二〇〇五年
細谷千博「太平洋戦争と日本の対ソ外交――幻想の外交」（細谷千博・皆川洸編『変容する国際社会の法と政治』有信堂、一九七一年）
矢部貞治『近衛文麿』読売新聞社、一九七六年
中川八洋『近衛文麿の戦争責任』ＰＨＰ研究所、二〇一〇年
工藤美代子『われ巣鴨に出頭せず――近衛文麿と天皇』中公文庫、二〇〇九年
鳥居民『近衛文麿「黙」して死す――すりかえられた戦争責任』草思社、二〇〇七年
半藤一利『聖断――昭和天皇と鈴木貫太郎』文藝春秋、一九八五年
児島襄『天皇』（第五巻）文藝春秋、一九七四年
吉田裕『昭和天皇の終戦史』岩波新書、一九九三年
左近允尚敏『敗戦――一九四五年春と夏』光人社、二〇〇五年
大森実『戦後秘史2　天皇と原子爆弾』講談社、一九七五年

秦郁彦編『日本陸海軍総合事典』(第二版) 東京大学出版会、二〇〇五年
歩兵第十四聯隊史編纂委員会編纂『歩兵第十四連隊史』歩兵第十四聯隊史編纂委員会、一九八七年
山本武利「第二次大戦期における北欧の日本陸軍武官室の対ソ・インテリジェンス活動――スウェーデン公使館付武官・小野寺信の供述書をめぐって」(20世紀メディア研究所編『インテリジェンス』第9号、二〇〇七年九月)
森山優「戦前期における日本の暗号解読能力に関する基礎研究」(『国際関係・比較文化研究』第三巻第一号、二〇〇四年)
森山優「戦時期日本の暗号解読とアメリカの対応――暗号運用の観点から」(20世紀メディア研究所編『インテリジェンス』第9号、二〇〇七年九月)
小谷賢「日本軍とインテリジェンス――成功と失敗の事例から」(『防衛研究所紀要』第二巻第一号、二〇〇八年)
エヴァ・パワシュ＝ルトコフスカ、アンジェイ・タデウシュ・ロメル「第二次世界大戦と秘密諜報活動」(『ポロニカ』第五号、一九九四年)
エヴァ・パワシュ＝ルトコフスカ「日露戦争が20世紀前半の日波関係に与えたインパクトについて」(防衛庁防衛研究所『平成16年度戦争史国際フォーラム報告書』二〇〇四年)
田嶋信雄「ナチ時代のベルリン駐在日本大使館――人と政策」(『成城法学』四八号、

一九九五年）
小林龍夫「スウェーデンを通じる太平洋戦争終結工作」（『國學院法学』一八号、一九八一年）
稲葉千晴「北極星作戦と日本――第二次大戦期の北欧における枢軸国の対ソ協力」（『都市情報学研究』第六号、二〇〇一年）
庄司潤一郎「戦争終結をめぐる日本の戦略――対ソ工作を中心として」（『平成21年戦争史研究国際フォーラム報告書』二〇一〇年）
松浦正孝「宗像久敬ともう一つの終戦工作」（上、下）（『ＵＰ』二九一・二九二号、一九九七年一・二月）
「スウェーデン王室を動かした小野寺少将」（『週刊読売』一九六二年一月十四日号）
大鷹正二郎「ヤルタから終戦まで」（『世界週報』一九六一年七月十八日号）
井上靖「夏の草」（『中央公論』一九五六年八月号）
吉村昭「深海の使者」（『文藝春秋』一九七三年九月号）
塚本万次郎「終戦物語」（『郷友』一九八一年八月号、社団法人日本郷友連盟）
迫水久常「和平工作の苦心」（江藤淳『もう一つの戦後史』講談社、一九七八年）
瀬島龍三「大本営の二〇〇〇日」（『文藝春秋』一九七五年十二月号）
半藤一利「（瀬島龍三に）シベリア抑留の『密約』説を糾す」インタビュー（『文藝春秋』一九九〇年九月号）

半藤一利、加藤陽子「昭和天皇はなぜ戦争を選んでしまったのか」（『中央公論』二〇一〇年九月号）
大竹真人「スウェーデンに於ける小野寺和平打診工作」（『慶應義塾大学大学院法学研究科修士課程　政治学専攻　修士論文』一九七五年）

本書は、二〇一四年九月にＰＨＰ研究所から刊行された『「諜報の神様」と呼ばれた男　連合国が恐れた情報士官・小野寺信の流儀』の副題を改題し、「文庫版まえがき」を新たに書き下ろして刊行するものです。

著者紹介
**岡部 伸**（おかべ　のぶる）
1959年、愛媛県生まれ。立教大学社会学部社会学科を卒業後、産経新聞社に入社。米デューク大学、コロンビア大学東アジア研究所に客員研究員として留学。外信部を経て、モスクワ支局長、社会部次長、社会部編集委員、編集局編集委員などを歴任。2015年12月から19年4月まで英国に赴任。同社ロンドン支局長、立教英国学院理事を務める。現在、同社論説委員。著書に、『消えたヤルタ密約緊急電』（新潮選書、第22回山本七平賞受賞）、『新・日英同盟』（白秋社）、『至誠の日本インテリジェンス』（ワニブックス）、『イギリス解体、EU崩落、ロシア台頭』『イギリスの失敗』『第二次大戦、諜報戦秘史』、共著に『賢慮の世界史』（以上、PHP新書）などがある。

PHP文庫　「諜報の神様」と呼ばれた男
情報士官・小野寺信の流儀

2023年2月15日　第1版第1刷

| | |
|---|---|
| 著　者 | 岡部　伸 |
| 発行者 | 永田貴之 |
| 発行所 | 株式会社ＰＨＰ研究所 |
| 東京本部 | 〒135-8137　江東区豊洲5-6-52 |
| | ビジネス・教養出版部　☎03-3520-9617（編集） |
| | 普及部　☎03-3520-9630（販売） |
| 京都本部 | 〒601-8411　京都市南区西九条北ノ内町11 |
| PHP INTERFACE | https://www.php.co.jp/ |
| 組　版 | 宇梶勇気 |
| 印刷所 | 株式会社光邦 |
| 製本所 | 東京美術紙工協業組合 |



ISBN978-4-569-90297-5

PHP文庫

# 近代史の教訓

## 幕末・明治のリーダーと「日本のこころ」

中西輝政 著

腐敗とマンネリズムを続けるか。「反転」して甦るか。深い使命感と戦略的思考が問われる時代だからこそ「明治日本」に学び直したい。